精简图解电工技术

蔡杏山　编著

机械工业出版社

本书主要内容有电气基础与安全用电、电工基本技能、电工仪表、低压电器、电子元器件、变压器、传感器、电动机及控制电路、电工识图、家装电工技能、PLC 基础与入门实战、PLC 编程软件的安装与使用、PLC 指令说明与应用实例、变频器的使用、变频器与 PLC 的应用电路、触摸屏与 PLC 的综合应用、单片机入门。

本书的知识基础起点低，讲解由浅入深，语言通俗易懂，内容结构安排符合学习认知规律，适合作为初学者学习电工技术的自学图书，也适合作为职业院校电类专业的电工技术参考书。

图书在版编目（CIP）数据

精简图解电工技术/蔡杏山编著 . —北京：机械工业出版社，2023.3
ISBN 978-7-111-72559-6

Ⅰ. ①精… Ⅱ. ①蔡… Ⅲ. ①电工技术－图解 Ⅳ. ①TM-64

中国国家版本馆 CIP 数据核字（2023）第 010665 号

机械工业出版社（北京市百万庄大街 22 号 邮政编码 100037）
策划编辑：任 鑫 责任编辑：任 鑫 闫洪庆
责任校对：郑 婕 李 婷 封面设计：马若濛
责任印制：单爱军
北京虎彩文化传播有限公司印刷
2023 年 6 月第 1 版第 1 次印刷
184mm×260mm · 19.5 印张 · 508 千字
标准书号：ISBN 978-7-111-72559-6
定价：89.00 元

电话服务		网络服务		
客服电话：010-88361066		机 工 官 网：www.cmpbook.com		
	010-88379833	机 工 官 博：weibo.com/cmp1952		
	010-68326294	金 书 网：www.golden-book.com		
封底无防伪标均为盗版		机工教育服务网：www.cmpedu.com		

前　言

　　一个国家越发达，其电气化程度越高，社会需要更多的电气技术人才。人才的成长可以来自大中专院校，也可以来自社会上的培训机构，还可以自学成才。不管哪种方式都需要合适的学习书籍，一本好书可以让学习事半功倍。

　　为了让读者能轻松快速学习电气技术，我们特地组织编写了本书，本书主要特点如下：

　　◆**基础起点低**。读者只需具有初中文化程度即可阅读本书。

　　◆**语言通俗易懂**。书中少用专业化的术语，遇到较难理解的内容用形象比喻说明，尽量避免复杂的理论分析和烦琐的公式推导，阅读起来感觉会十分顺畅。

　　◆**内容解说详细**。考虑到自学时一般无人指导，因此在编写过程中对书中的知识技能进行详细解说，让读者能轻松理解所学内容。

　　◆**采用大量图片与详细标注文字相结合的表现方式**。书中采用了大量图片，并在图片上标注详细的说明文字，不但能让读者阅读时心情愉悦，还能轻松了解图片所表达的内容。

　　◆**内容安排符合认识规律**。图书按照循序渐进、由浅入深的原则来确定各章节内容的先后顺序，读者只需从前往后阅读图书，便会水到渠成。

　　◆**突出显示知识要点**。为了帮助读者掌握书中的知识要点，书中用文字加粗的方法突出显示知识要点，指示学习重点。

　　◆**网络免费辅导**。读者在阅读中遇到难理解的问题时，可添加易天电学网微信号etv100，获取有关辅导材料或向老师提问进行学习。

　　本书在编写过程中得到了许多教师的支持，在此一致表示感谢。由于编者水平有限，书中的错误和疏漏在所难免，望广大读者和同仁予以批评指正。

编　者

目　录

第1章

电气基础与安全用电

>> 1.1 电路基础

1.1.1 电路与电路图

图 1-1a 所示是一个简单的实物电路，该电路由电源（电池）、开关、导线和灯泡组成。电源的作用是提供电能；开关、导线的作用是控制和传递电能，称为中间环节；灯泡是消耗电能的用电器，它能将电能转变为光能，称为负载。因此，**电路是由电源、中间环节和负载组成的。**

使用实物图展现电路虽然直观，但有时很不方便，为此人们就采用一些简单的图形符号代替实物的方法来画电路，这样画出的图形就称为电路图。图 1-1b 所示的图形就是图 1-1a 所示实物电路的电路图，不难看出，用电路图来表示实际的电路非常方便。

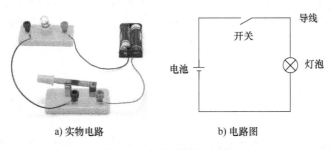

a) 实物电路   b) 电路图

图 1-1 一个简单的电路

1.1.2 电流与电阻

1. 电流

电流说明如图 1-2 所示。

大量的电荷朝一个方向移动（也称定向移动）就形成了电流，这就像公路上有大量的汽车朝一个方向移动就形成"车流"一样。实际上，我们把电子运动的反方向作为电流方向，即把正电荷在电路中的移动方向规定为电流的方向。图 1-2 所示电路的电流方向是，电源正极→开关→灯泡→电源的负极。

电流用字母"I"表示，单位为安培（简称安），用"A"表示，比安培小的单位有毫安（mA）、微安（μA），它们之间的关系为

$$1A = 10^3 mA = 10^6 \mu A$$

2. 电阻

在图 1-3a 所示电路中，给电路增加一个元件——电阻器，发现灯光会变暗，该电路的电路图如图 1-3b 所示。为什么在电路中增加了电阻器后灯泡会变暗呢？原来电阻器对电流有一定的阻碍作用，从而使流过灯泡的电流减小，灯泡变暗。

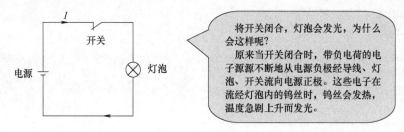

图1-2 电流说明图

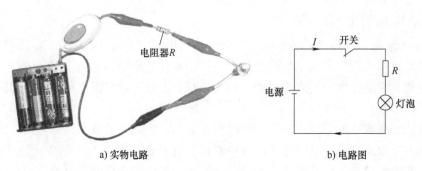

a) 实物电路　　　　　　　　　　　　b) 电路图

图1-3 电阻说明图

导体对电流的阻碍称为该导体的电阻，用字母"R"表示，单位为欧姆（简称欧），用"Ω"表示，比欧姆大的单位有千欧（kΩ）、兆欧（MΩ），它们之间的关系为

$$1M\Omega = 10^3 k\Omega = 10^6 \Omega$$

导体的电阻计算公式为

$$R = \rho \frac{L}{S}$$

式中，L为导体的长度（m）；S为导体的截面积（m^2）；ρ为导体的电阻率（$\Omega \cdot m$）。不同的导体，ρ一般不同。表1-1列出了一些常见导体的电阻率（20℃时）。

表1-1 一些常见导体的电阻率（20℃时）

导　　体	电阻率/Ω·m	导　　体	电阻率/Ω·m
银	1.62×10^{-8}	锡	11.4×10^{-8}
铜	1.69×10^{-8}	铁	10.0×10^{-8}
铝	2.83×10^{-8}	铅	21.9×10^{-8}
金	2.4×10^{-8}	汞	95.8×10^{-8}
钨	5.51×10^{-8}	碳	3500×10^{-8}

在长度 L 和截面积 S 相同的情况下，电阻率越大的导体，其电阻越大，例如，L、S相同的铁导线和铜导线，铁导线的电阻约是铜导线的5.9倍，这是由于铁导线的电阻率较铜导线大很多，所以为了减小电能在导线上的损耗，让负载得到较大电流，供电线路通常采用铜导线。

导体的电阻除了与材料有关外，还受温度影响。一般情况下，导体温度越高，电阻越大，例如常温下灯泡（白炽灯）内部钨丝的电阻很小，通电后钨丝的温度上升到1000℃以上，其电阻急剧增大；导体温度下降，电阻减小，**某些导电材料在温度下降到某一值时**

（如 −109℃），电阻会突然变为零，这种现象称为超导现象，具有这种性质的材料称为超导材料。

1.1.3 电位、电压和电动势

1. 从水流说起

电位、电压和电动势对初学者较难理解，下面通过图 1-4 所示的水流示意图来说明这些术语。

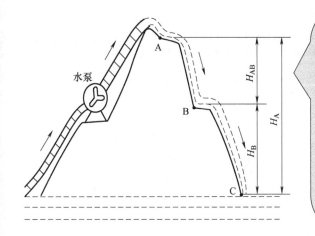

水泵将河中的水抽到山顶的 A 处，水到达 A 处后再流到 B 处，水到 B 处后流往 C 处（河中），同时水泵又将河中的水抽到 A 处，这样使得水不断循环流动。水为什么能从 A 处流到 B 处，又从 B 处流到 C 处呢？这是因为 A 处水位较 B 处水位高，B 处水位较 C 处水位高。

要测量 A 处和 B 处水位的高度，必须先要找一个基准点（零点），就像测量人的身高要选择脚底为基准点一样，这里以河的水面为基准（C 处）。AC 之间的垂直高度为 A 处水位的高度，用 H_A 表示，BC 之间的垂直高度为 B 处水位的高度，用 H_B 表示，由于 A 处和 B 处水位高度不一样，它们存在着水位差，该水位差用 H_{AB} 表示，它等于 A 处水位高度 H_A 与 B 处水位高度 H_B 之差，即 $H_{AB}=H_A-H_B$。为了让 A 处源源不断有水往 B、C 处流，需要水泵将低水位的河水抽到高处的 A 处，这样做水泵是需要消耗能量的（如耗油）。

图 1-4 水流示意图

2. 电位

电路中的电位、电压和电动势与上述水流情况很相似。如图 1-5 所示，电源的正极输出电流，流到 A 点，再经 R_1 流到 B 点，然后通过 R_2 流到 C 点，最后流到电源的负极。

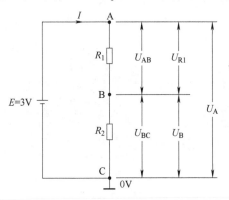

与水流示意图相似，左图电路中的 A、B 点也有高低之分，只不过不是水位，而称为电位，A 点电位较 B 点电位高。

为了计算电位的高低，也需要找一个基准点作为零点，为了表明某点为零基准点，通常在该点处画一个 "⊥" 符号，该符号称为接地符号，接地符号处的电位规定为 0V，电位单位不是米(m)，而是伏特(简称伏)，用 V 表示。在左图电路中，以 C 点为 0V（该点标有接地符号），A 点的电位为 3V，表示为 $U_A=3V$，B 点电位为 1V，表示为 $U_B=1V$。

图 1-5 电位、电压和电动势说明图

3. 电压

图 1-5 电路中的 A 点和 B 点的电位是不同的，有一定的差距，这种**电位之间的差距**称为**电位差**，又称**电压**。A 点和 B 点之间的电位差用 U_{AB} 表示，它等于 A 点电位 U_A 与 B 点电位 U_B 的差，即 $U_{AB}=U_A-U_B=3V-1V=2V$。因为 A 点和 B 点电位差实际上就是电阻器 R_1 两端的电位差（即电压），R_1 两端的电压用 U_{R1} 表示，所以 $U_{AB}=U_{R1}$。

4. 电动势

为了让电路中始终有电流流过，电源需要在内部将流到负极的电流源源不断地"抽"到正极，使电源正极具有较高的电位，这样正极才会输出电流。当然，电源内部将负极的电流"抽"到正极也需要消耗能量（如干电池会消耗掉化学能）。**电源消耗能量在两极建立的电位差称为电动势，电动势的单位也是 V**，图 1-5 所示电路中电源的电动势为 3V。

由于电源内部的电流方向是由负极流向正极，故电源的电动势方向规定为从电源负极指向正极。

1.1.4 电路的三种状态

电路有三种状态：通路、开路和短路，这三种状态的电路如图 1-6 所示。

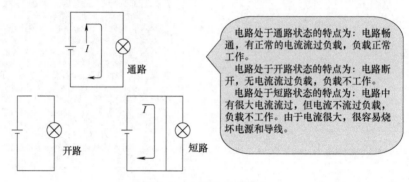

图 1-6　电路的三种状态

1.1.5 接地与屏蔽

1. 接地

接地在电工电子技术中应用广泛，接地常用图 1-7 所示的符号表示。接地的含义说明如图 1-8 所示。

图 1-7　接地符号

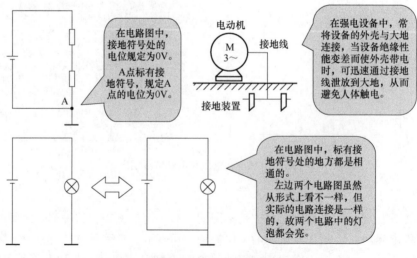

图 1-8　接地含义说明

2. 屏蔽

在电气设备中，为了防止某些元器件和电路工作时受到干扰，或者为了防止某些元器件和电路在工作时产生干扰信号影响其他电路正常工作，通常要对这些元器件和电路采取隔离措施，这种隔离称为屏蔽。屏蔽常用图1-9所示的符号表示。

屏蔽的具体做法是用金属材料（称为屏蔽罩）将元器件或电路封闭起来，再将屏蔽罩接地（通常为电源的负极）。图1-10所示为带有屏蔽罩的元器件和导线，外界干扰信号无法穿过金属屏蔽罩干扰内部元器件和电路。

图1-9 屏蔽符号   图1-10 带有屏蔽罩的元器件和导线

1.2 欧姆定律

欧姆定律是电工电子技术中的一个最基本的定律，它反映了电路中电阻、电流和电压之间的关系。欧姆定律分为部分电路欧姆定律和全电路欧姆定律。

1.2.1 部分电路欧姆定律

部分电路欧姆定律内容是，在电路中，流过导体的电流 I 的大小与导体两端的电压 U 成正比，与导体的电阻 R 成反比，即

$$I = \frac{U}{R}$$

也可以表示为 $U = IR$ 或 $R = \frac{U}{I}$。

欧姆定律的几种使用方式如图1-11所示。

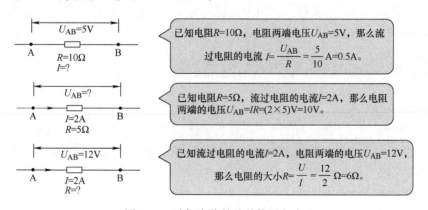

已知电阻R=10Ω，电阻两端电压U_{AB}=5V，那么流过电阻的电流 $I = \frac{U_{AB}}{R} = \frac{5}{10}$ A=0.5A。

已知电阻R=5Ω，流过电阻的电流I=2A，那么电阻两端的电压U_{AB}=IR=(2×5)V=10V。

已知流过电阻的电流I=2A，电阻两端的电压U_{AB}=12V，那么电阻的大小$R = \frac{U}{I} = \frac{12}{2}$ Ω=6Ω。

图1-11 欧姆定律的几种使用方式

1.2.2 全电路欧姆定律

全电路是指含有电源和负载的闭合回路。**全电路欧姆定律又称闭合电路欧姆定律**，其内

容是，闭合电路中的电流与电源的电动势成正比，与电路的内、外电阻之和成反比，即

$$I = \frac{E}{R + R_0}$$

全电路欧姆定律应用说明如图 1-12 所示。

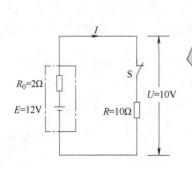

点画线框内为电源，R_0 表示电源的内阻，E 表示电源的电动势。当开关 S 闭合后，电路中有电流 I 流过，根据全电路欧姆定律可求得

$$I = \frac{E}{R + R_0} = \frac{12}{10 + 2} \text{A} = 1\text{A}$$

电源输出电压(也即电阻 R 两端的电压)$U = IR = 1 \times 10\text{V} = 10\text{V}$，内阻 R_0 两端的电压 $U_0 = IR_0 = 1 \times 2\text{V} = 2\text{V}$。如果将开关 S 断开，电路中的电流 $I = 0\text{A}$，那么内阻 R_0 上消耗的电压 $U_0 = 0\text{V}$，电源输出电压 U 与电源电动势相等，即 $U = E = 12\text{V}$。

图 1-12　全电路欧姆定律应用说明

根据全电路欧姆定律不难看出以下几点：

1）在电源未接负载时，不管电源内阻多大，内阻消耗的电压始终为 0V，电源两端电压与电动势相等。

2）当电源与负载构成闭合电路后，由于有电流流过内阻，内阻会消耗电压，从而使电源输出电压降低。内阻越大，消耗的电压越大，电源输出电压越低。

3）在电源内阻不变的情况下，如果外阻越小，电路中的电流越大，内阻消耗的电压也越大，电源输出电压也会降低。

由于正常电源的内阻很小，消耗的电压很低，故一般情况下可认为电源的输出电压与电源电动势相等。

利用全电路欧姆定律可以解释很多现象。比如用仪表测得旧电池两端电压与正常电压相同，但将旧电池与电路连接后除了输出电流很小外，电池的输出电压也会急剧下降，这是因为旧电池内阻变大的缘故；又如将电池正、负极直接短路时，电池会发热甚至烧坏，这是因为短路时流过电池内阻的电流很大，内阻消耗的电压与电源电动势相等，大量的电能在电池内阻上消耗并转换成热能，故电池会发热。

》》1.3　电功、电功率和焦耳定律

1.3.1　电功

电流流过灯泡，灯泡会发光；电流流过电炉丝，电炉丝会发热；电流流过电动机，电动机会运转。由此可以看出，**电流流过一些用电设备时是会做功的，电流做的功称为电功**。用电设备做功的大小不但与加到用电设备两端的电压及流过的电流有关，还与通电时间长短有关。电功可用下面的公式计算：

$$W = UIt$$

式中，W 表示电功，单位是焦（J）；U 表示电压，单位是伏（V）；I 表示电流，单位是安（A）；t 表示时间，单位是秒（s）。

电功的单位是焦耳（J），在电学中还常用到另一个单位：**千瓦时（kW·h）**，俗称为

度。$1kW \cdot h = 1$ 度。千瓦时与焦耳的换算关系是

$$1kW \cdot h = 1 \times 10^3 W \times (60 \times 60) s = 3.6 \times 10^6 W \cdot s = 3.6 \times 10^6 J$$

$1kW \cdot h$ 可以这样理解：一个电功率为 100W 的灯泡连续使用 10h，消耗的电功为 $1kW \cdot h$（即消耗 1 度电）。

1.3.2 电功率

电流需要通过一些用电设备才能做功。为了衡量这些设备做功能力的大小，引入一个电功率的概念。**电流单位时间做的功称为电功率。电功率用 P 表示，单位是瓦（W）**，此外还有千瓦（kW）和毫瓦（mW），它们之间的换算关系是

$$1kW = 10^3 W = 10^6 mW$$

电功率的计算公式是

$$P = UI$$

根据欧姆定律可知，$U = IR$，$I = U/R$，所以电功率还可以用公式 $P = I^2 R$ 和 $P = U^2/R$ 来求取。

下面以图 1-13 所示电路来说明电功率的计算方法。

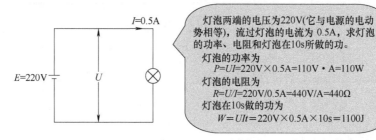

灯泡两端的电压为220V(它与电源的电动势相等)，流过灯泡的电流为 0.5A，求灯泡的功率、电阻和灯泡在10s所做的功。

灯泡的功率为
$P = UI = 220V \times 0.5A = 110V \cdot A = 110W$
灯泡的电阻为
$R = U/I = 220V/0.5A = 440V/A = 440\Omega$
灯泡在10s做的功为
$W = UIt = 220V \times 0.5A \times 10s = 1100J$

图 1-13 电功率的计算说明

1.3.3 焦耳定律

电流流过导体时导体会发热，这种现象称为电流的热效应。电热锅、电饭煲和电热水器等都是利用电流的热效应来工作的。

英国物理学家焦耳通过实验发现：电流流过导体，导体发出的热量与导体流过的电流、导体的电阻和通电的时间有关。**焦耳定律的具体内容是，电流流过导体产生的热量，与电流的二次方及导体的电阻成正比，与通电时间也成正比。**由于这个定律除了由焦耳发现外，俄国科学家楞次也通过实验独立发现，故该定律又称焦耳-楞次定律。

焦耳定律可用下面的公式表示：

$$Q = I^2 Rt$$

式中，Q 表示热量，单位是焦耳（J）；R 表示电阻，单位是欧姆（Ω）；t 表示时间，单位是秒（s）。

举例：某台电动机额定电压是 220V，线圈的电阻为 0.4Ω，当电动机接 220V 的电压时，流过的电流是 3A，求电动机的功率和线圈每秒发出的热量。

电动机的功率 $P = UI = 220V \times 3A = 660W$

电动机线圈每秒发出的热量 $Q = I^2 Rt = (3A)^2 \times 0.4\Omega \times 1s = 3.6J$

>> 1.4 电阻的串联、并联和混联

电阻是电路中使用最多的一种元件，电阻在电路中的连接形式主要有串联、并联和混联三种。

1.4.1 电阻的串联

两个或两个以上的电阻头尾相连串接在电路中，称为电阻的串联，如图 1-14 所示。

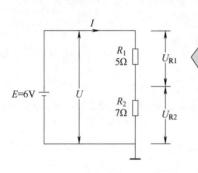

电阻串联有以下特点：
① 流过各串联电阻的电流相等，都为 I。
② 电阻串联后的总电阻 R 增大，总电阻等于各串联电阻之和，即
$$R=R_1+R_2$$
③ 总电压 U 等于各串联电阻上电压之和，即
$$U=U_{R1}+U_{R2}$$
④ 串联电阻越大，两端电压越高，因为 $R_1<R_2$，所以 $U_{R1}<U_{R2}$。

图 1-14　电阻的串联

在图 1-14 所示电路中，两个串联电阻上的总电压 U 等于电源电动势，即 $U=E=6\text{V}$；电阻串联后总电阻 $R=R_1+R_2=12\Omega$；流过各电阻的电流 $I=\dfrac{U}{R_1+R_2}=\dfrac{6}{12}\text{A}=0.5\text{A}$；电阻 R_1 上的电压 $U_{R1}=IR_1=(0.5\times5)\text{V}=2.5\text{V}$，电阻 R_2 上的电压 $U_{R2}=IR_2=(0.5\times7)\text{V}=3.5\text{V}$。

1.4.2 电阻的并联

两个或两个以上的电阻头头相接、尾尾相连并接在电路中，称为电阻的并联，如图 1-15 所示。

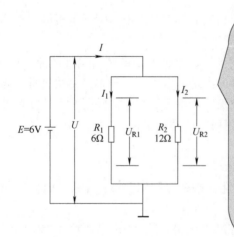

电阻并联有以下特点：
① 并联的电阻两端的电压相等，即
$$U_{R1}=U_{R2}$$
② 总电流等于流过各个并联电阻的电流之和，即
$$I=I_1+I_2$$
③ 电阻并联，总电阻减小，总电阻的倒数等于各并联电阻的倒数之和，即
$$\frac{1}{R}=\frac{1}{R_1}+\frac{1}{R_2}$$
该式可变形为
$$R=\frac{R_1R_2}{R_1+R_2}$$
④ 在并联电路中，电阻越小，流过的电流越大，因为 $R_1<R_2$，所以流过 R_1 的电流 I_1 大于流过 R_2 的电流 I_2。

图 1-15　电阻的并联

在图 1-15 所示电路中，并联的电阻 R_1、R_2 两端的电压相等，$U_{R1}=U_{R2}=U=6\text{V}$；流过 R_1 的电流 $I_1=\dfrac{U_{R1}}{R_1}=\dfrac{6}{6}\text{A}=1\text{A}$，流过 R_2 的电流 $I_2=\dfrac{U_{R2}}{R_2}=\dfrac{6}{12}\text{A}=0.5\text{A}$，总电流 $I=I_1+I_2=(1+$

$0.5)A = 1.5A；$ R_1、R_2 并联总电阻为

$$R = \frac{R_1 R_2}{R_1 + R_2} = \frac{6 \times 12}{6 + 12}\Omega = 4\Omega$$

1.4.3　电阻的混联

一个电路中的电阻既有串联又有并联时，称为电阻的混联，如图 1-16 所示。

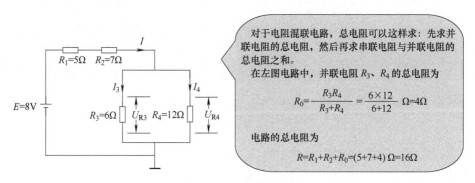

对于电阻混联电路，总电阻可以这样求：先求并联电阻的总电阻，然后再求串联电阻与并联电阻的总电阻之和。

在左图电路中，并联电阻 R_3、R_4 的总电阻为

$$R_0 = \frac{R_3 R_4}{R_3 + R_4} = \frac{6 \times 12}{6 + 12}\ \Omega = 4\Omega$$

电路的总电阻为

$$R = R_1 + R_2 + R_0 = (5 + 7 + 4)\ \Omega = 16\Omega$$

图 1-16　电阻的混联

读者如有兴趣，可试试求图 1-16 所示电路的总电流 I，R_1 两端电压 U_{R1}，R_2 两端电压 U_{R2}，R_3 两端电压 U_{R3} 和流过 R_3、R_4 的电流 I_3、I_4 的大小。

>> 1.5　直流电与交流电

1.5.1　直流电

1. 符号

直流电是指方向始终固定不变的电压或电流。能产生直流电的电源称为直流电源，常见的干电池、蓄电池和直流发电机等都是直流电源，如图 1-17a 所示。直流电源常用图 1-17b 所示的图形符号表示。直流电的电流方向总是由电源正极流出，通过电路流到负极。在图 1-17c 所示的直流电路中，电流从直流电源正极流出，经电阻 R 和灯泡流到负极。

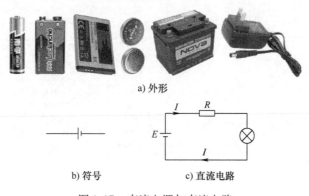

a) 外形

b) 符号　　　　　　c) 直流电路

图 1-17　直流电源与直流电路

2. 种类

直流电又分为稳定直流电和脉动直流电。

稳定直流电是指方向固定不变并且大小也不变的直流电。稳定直流电可用图 1-18a 所示

波形表示，稳定直流电的电流 I 的大小始终保持恒定（始终为 6mA），在图中用直线表示；直流电的电流方向保持不变，始终是从电源正极流向负极，图中的直线始终在 t 轴上方，表示电流的方向始终不变。

脉动直流电是指方向固定不变，但大小随时间变化的直流电。脉动直流电可用图 1-18b 所示的波形表示。从图中可以看出，脉动直流电的电流 I 的大小随时间做波动变化（如在 t_1 时刻电流为 6mA，在 t_2 时刻电流变为 4mA），电流大小波动变化在图中用曲线表示；脉动直流电的方向始终不变（电流始终从电源正极流向负极），图中的曲线始终在 t 轴上方，表示电流的方向始终不变。

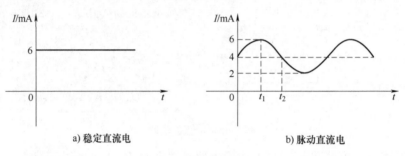

a) 稳定直流电　　　　　　　　　　b) 脉动直流电

图 1-18　直流电

1.5.2　单相交流电

交流电是指方向和大小都随时间做周期性变化的电压或电流。交流电类型很多，其中最常见的是正弦交流电，因此这里就以正弦交流电为例进行介绍。

1. 正弦交流电

正弦交流电的符号、电路和波形如图 1-19 所示。

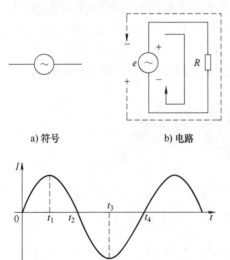

a) 符号　　　b) 电路

c) 波形

以图b所示的交流电路来说明图c所示的正弦交流电波形：
①$0 \sim t_2$ 期间。交流电源 e 的电压极性是上正下负，电流 I 的方向是交流电源上→电阻 R→交流电源下负。其中，$0 \sim t_1$ 期间电流 I 逐渐增大（用波形逐渐上升表示），t_1 时刻电流达到最大值，$t_1 \sim t_2$ 期间电流 I 逐渐减小（用波形逐渐下降表示），t_2 时刻电流最小为0。
②$t_2 \sim t_4$ 期间。交流电源 e 的电压极性变为上负下正，电流 I 的方向也发生改变，电流 I 的波形由 t 轴上方转到下方，电流 I 的方向是交流电源下正→电阻 R→交流电源上负。其中，$t_2 \sim t_3$ 期间电流 I 反方向逐渐增大，t_3 时刻电流反方向达到最大值，$t_3 \sim t_4$ 期间电流 I 反方向逐渐减小，t_4 时刻电流最小为0。
t_4 时刻以后，交流电源的电流大小和方向变化与 $0 \sim t_4$ 期间变化相同。实际上，交流电源不但电流大小和方向按正弦波变化，其电压大小和方向变化也像电流一样按正弦波变化。

图 1-19　正弦交流电

2. 周期和频率

周期和频率是交流电最常用的两个概念，下面以图 1-20 所示的正弦交流电波形图来说明。

（1）周期

从图1-20可以看出，交流电变化过程是不断重复的，**交流电重复变化一次所需的时间称为周期，用 T 表示，单位是秒（s）。** 图1-20所示交流电的周期为 $T = 0.02\text{s}$，说明该交流电每隔0.02s就会重复变化一次。

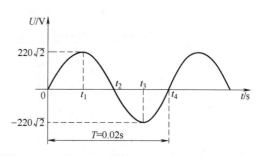

图1-20　正弦交流电的周期、频率和瞬时值说明图

（2）频率

交流电在每秒钟内重复变化的次数称为频率，频率用 f 表示，它是周期的倒数，即

$$f = \frac{1}{T}$$

频率的单位是赫兹（**Hz**）。图1-20所示交流电的周期 $T = 0.02\text{s}$，那么它的频率 $f = 1/T = 1/0.02\text{s} = 50\text{Hz}$，该交流电的频率 $f = 50\text{Hz}$，说明在1s内交流电能重复 $0 \sim t_4$ 这个过程50次。交流电变化越快，变化一次所需要时间越短，周期就越短，频率就越高。

3. 瞬时值和有效值

（1）瞬时值

交流电的大小和方向是不断变化的，交流电在某一时刻的值称为交流电在该时刻的瞬时值。 以图1-20所示的交流电压为例，它在 t_1 时刻的瞬时值为 $220\sqrt{2}\,\text{V}$（约为311V），该值为最大瞬时值，在 t_2 时刻的瞬时值为0V，该值为最小瞬时值。

（2）有效值

交流电的大小和方向是不断变化的，这给电路计算和测量带来不便，为此引入有效值的概念。下面以图1-21所示电路为例来说明有效值的含义。

图1-21所示两个电路中的电热丝完全一样，现分别给电热丝通交流电和直流电，如果两个电路通电时间相同，并且电热丝发出热量也相同，对电热丝来说，这里的交流电和直流电是等效的，那么就将图1-21b中直流电的电压值或电流值称为图1-21a中交流电的有效电压值或有效电流值。

交流市电电压为220V指的就是有效值，其含义是虽然交流电压时刻变化，但它的效果与220V直流电是一样的。没特别说明，交流电的大小通常是指有效值，测量仪表的测量值一般也是指有效值。**正弦交流电的有效值与瞬时最大值的关系是**

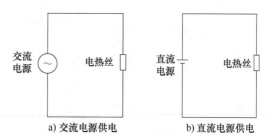

a）交流电源供电　　　　b）直流电源供电

图1-21　交流电有效值的说明图

$$最大瞬时值 = \sqrt{2} \times 有效值$$

例如，交流市电的有效电压值为220V，它的最大瞬时电压值 $= 220\sqrt{2}\,\text{V} \approx 311\text{V}$。

1.5.3　三相交流电

1. 三相交流电的产生

目前应用的电能绝大多数是由三相发电机产生的，**三相发电机与单相发电机的区别在于，三相发电机可以同时产生并输出三组电源，而单相发电机只能输出一组电源，因此三相**

发电机效率较单相发电机更高。三相交流发电机的结构示意图如图 1-22 所示。

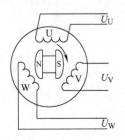

三相发电机主要是由互成120°且固定不动的U、V、W三组线圈和一块旋转磁铁组成。当磁铁旋转时，磁铁产生的磁场切割这三组线圈，这样就会在U、V、W三组线圈中分别产生交流电动势，各线圈两端就分别输出交流电压U_U、U_V、U_W，这三组线圈输出的三组交流电压就称作三相交流电压。一些常见的三相交流发电机每相交流电压大小为220V。不管磁铁旋转到哪个位置，穿过三组线圈的磁力线都会不同，所以三组线圈产生的交流电压也就不同。

图 1-22　三相交流发电机的结构示意图

2. 三相交流电的供电方式

三相交流发电机能产生三相交流电压，将这三相交流电压供给用户可采用三种方式：直接连接供电、星形联结供电和三角形联结供电。

（1）直接连接供电方式

直接连接供电方式如图 1-23 所示。

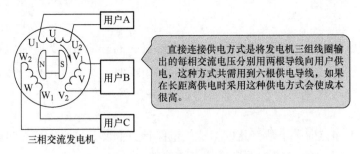

直接连接供电方式是将发电机三组线圈输出的每相交流电压分别用两根导线向用户供电，这种方式共需用到六根供电导线，如果在长距离供电时采用这种供电方式会使成本很高。

图 1-23　直接连接供电方式

（2）星形联结供电方式

星形联结供电方式如图 1-24 所示。

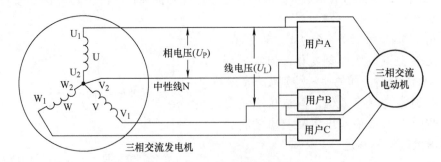

图 1-24　星形联结供电方式

星形联结是将发电机的三组线圈末端都连接在一起，并接出一根线，称为中性线 N，三组线圈的首端各引出一根线，称为相线，这三根相线分别称为 U 相线、V 相线和 W 相线。三根相线分别连接到单独的用户，而中性线则在用户端一分为三，同时连接三个用户，这样发电机三组线圈上的电压就分别提供给各自的用户。在这种供电方式中，发电机三组线圈连接成星形，并且采用四根线来传送三相电压，故称作三相四线制星形联结供电方式。

任意一根相线与中性线之间的电压都称为相电压 U_P，该电压实际上是任意一组线圈两

端的电压。**任意两根相线之间的电压称为线电压 U_L**。从图1-24中可以看出，线电压实际上是两组线圈上的相电压叠加得到的，但线电压 U_L 的值并不是相电压 U_P 的2倍，因为任意两组线圈上的相电压的相位都不相同，不能进行简单地乘2来求得。根据理论推导可知，**在星形联结时，线电压是相电压的 $\sqrt{3}$ 倍**，即

$$U_L = \sqrt{3}\, U_P$$

如果相电压 U_P = 220V，根据上式可计算出线电压约为380V。在图1-24中，三相交流电动机的三根线分别与发电机的三根相线连接，若发电机的相电压为220V，那么电动机三根线中的任意两根之间的电压就为380V。

（3）三角形联结供电方式

三角形联结供电方式如图1-25所示。

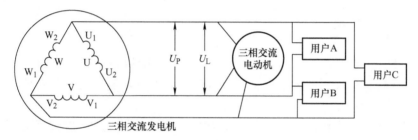

图1-25 三角形联结供电方式

三角形联结是将发电机的三组线圈首末端依次连接在一起，联结方式呈三角形，在三个连接点各接出一根线，分别称作 U 相线、V 相线和 W 相线。将三根相线按图1-25所示的方式与用户连接，三组线圈上的电压就分别提供给各自的用户。在这种供电方式中，发电机三组线圈连接成三角形，并且采用三根线来传送三相电压，故称作三相三线制三角形联结供电方式。

三角形联结方式中，相电压 U_P（每组线圈上的电压）和线电压 U_L（两根相线之间的电压）是相等的，即

$$U_L = U_P$$

在图1-25中，如果相电压为220V，那么电动机三根线中的任意两根之间的电压也为220V。

》》1.6 安全用电与急救

1.6.1 电流对人体的伤害

1. 人体对不同电流呈现的症状

当人体不小心接触带电体时，就会有电流流过人体，这就是触电。人体在触电时表现出来的症状与流过人体的电流有关，表1-2所示是人体通过大小不同的交、直流电流时所表现出来的症状。

表1-2 人体通过大小不同的交、直流电流时所表现出来的症状

电流/mA	人体表现出来的症状	
	交流（50~60Hz）	直 流
0.6~1.5	开始有感觉——手轻微颤抖	没有感觉

（续）

电流/mA	人体表现出来的症状	
	交流（50~60Hz）	直流
2~3	手指强烈颤抖	没有感觉
5~7	手部痉挛	感觉痒和热
8~10	手已难以摆脱带电体，但还能摆脱；手指尖部到手腕剧痛	热感觉增加
20~25	手迅速麻痹，不能摆脱带电体；剧痛，呼吸困难	热感觉大大加强，手部肌肉收缩
50~80	呼吸麻痹，心室开始颤动	强烈的热感受，手部肌肉收缩，痉挛，呼吸困难
90~100	呼吸麻痹，延续3s或更长时间，心脏麻痹，心室颤动	呼吸麻痹

从表1-2中可以看出，流过人体的电流越大，人体表现出来的症状越强烈，电流对人体的伤害越大；另外，对于相同大小的交流电流和直流电流来说，交流电流对人体伤害更大一些。

一般规定，10mA以下的工频（50Hz或60Hz）交流电流或50mA以下的直流电流对人体是安全的，故将该范围内的电流称为安全电流。

2. 与触电伤害程度有关的因素

有电流通过人体是触电对人体伤害的最根本原因，流过人体的电流越大，人体受到的伤害越严重。触电对人体伤害程度的具体相关因素如下：

1）人体电阻的大小。人体是一种有一定阻值的导电体，其电阻大小不是固定的，当人体皮肤干燥时阻值较大（10~100kΩ）；当皮肤出汗或破损时阻值较小（800~1000Ω）；另外，当接触带电体的面积大、接触紧密时，人体电阻也会减小。在接触大小相同的电压时，人体电阻越小，流过人体的电流就越大，触电对人体的伤害就越严重。

2）触电电压的大小。当人体触电时，接触的电压越高，流过人体的电流就越大，对人体伤害就更严重。一般规定，在正常的环境下安全电压为36V，在潮湿场所的安全电压为24V和12V。

3）触电的时间。如果触电后长时间未能脱离带电体，电流长时间流过人体会造成严重的伤害。

此外，即使相同大小的电流，流过人体的部位不同，对人体造成的伤害也不同。电流流过心脏和大脑时，对人体危害最大，所以双手之间、头足之间和手脚之间的触电更为危险。

1.6.2 触电的急救方法

当发现人体触电后，第一步是让触电者迅速脱离电源，第二步是对触电者进行现场救护。

1. 让触电者迅速脱离电源

让触电者迅速脱离电源可采用以下方法：

1）切断电源。如断开电源开关、拔下电源插头或瓷插熔断器等，对于单极电源开关，断开一根导线不能确保一定切断了电源，故尽量切断双极开关（如刀开关、双极断路器）。

2）**用带有绝缘柄的利器切断电源线**。如果触电现场无法直接切断电源，可用带有绝缘手柄的钢丝钳或带干燥木柄的斧头、铁锹等利器将电源线切断。切断时应防止带电导线断落触及周围的人体，并且不要同时切断两根线，以免两根线通过利器直接短路。

3）**用绝缘物使导线与触电者脱离**。常见的绝缘物有干燥的木棒、竹竿、塑料硬管和绝缘绳等，用绝缘物挑开或拉开触电者接触的导线。

4）**拉拽触电者衣服，使之与导线脱离**。拉拽时，可戴上手套或在手上包缠干燥的衣服、围巾、帽子等绝缘物拖拽触电者，使之脱离电源。若触电者的衣裤是干燥的，又没有紧缠在身上，可直接用一只手抓住触电者不贴身的衣裤，将触电者拉脱电源。拖拽时切勿触及触电者的皮肤。还可以站在干燥的木板、木桌椅或橡胶垫等绝缘物品上，用一只手把触电者拉脱电源。

2. 现场救护

触电者脱离电源后，应先就地进行救护，同时通知医院并做好将触电者送往医院的准备工作。

在现场救护时，根据触电者受伤害的轻重程度，可采取以下救护措施：

（1）对于未失去知觉的触电者

如果触电者所受的伤害不太严重，神志尚清醒，只是心悸、头晕、出冷汗、恶心、呕吐、四肢发麻、全身乏力，甚至一度昏迷，但未失去知觉，则应让触电者在通风暖和的地方静卧休息，并派人严密观察，同时请医生前来或送往医院诊治。

（2）对于已失去知觉的触电者

如果触电者已失去知觉，但呼吸和心跳尚正常，则应将其舒适地平卧着，解开衣服以利呼吸，四周不要围人，保持空气流通，天冷时应注意保暖，同时立即请医生前来或送往医院诊治。若发现触电者呼吸困难或心跳失常，应立即施行人工呼吸或胸外心脏按压。

（3）对于"假死"的触电者

触电者"假死"可能有三种临床症状：一是心跳停止，但尚能呼吸；二是呼吸停止，但心跳尚存（脉搏很弱）；三是呼吸和心跳均已停止。

当判定触电者呼吸和心跳停止时，应立即按心肺复苏法就地抢救，并立即请医生前来。心肺复苏法就是支持生命的三项基本措施：通畅气道；口对口（鼻）人工呼吸；胸外心脏按压（人工循环）。

第2章

电工基本技能

≫ 2.1　常用简易测试工具及使用

2.1.1　氖管式测电笔

测电笔又称试电笔、验电笔和低压验电器等，用来检验导线、电器和电气设备的金属外壳是否带电。氖管式测电笔是一种最常用的测电笔，测试时根据内部的氖管是否发光来确定被测物是否带电。

1. 外形、结构与工作原理

（1）外形与结构

测电笔主要有笔式和螺丝刀式两种形式，其外形与结构如图 2-1 所示。

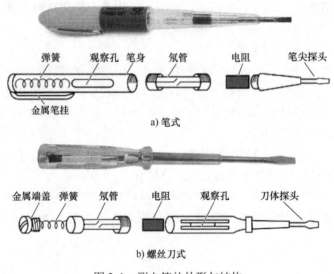

图 2-1　测电笔的外形与结构

（2）使用方法

在检验带电体是否带电时，将测电笔探头接触带电体，手接触测电笔的金属笔挂（或金属端盖），如果带电体的电压达到一定值（交流或直流 60V 以上），带电体的电压通过测电笔的探头、电阻到达氖管，氖管发出红光，通过氖管的微弱电流再经弹簧、金属笔挂（或金属端盖）、人体到达大地。

在握持测电笔验电时，手一定要接触测电笔尾端的金属笔挂（或金属端盖），测电笔的正确握持方法如图 2-2 所示，以使测电笔通过人体到大地形成电流回路，否则测电笔氖管不亮。普通测电笔可以检验 60～500V 范围内的电压，在该范围内，电压越高，测电笔氖管越亮，低于 60V，氖管不亮，为了安全起见，不要用普通测电笔检测高于 500V 的电压。

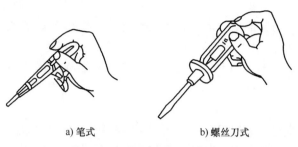

a) 笔式   b) 螺丝刀式

图 2-2 测电笔的正确握持方法

2. 用途

在使用测电笔前，应先检查一下测电笔是否正常，即用测电笔测量带电线路，如果氖管能正常发光，表明测电笔正常。

测电笔的主要用途如下：

1）判断电压的有无。 在测试被测物时，如果测电笔氖管亮，表示被测物有电压存在，且电压不低于60V。用测电笔测试电动机、变压器、电动工具、洗衣机和电冰箱等电气设备的金属外壳时，如果氖管发光，说明该设备的外壳已带电（电源相线与外壳之间出现短路或漏电）。

2）判断电压的高低。 在测试时，被测电压越高，氖管发出的光线越亮。有经验的人可以根据光线强弱判断出大致的电压范围。

3）判断相线（火线）和零线（地线）。 测电笔测相线时氖管会亮，而测零线时氖管不亮。

2.1.2 数显式测电笔

数显式测电笔又称感应式测电笔，它不但可以测试物体是否带电，还能显示出大致的电压范围，另外有些数显式测电笔可以检验出绝缘导线断线位置。

1. 外形

数显式测电笔的外形与各部分名称如图 2-3 所示。图 2-3b 所示的测电笔上标有"12-240V AC. DC"，表示该测电笔可以测量 12～240V 范围内的交流或直流电压，测电笔上的两个按键均为金属材料，测量时手应按住按键不放，以形成电流回路，通常直接测量按键距离显示屏较远，而感应测量按键距离显示屏较近。

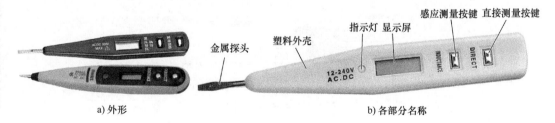

金属探头   塑料外壳   指示灯 显示屏   感应测量按键 直接测量按键

a) 外形   b) 各部分名称

图 2-3 数显式测电笔

2. 使用

（1）直接测量法

直接测量法是指将测电笔的探头直接接触被测物来判断是否带电的测量方法。 在使用直接测量法时，将测电笔的金属探头接触被测物，同时手按住直接测量按键（DIRECT）不放，如果被测物带电，测电笔上的指示灯会变亮，同时显示屏显示所测电压的大致值，一些测电笔可显示 12V、36V、55V、110V 和 220V 五段电压值，显示屏最后的显示数值为所测电压值（未至高端显示值的 70% 时，显示低端值），比如测电笔的最后显示值为 110V，实际电压可能在 77～154V 之间。

（2）感应测量法

感应测量法是指将测电笔的探头接近但不接触被测物，利用电压感应来判断被测物是否带电的测量方法。 在使用感应测量法时，将测电笔的金属探头靠近但不接触被测物，同时手按住感应测量按键（INDUCTANCE），如果被测物带电，测电笔上的指示灯会变亮，同时显示屏有高压符号显示。

感应测量法非常适合判断绝缘导线内部断线位置。在测试时，手按住测电笔的感应测量按键，将测电笔的探头接触导线绝缘层，如果指示灯亮，表示当前位置的内部芯线带电，如图 2-4a 所示，然后保持探头接触导线的绝缘层，并往远离供电端的方向移动，当指示灯突然熄灭、高压符号消失，表明当前位置存在断线，如图 2-4b 所示。

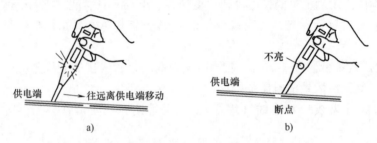

图 2-4　利用感应测量法找出绝缘导线的断线位置

感应测量法可以找出绝缘导线的断线位置，也可以对绝缘导线进行相、零线判断，还可以检查微波炉辐射及泄漏情况。

2.1.3　校验灯

1. 制作

校验灯是用灯泡连接两根导线制作而成的， 校验灯的制作如图 2-5 所示，校验灯使用额定电压为 220V、功率为 15～200W 的灯泡，导线用单芯线，并将芯线的头部弯折成钩状，既可以碰触线路，也可以钩住线路。

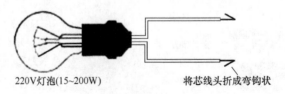

图 2-5　校验灯的制作

2. 使用举例

（1）举例一

校验灯的使用如图 2-6 所示。在使用校验灯时，断开相线上的熔断器，将校验灯串联在熔断器位置，并将支路的开关 S1、S2、S3 都断开，可能会出现以下情况：

1）校验灯不亮，说明校验灯之后的线路无短路故障。

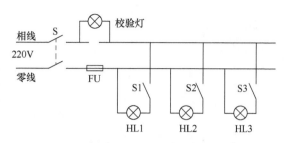

图2-6　校验灯使用举例一

2）校验灯很亮（亮度与直接接在220V电压一样），说明校验灯之后的线路出现相线与零线短路，校验灯两端有220V电压。

3）将某支路的开关闭合（如闭合S1），如果校验灯会亮，但亮度较暗，说明该支路正常，校验灯亮度暗是因为校验灯与该支路的灯泡串联起来接在220V之间，校验灯两端的电压低于220V。

4）将某支路的开关闭合（如闭合S1），如果校验灯很亮，说明该支路出现短路（灯泡HL1短路），校验灯两端有220V电压。

当校验灯与其他电路串联时，其他电路功率越大，该电路的等效电阻会越小，校验灯两端的电压越高，灯泡会亮一些。

（2）举例二

校验灯还可以按图2-7所示方法使用，如果开关S3置于接通位置时灯泡HL3不亮，可能是开关S3或灯泡HL3开路，为了判断到底是哪一个损坏，可将S3置于接通位置，然后将校验灯并接在S3两端，如果校验灯和灯泡HL3都亮，则说明开关S3已开路，如果校验灯不亮，则为灯泡HL3开路损坏。

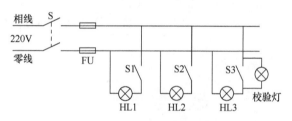

图2-7　校验灯使用举例二

2.2　导线的剥削和连接

2.2.1　导线绝缘层的剥削

在连接绝缘导线前，需要先去掉导线连接处的绝缘层而露出金属芯线，再进行连接，剥离的绝缘层长度为50～100mm，通常线径小的导线剥离短些，线径粗的剥离长些。绝缘导线种类较多，绝缘层的剥离方法也有所不同。

1. 硬导线绝缘层的剥离

对于截面积在0.4mm² 以下的硬绝缘导线，可以使用钢丝钳（俗称老虎钳）剥离绝缘层，如图2-8所示。对于截面积在0.4mm² 以上的硬绝缘导线，可以使用电工刀来剥离绝缘

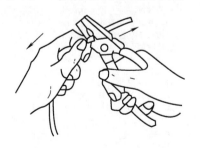

> 对于截面积在0.4mm²以下的硬绝缘导线，可以使用钢丝钳（俗称老虎钳）剥离绝缘层，其过程如下：
> ①左手捏住导线，右手拿钢丝钳，将钳口钳住剥离处的导线，切不可用力过大，以免切伤内部芯线。
> ②左、右手分别朝相反方向用力，绝缘层就会沿钢丝钳运动方向脱离。
> 如果剥离绝缘层时不小心伤及内部芯线，较严重时需要剪掉切伤部分导线，重新按上述方向剥离绝缘层。

图2-8　截面积在0.4mm² 以下的硬绝缘导线绝缘层的剥离

层，如图 2-9 所示。

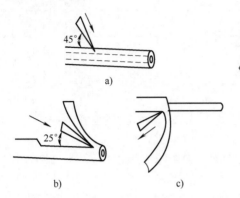

对于截面积在0.4mm²以上的硬绝缘导线，可以使用电工刀来剥离绝缘层，过程如下：
①左手捏住导线，右手拿电工刀，将刀口以45°切入绝缘层，不可用力过大，以免切伤内部芯线，如图a所示。
②刀口切入绝缘层后，让刀口和芯线保持25°，推动电工刀，将部分绝缘层削去，如图b所示。
③将剩余的绝缘层反向扳过来，如图c所示，然后用电工刀将剩余的绝缘层齐根削去。

图 2-9　截面积在 0.4mm² 以上的硬绝缘导线绝缘层的剥离

2. 软导线绝缘层的剥离

剥离软导线的绝缘层可使用钢丝钳或剥线钳，但不可使用电工刀，因为软导线芯线由多股细线组成，用电工刀剥离很易切断部分芯线。用钢丝钳剥离软导线绝缘层的方法与剥离硬导线的绝缘层操作方法一样，这里只介绍如何用剥线钳剥离绝缘层，如图 2-10 所示。

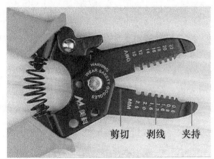

剪切　剥线　夹持

用剥线钳剥离绝缘层的操作过程：
①将导线放入剥线钳合适的钳口。
②握住剥线钳手柄做圆周运行，让钳口在导线的绝缘层上切出一个圆周，注意不要切伤内部芯线。
③往外推动剥线钳，绝缘层就会随钳口移动方向脱离。

图 2-10　用剥线钳剥离绝缘层

3. 护套线绝缘层的剥离

护套线除了内部有绝缘层外，在外面还有护套，**在剥离护套线绝缘层时，先要剥离护套，再剥离内部的绝缘层**。剥离护套常使用电工刀，剥离内部的绝缘层根据情况可使用钢丝钳、剥线钳或电工刀。护套线绝缘层的剥离如图 2-11 所示。

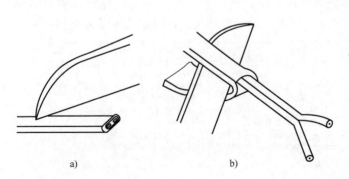

护套线绝缘层的剥离操作：
①将护套线平放在木板上，然后用电工刀尖从中间划开护套，如图a所示。
②将护套线折弯，再用电工刀齐根削去，如图b所示。
③根据护套线内部芯线的类型，用钢丝钳、剥线钳或电工刀剥离内部绝缘层。若芯线是较粗的硬导线，可使用电工刀；若是细硬导线，可使用钢丝钳；若是软导线，则使用剥线钳。

a)　　　　　　　b)

图 2-11　护套线绝缘层的剥离

2.2.2 导线与导线的连接

当导线长度不够或接分支线路时，需要导线与导线连接起来。**导线连接部位是线路的薄弱环节，正确进行导线连接可以增强线路的安全性、可靠性，使用电设备能稳定可靠地运行。** 在连接导线前，要求先去除芯线上的污物和氧化层。

1. 铜芯导线之间的连接

（1）单股铜芯导线的直线连接

单股铜芯导线的直线连接如图2-12所示。

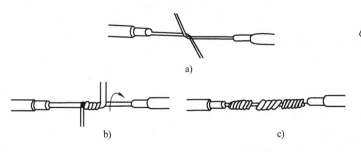

单股铜芯导线的直线连接操作：
①将去除绝缘层和氧化层的两根单股导线做X形相交，如图a所示。
②将两根导线向两边紧密斜着缠绕2～3圈，如图b所示。
③将两根导线扳直，再各向两边绕6圈，多余的线头用钢丝钳剪掉，连接好的导线如图c所示。

图2-12 单股铜芯导线的直线连接

（2）单股铜芯导线的T字形分支连接

单股铜芯导线的T字形分支连接如图2-13所示。

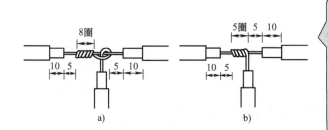

单股铜芯导线的T字形分支连接操作：
①将除去绝缘层和氧化层的支路芯线与主干芯线十字相交，然后将支路芯线在主干芯线上绕一圈并跨过支路芯线(即打结)，再在主干线上缠绕8圈，如图a所示，多余的支路芯线剪掉。
②对于截面积小的导线，也可以不打结，直接将支路芯线在主干芯线缠绕几圈，如图b所示。

图2-13 单股铜芯导线的T字形分支连接

（3）7股铜芯导线的T字形分支连接

7股铜芯导线的T字形分支连接如图2-14所示。

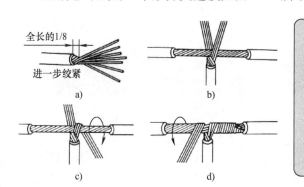

7股铜芯导线的T字形分支连接操作：
①将去除绝缘层和氧化层的分支线7股芯线散开，并将绝缘层旁约1/8的芯线段绞紧，如图a所示。
②将分支线7股芯线按3、4分成两组，并叉入主干线，如图b所示。
③将3股的一组线在主芯线上按顺时针方向紧绕3圈，再将余下的剪掉，如图c所示。
④将4股的一组线在主芯线上按顺时针方向紧绕4圈，再将余下的剪掉，如图d所示。

图2-14 7股铜芯导线的T字形分支连接

（4）不同直径铜导线的连接

不同直径的铜导线连接如图 2-15 所示，将细导线的芯线在粗导线的芯线上绕 5~6 圈，然后将粗芯线弯折压在缠绕的细芯线上，再把细芯线在弯折的粗芯线上绕 3~4 圈，最后多余的细芯线剪去。

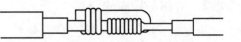

图 2-15　不同直径的铜导线连接

（5）多股软导线与单股硬导线的连接

多股软导线与单股硬导线的连接如图 2-16 所示，先将多股软导线拧紧成一股芯线，然后将拧紧的芯线在硬导线上缠绕 7~8 圈，再将硬导线折弯压紧缠绕的软芯线。

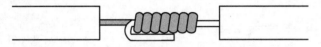

图 2-16　多股软导线与单股硬导线的连接

（6）多芯导线的连接

多芯导线的连接如图 2-17 所示，多芯导线之间的连接关键在于各芯线连接点应相互错开，这样可以防止芯线连接点之间短路。

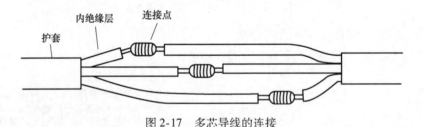

图 2-17　多芯导线的连接

2. 铝芯导线之间的连接

铝芯导线采用铝材料作芯线，而铝材料易氧化在表面形成氧化铝，氧化铝的电阻率又比较高，如果线路安装要求比较高，铝芯导线之间一般不采用铜芯导线之间的连接方法，而常用铝压接管（见图 2-18）进行连接。

用压接管连接铝芯导线方法如图 2-19 所示，如果需要将三根或四根铝芯线压接在一起，可按图 2-20 所示的方法进行操作。

图 2-18　铝压接管

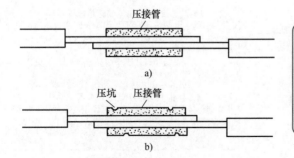

用压接管连接铝芯导线的操作：
①将待连接的两根铝芯线穿入压接管，并穿出一定的长度，如图 a 所示，芯线截面积越大，穿出越长。
②用压接钳对压接管进行压接，如图 b 所示，铝芯线的截面积越大，要求压坑越多。

图 2-19　用压接管连接铝芯导线

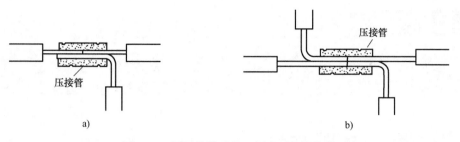

图 2-20 用压接管连接三根或四根铝芯线

3. 铝芯导线与铜芯导线的连接

当铝和铜接触时容易发生电化腐蚀，所以**铝芯导线和铜芯导线不能直接连接，连接时需要用到铜铝压接管**，这种套管是由铜和铝制作而成的，如图 2-21 所示。铝芯导线与铜芯导线的连接方法如图 2-22 所示。

图 2-21 铜铝压接管

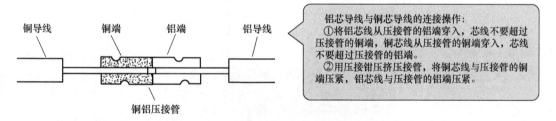

铝芯导线与铜芯导线的连接操作：
①将铝芯线从压接管的铝端穿入，芯线不要超过压接管的铜端，铜芯线从压接管的铜端穿入，芯线不要超过压接管的铝端。
②用压接钳压挤压接管，将铜芯线与压接管的铜端压紧，铝芯线与压接管的铝端压紧。

图 2-22 铝芯导线与铜芯导线的连接

第3章

电工仪表

》3.1 指针万用表的使用

指针万用表是一种广泛使用的电子测量仪表，它由一只灵敏很高的直流电流表（微安表）作为表头，再加上档位开关和相关电路组成。指针万用表可以测量电压、电流、电阻，还可以测量电子元器件的好坏。指针万用表种类很多，使用方法大同小异，本节以 MF-47 型万用表为例进行介绍。

3.1.1 面板介绍

MF-47 型万用表的面板如图 3-1 所示。**指针万用表面板主要由刻度盘、档位开关、旋钮和插孔构成。**

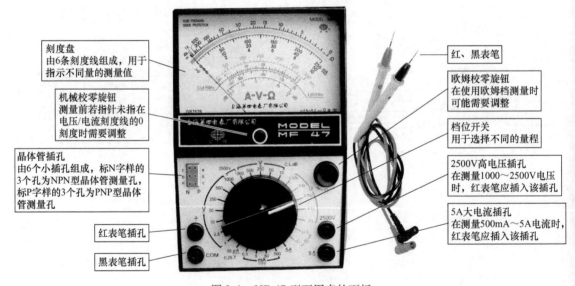

刻度盘
由6条刻度线组成，用于指示不同量的测量值

机械校零旋钮
测量前若指针未指在电压/电流刻度线的0刻度时需要调整

晶体管插孔
由6个小插孔组成，标N字样的3个孔为NPN型晶体管测量孔，标P字样的3个孔为PNP型晶体管测量孔

红表笔插孔

黑表笔插孔

红、黑表笔

欧姆校零旋钮
在使用欧姆档测量时可能需要调整

档位开关
用于选择不同的量程

2500V高电压插孔
在测量1000～2500V电压时，红表笔应插入该插孔

5A大电流插孔
在测量500mA～5A电流时，红表笔应插入该插孔

图 3-1　MF-47 型万用表的面板

1. 刻度盘

刻度盘用来指示被测量值的大小，它由 1 根指针和 6 条刻度线组成。刻度盘如图 3-2 所示。

2. 档位开关

档位开关的功能是选择不同的测量档位。档位开关如图 3-3 所示。

3.1.2 使用准备

指针万用表在使用前，需要安装电池、机械校零和安插表笔。

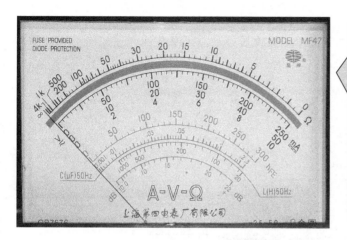

第1条标有“Ω”字样的为欧姆(电阻)刻度线。这条刻度线右端刻度值最小，左端刻度值最大。在未测量时指针指在最左端无穷大(∞)处。
第2条标有“V”(左端)和“mA”(右端)字样的为交直流电压/直流电流刻度线。
第3条标有“h_{FE}”字样的为晶体管放大倍数刻度线。
第4条标有“C(μF)50Hz”(左端)字样的为电容量刻度线。
第5条标有“L(H)50Hz”(右端)字样的为电感量刻度线。
第6条标有“dB”字样的为音频电平刻度线。

图 3-2　刻度盘

1000V、2500V档(共用)
交流电压档
交流10V、电容量、电感量和音频电平档(共用)
直流电压档
欧姆档
晶体管放大倍数档
直流50μA、0.25V档(共用)
直流电流档

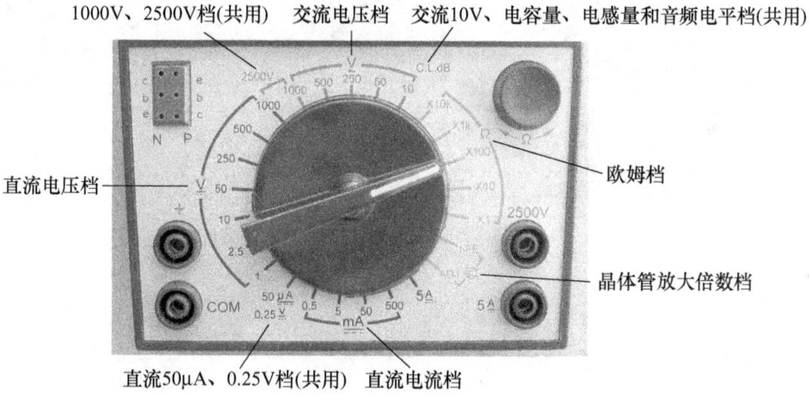

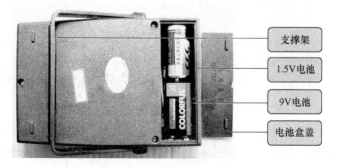

图 3-3　档位开关

1. 安装电池

在使用万用表前，需要给万用表安装电池，若不安装电池，欧姆档和晶体管放大倍数档将无法使用，但电压档、电流档仍可使用。MF-47 型万用表需要 9V 和 1.5V 两个电池，如图 3-4 所示，其中 9V 电池供给 ×10kΩ档使用，1.5V 电池供给 ×10kΩ档以外的欧姆档和晶体管放大倍数档使用。安装电池时，一定要注意电池的极性不能装错。

支撑架
1.5V电池
9V电池
电池盒盖

图 3-4　万用表的电池安装

2. 机械校零

在出厂时，大多数厂商已对万用表进行了机械校零，对于某些原因造成指针未校零时，可自己进行机械校零。机械校零过程如图 3-5 所示。

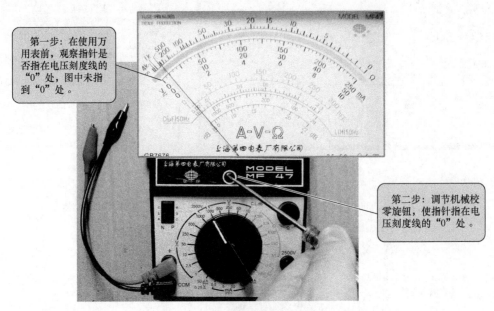

第一步：在使用万用表前，观察指针是否指在电压刻度线的"0"处，图中未指到"0"处。

第二步：调节机械校零旋钮，使指针指在电压刻度线的"0"处。

图 3-5　机械校零

3. 安插表笔

万用表有红、黑两根表笔，在测量时，红表笔要插入标有"＋"字样的插孔，黑表笔要插入标有"－"字样的插孔。

3.1.3　测量直流电压

MF-47 型万用表的直流电压档具体又分为 0.25V、1V、2.5V、10V、50V、250V、500V、1000V 和 2500V 档。下面以测量一节干电池的电压值来说明直流电压的测量方法，测量操作如图 3-6 所示。

补充说明：

1）如果测量 1000～2500V 范围内的电压时，档位开关应置于 1000V 档位，红表笔要插在 2500V 专用插孔中，黑表笔仍插在"COM"插孔中，读数时选择最大值为 250 的那一组数。

2）直流电压 0.25V 档与直流电流 50μA 档是共用的，在测直流电压时选择该档可以测量 0～0.25V 范围内的电压，读数时选择最大值为 250 的那一组数，在测直流电流时选择该档可以测量 0～50μA 范围内的电流，读数时选择最大值为 50 的那一组数。

3.1.4　测量交流电压

MF-47 型万用表的交流电压档具体又分为 10V、50V、250V、500V、1000V 和 2500V 档。下面以测量市电电压的大小来说明交流电压的测量方法，测量操作如图 3-7 所示。

扫一扫看视频

扫一扫看视频

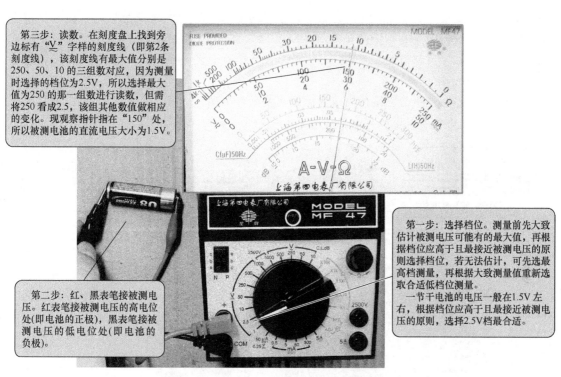

第三步：读数。在刻度盘上找到旁边标有 "$\underline{V}$" 字样的刻度线（即第2条刻度线），该刻度线有最大值分别是250、50、10 的三组数对应，因为测量时选择的档位为2.5V，所以选择最大值为250的那一组数进行读数，但需将250看成2.5，该组其他数值做相应的变化。现观察指针指在 "150" 处，所以被测电池的直流电压大小为1.5V。

第二步：红、黑表笔接被测电压。红表笔接被测电压的高电位处(即电池的正极)，黑表笔接被测电压的低电位处(即电池的负极)。

第一步：选择档位。测量前先大致估计被测电压可能有的最大值，再根据档位应高于且最接近被测电压的原则选择档位，若无法估计，可先选最高档测量，再根据大致测量值重新选取合适低档位测量。
一节干电池的电压一般在1.5V左右，根据档位应高于且最接近被测电压的原则，选择2.5V档最合适。

图 3-6 直流电压的测量（测量电池的电压）

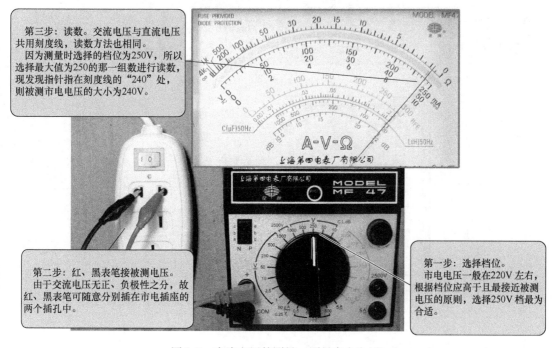

第三步：读数。交流电压与直流电压共用刻度线，读数方法也相同。
因为测量时选择的档位为250V，所以选择最大值为250的那一组数进行读数，现发现指针指在刻度线的 "240" 处，则被测市电电压的大小为240V。

第二步：红、黑表笔接被测电压。
由于交流电压无正、负极性之分，故红、黑表笔可随意分别插在市电插座的两个插孔中。

第一步：选择档位。
市电电压一般在220V左右，根据档位应高于且最接近被测电压的原则，选择250V档最为合适。

图 3-7 交流电压的测量（测量市电电压）

3.1.5 测量直流电流

MF-47 型万用表的直流电流档具体又分为 50μA、0.5mA、5mA、50mA、

500mA 和 5A 档。下面以测量流过灯泡的电流大小为例来说明直流电流的测量方法。直流电流的测量操作如图 3-8a 所示，图 3-8b 为图 3-8a 的等效电路测量图。

如果流过灯泡的电流大于 500mA，可将红表笔插入 5A 插孔，档位仍置于 500mA 档。

注意：测量电路的电流时，一定要断开电路，并将万用表串接在电路断开处，这样电路中的电流才能流过万用表，万用表才能指示被测电流的大小。

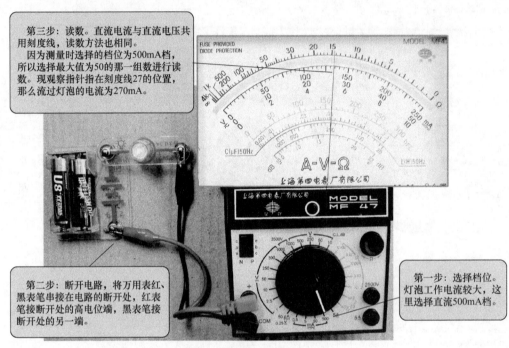

第三步：读数。直流电流与直流电压共用刻度线，读数方法也相同。
因为测量时选择的档位为500mA档，所以选择最大值为50的那一组数进行读数。现观察指针指在刻度线27的位置，那么流过灯泡的电流为270mA。

第二步：断开电路，将万用表红、黑表笔串接在电路的断开处，红表笔接断开处的高电位端，黑表笔接断开处的另一端。

第一步：选择档位。灯泡工作电流较大，这里选择直流500mA档。

a) 实际测量图

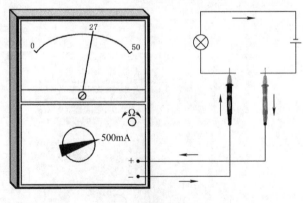

b) 等效测量图

图 3-8　直流电流的测量

3.1.6　测量电阻

测量电阻的阻值时需要选择欧姆档（又称电阻档）。MF-47 型万用表的欧姆档具体又分为 ×1Ω、×10Ω、×100Ω、×1kΩ 和 ×10kΩ 档。下面以测量一只电阻的阻值来说明欧姆档的使用方法，测量操作如图 3-9 所示。

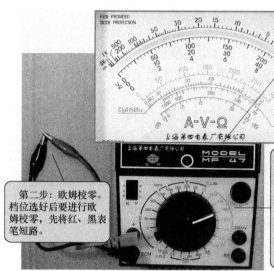

第三步：观察指针是否指到欧姆刻度线的"0"处，图中指针未指在"0"处。

第二步：欧姆校零。档位选好后要进行欧姆校零，先将红、黑表笔短路。

第一步：选择档位。测量前先估计被测电阻的阻值大小，选择合适的档位。档位选择的原则是，在测量时尽可能让指针指在欧姆刻度线的中央位置，因为指针指在刻度线中央时的测量值最准确，若不能估计电阻的阻值，可先选高档位测量，如果发现阻值偏小时，再换成合适的低档位重新测量。现估计被测电阻阻值为几百欧至几千欧，选择档位×100Ω较为合适。

a) 欧姆校零一

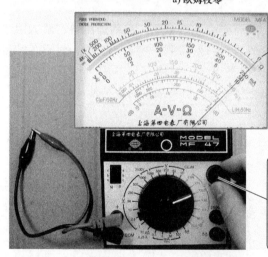

调节欧姆校零旋钮，直到将指针调到"0"处为止。

第四步：如果指针未指在"0"处，应调节欧姆校零旋钮，直到将指针调到"0"处为止。如果无法将指针调到"0"处，一般为万用表内部电池用旧所致，需要更换新电池。

b) 欧姆校零二

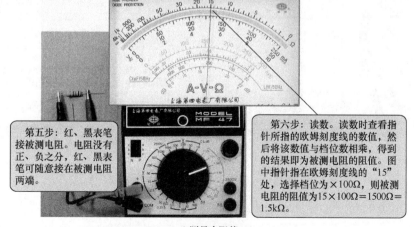

第五步：红、黑表笔接被测电阻。电阻没有正、负之分，红、黑表笔可随意接在被测电阻两端。

第六步：读数。读数时查看指针所指的欧姆刻度线的数值，然后将该数值与档位数相乘，得到的结果即为被测电阻的阻值。图中指针指在欧姆刻度线的"15"处，选择档位为×100Ω，则被测电阻的阻值为15×100Ω=1500Ω=1.5kΩ。

c) 测量电阻值

图 3-9 电阻的测量

3.1.7 万用表使用注意事项

万用表使用时要按正确的方法进行操作，否则会使测量值不准确，重则会烧坏万用表，甚至会触电，危害人身安全。**万用表使用时要注意以下事项：**

1）测量时不要选错档位，特别是不能用电流档或欧姆档来测电压，这样极易烧坏万用表。万用表不用时，可将档位置于交流电压最高档（如 1000V 档）。

2）测量直流电压或直流电流时，要将红表笔接电源或电路的高电位，黑表笔接低电位，若表笔接错，会使指针反偏，这时应马上互换红、黑表笔位置。

3）若不能估计被测电压、电流或电阻的大小，应先用最高档，如果高档位测量值偏小，可根据测量值大小选择相应的低档位重新测量。

4）测量时，手不要接触表笔金属部位，以免触电或影响测量准确度。

5）测量电阻阻值和晶体管放大倍数时要进行欧姆校零，如果旋钮无法将指针调到欧姆刻度线的"0"处，一般为万用表内部电池电压不足，可更换新电池。

▶▶ 3.2 数字万用表

数字万用表与指针万用表相比，具有测量准确度高、测量速度快、输入阻抗大、过载能力强和功能多等优点，所以它与指针万用表一样，在电工电子技术测量方面得到广泛的应用。数字万用表的种类很多，但使用基本相同，下面以广泛使用且价格便宜的 DT830 型数字万用表为例来说明数字万用表的使用。

扫一扫看视频

3.2.1 面板介绍

数字万用表的面板上主要有显示屏、档位开关和各种插孔。DT830 型数字万用表面板如图 3-10 所示。

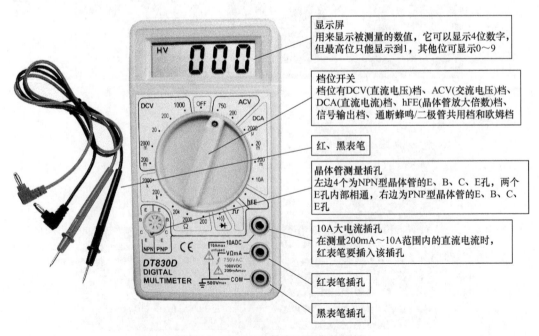

图 3-10　DT830 型数字万用表的面板

3.2.2 测量直流电压

DT830 型数字万用表的直流电压档具体又分为 200mV 档、2000mV 档、20V 档、200V 档、1000V 档。下面通过测量一节电池的电压值来说明直流电压的测量方法，如图 3-11 所示。

扫一扫看视频

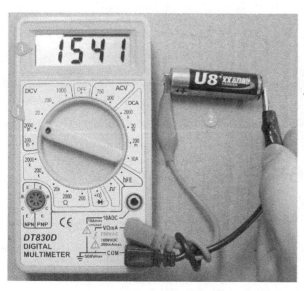

测量一节电池的电压值的操作过程如下：
①选择档位。一节电池的电压在 1.5V 左右，根据档位应高于且最接近被测电压原则，选择 2000mV（2V）档较为合适。
②红、黑表笔接被测电压。红表笔接被测电压的高电位处（即电池的正极），黑表笔接被测电压的低电位处（即电池的负极）。
③在显示屏上读数。现观察显示屏显示的数值为"1541"，则被测电池的直流电压为 1.541V。若显示屏显示的数字不断变化，可选择其中较稳定的数字作为测量值。

图 3-11 直流电压的测量

扫一扫看视频

3.2.3 测量交流电压

DT830 型数字万用表的交流电压档具体又分为 200V 档和 750V 档。下面通过测量市电的电压值来说明交流电压的测量方法，如图 3-12 所示。

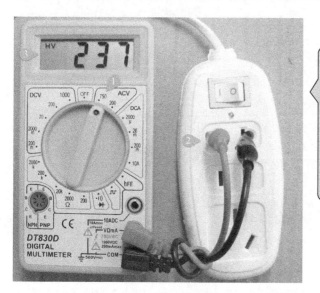

测量市电的电压值的操作过程如下：
①选择档位。市电电压通常在 220V 左右，根据档位应高于且最接近被测电压原则，选择 750V 档最为合适。
②红、黑表笔接被测电压。由于交流电压无正、负之分，故红、黑表笔可随意分别插入市电插座的两个插孔内。
③在显示屏上读数。现观察显示屏显示的数值为"237"，则市电的电压值为 237V。若显示屏显示的数字不断变化，可选择其中较稳定的数字作为测量值。

图 3-12 交流电压的测量

扫一扫看视频

3.2.4 测量直流电流

DT830 型数字万用表的直流电流档具体又分为 2000μA 档、20mA 档、200mA 档、10A

档。下面以测量流过灯泡的电流大小为例来说明直流电流的测量方法，如图 3-13 所示。

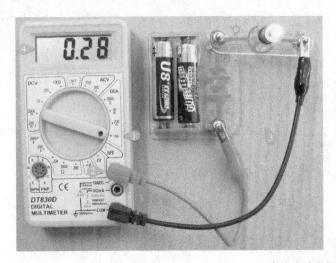

测量流过灯泡的电流值的操作过程如下：
①选择档位。灯泡工作电流较大，这里选择直流10A档。
②将红表笔插入10A电流专用插孔。
③断开被测电路，将红、黑表笔接在电路的断开处，红表笔接断处的高电位端，黑表笔接断处的另一端。
④在显示屏上读数。现观察显示屏显示的数值为"0.28"，则流过灯泡的电流为0.28A。

图 3-13　直流电流的测量

3.2.5　测量电阻

万用表测电阻时采用欧姆档，DT830 型万用表的欧姆档具体又分为 200Ω档、2000Ω档、20kΩ档、200kΩ档和2000kΩ档。

1. 测量一只电阻的阻值

下面通过测量一个电阻的阻值来说明欧姆档的使用，测量如图 3-14 所示。

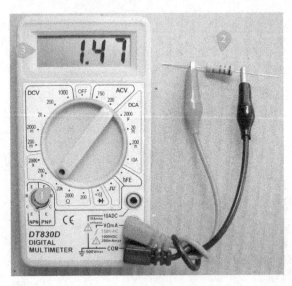

用欧姆档测量一个电阻的阻值：
①选择档位。估计被测电阻的阻值不会大于20kΩ，根据档位应高于且最接近被测电阻的阻值原则，选择20kΩ档最为合适。若无法估计电阻的大致阻值，可先用最高档测量，若发现偏小，再根据显示的阻值更换合适低档位重新测量。
②红、黑表笔接被测电阻两个引脚。
③在显示屏上读数。现观察显示屏显示的数值为"1.47"，则被测电阻的阻值为1.47kΩ。

图 3-14　电阻的测量

2. 测量导线的电阻

导线的电阻大小与导体材料、截面积和长度有关，对于采用相同导体材料（如铜）的导线，芯线越粗，其电阻越小，芯线越长，其电阻越大。导线的电阻较小，数字万用表一般使用 200Ω档测量，测量操作如图 3-15 所示，如果被测导线的电阻无穷大，则导线开路。

需要注意的是，数字万用表在使用低欧姆档（200Ω档）测量时，将两根表笔短接，通

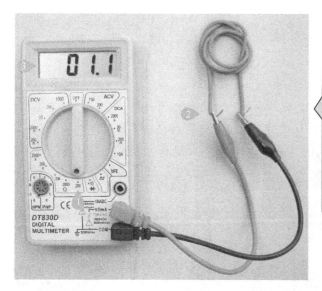

用欧姆档测量判断导线的通断：
①选择档位。导线的电阻很小，故选择200Ω档（最小欧姆档）。
②红、黑表笔接导线的两端。
③在显示屏上读数。现观察显示屏显示的数值为"1.1"，则被测导线的电阻值为1.1Ω，电阻很小，说明导线是导通的，若显示"1"或"OL"符号，说明导线电阻超出当前档位的量程，导线内部开路。

图 3-15　测量导线的电阻

常会发现显示屏显示的阻值不为零，一般在零点几欧至几欧之间，该阻值主要是表笔及误差阻值，性能好的数字万用表该值很小。由于数字万用表无法进行欧姆校零，如果对测量准确度要求很高，可在测量前记下表笔短接时的阻值，再将测量值减去该值即为被测元件或线路的实际阻值。

3.2.6　测量线路通断

扫一扫看视频

线路通断可以用万用表的欧姆档测量，但每次测量时都要查看显示屏的电阻值来判断，这样有些麻烦。为此有的数字万用表专门设置了**"通断蜂鸣"档，在测量时，当被测线路的电阻小于一定值（一般为50Ω左右），万用表会发出蜂鸣声，提示被测线路处于导通状态**。图 3-16 是用数字万用表的"通断蜂鸣"档检测导线的通断。

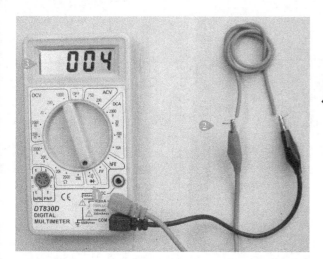

用通断蜂鸣档判断导线的通断：
①选择档位。档位开关选择通断蜂鸣档（与二极管档共用）。
②红、黑表笔接导线的两端。
③听有无蜂鸣声并查看显示屏。显示屏显示的值为导线的近似电阻（最大显示值为1999），若显示值小于50，万用表会发出蜂鸣音，表示导线是通的。

图 3-16　用"通断蜂鸣"档检测导线的通断

﹥﹥3.3 电能表

3.3.1 种类与外形

电能表旧称电度表，是一种用来计算用电量（电能）的测量仪器。电能表可分为单相电能表和三相电能表，分别用在单相和三相交流电路中。根据工作方式不同，电能表可分为机械式和电子式两种。电子式电能表是利用电子电路驱动计数机构来对电能进行计数的，而机械式（又称感应式）电能表，是利用电磁感应产生力矩来驱动计数机构对电能进行计数的。常见的电能表外形如图 3-17 所示。

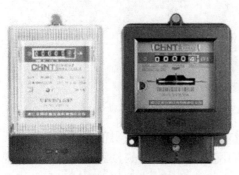

a) 单相电子式和机械式电能表　　　　　　　b) 三相电子式和机械式电能表

图 3-17　电能表

3.3.2 单相电能表的接线

单相电能表的接线如图 3-18 所示。图中圆圈上的粗水平线表示电流线圈，其线径粗、匝数少、阻值小（接近 0Ω），在接线时，要串接在电源相线和负载之间；圆圈上的细垂直线表示电压线圈，其线径细、匝数多、阻值大（用万用表欧姆档测量时为几百至几千欧），在接线时，要接在电源相线和零线之间。另外，电能表电压线圈、电流线圈的电源端（该端一般标有圆点）应共同接电源进线。

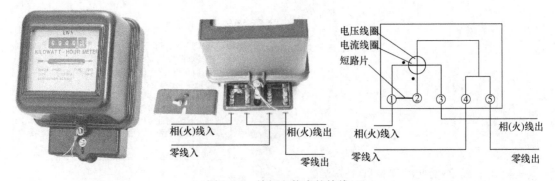

图 3-18　单相电能表的接线

3.3.3 三相电能表的接线

三相电能表用于三相交流电源电路中，如果三相电源的负载功率不是很大，三相电能表可直接接在三相交流电路中。三相电能表在三相四线电源中的直接接线如图 3-19 所示。

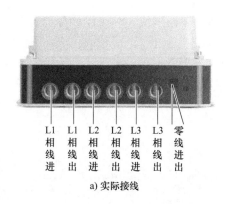
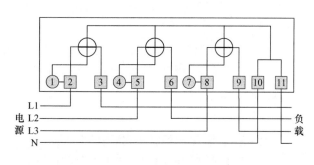

a) 实际接线   b) 接线图

图 3-19 三相电能表的直接接线（三相四线式）

3.3.4 电子式电能表与机械式电能表的区别

电子式电能表与机械式电能表如图 3-20 所示。**两种电能表可以从以下几个方面进行区别：**

1）查看面板上有无铝盘。 电子式电能表没有铝盘，而机械式电能表面板上可以看到铝盘。

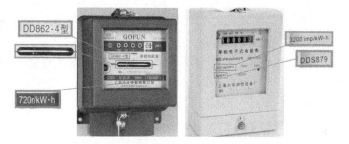

2）查看面板型号。 电子式电能表型号的第 3 位含有字母 S，而机械式电能表没有，如 DDS633 为电子式电能表。

3）查看电表常数单位。 电子式电能表的电表常数单位为

图 3-20 机械电能表和电子式电能表的区别

imp/kW·h（脉冲数/千瓦时），机械式电能表的电表常数单位为 r/kW·h（转数/千瓦时），

3.3.5 电能表型号与铭牌含义

1. 型号含义

电能表的型号一般由六部分组成，各部分意义如下：

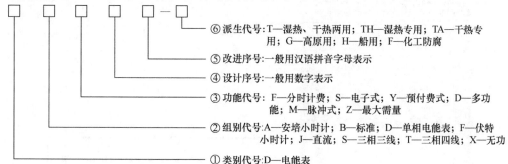

⑥派生代号：T—湿热、干热两用；TH—湿热专用；TA—干热专用；G—高原用；H—船用；F—化工防腐

⑤改进序号：一般用汉语拼音字母表示

④设计序号：一般用数字表示

③功能代号：F—分时计费；S—电子式；Y—预付费式；D—多功能；M—脉冲式；Z—最大需量

②组别代号：A—安培小时计；B—标准；D—单相电能表；F—伏特小时计；J—直流；S—三相三线；T—三相四线；X—无功

①类别代号：D—电能表

电能表的形式和功能很多，各厂商在型号命名上也不尽完全相同，大多数电能表只用两个字母表示其功能和用途。一些特殊功能或电子式的电能表多用三个字母表示其功能和用途。

举例如下：

1）DD28 表示单相电能表。D—电能表，D—单相，28—设计序号。

2）DS862 表示三相三线有功电能表。D—电能表，S—三相三线，86—设计序号，2—改进序号。

3）DX8 表示无功电能表。D—电能表，X—无功，8—设计序号。

4）DTD18 表示三相四线有功多功能电能表。D—电能表，T—三相四线，D—多功能，18—设计序号。

2. 铭牌含义

电能表铭牌通常含有以下内容：

1）计量单位名称或符号。 有功电表为"kW·h（千瓦时）"，无功电表为"kvarh（千乏时）"。

2）电量计数器窗口。 整数位和小数位用不同颜色区分，窗口各字轮均有倍乘系数，如 ×1000、×100、×10、×1、×0.1。

3）标定电流和额定最大电流。 标定电流（又称基本电流）是用于确定电能表有关特性的电流值，该值越小，电能表越容易起动；额定最大电流是指仪表能满足规定计量准确度的最大电流值。当电能表通过的电流在标定电流和额定最大电流之间时，电能计量准确，当电流小于标定电流值或大于额定最大电流值时，电能计量准确度会下降。一般情况下，不允许流过电能表的电流长时间大于额定最大电流。

4）工作电压。 电能表所接电源的电压。单相电能表以电压线路接线端的电压表示，如 220V；三相三线电能表以相数乘以线电压表示，如 3×380V；三相四线电能表以相数乘以相电压/线电压表示，如 3×220/380V。

5）工作频率。 电能表所接电源的工作频率。

6）电表常数。 它是指电能表记录的电能和相应的转数或脉冲数之间关系的常数。机械式电能表以 r/kW·h（转数/千瓦时）为单位，表示计量 1kW·h（1度电）电能时的铝盘的转数，电子式电能表以 imp/kW·h（脉冲数/千瓦时）为单位。

7）型号。

8）制造厂名。

图 3-21 是一个单相机械电能表，其铭牌含义见标注所示。

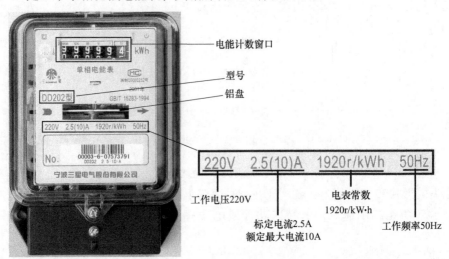

图 3-21　电能表铭牌含义说明

3.3.6 电能表电流规格的选用

在选择电能表时，先要确定电源类型是单相还是三相，再根据电源负载的功率确定电能表的电流规格。对于 220V 单相交流电源电路，应选用单相电能表，最大测量功率 P 与电能表额定最大电流 I 的关系为：$P = I \times 220\text{V}$；对于 380V 三相交流电源电路，应选用三相电能表，最大测量功率 P 与电能表额定最大电流 I 的关系为：$P = 3I \times 220\text{V}$。电能表的常用电流规格及对应的最大测量功率见表 3-1。

表 3-1 电能表的常用电流规格及对应的最大测量功率

220V 单相电能表		380V 三相电能表	
电流规格	最大测量功率	电流规格	最大测量功率
1.5（6）A	1.32kW	1.5（6）A	外接电流互感器使用
2.5（10）A	2.2kW	5（20）A	13.2kW
5（20）A	4.4kW	10（40）A	26.4kW
10（40）A	8.8kW	15（60）A	39.6kW
15（60）A	13.2kW	20（80）A	52.8kW
20（80）A	17.6kW	30（100）A	66kW

≫ 3.4 钳形表

钳形表又称钳形电流表，它是一种测量电气线路电流大小的仪表。与电流表和万用表相比，钳形表的优点是在测电流时不需要断开电路。

3.4.1 钳形表的结构与测量原理

钳形表有指针式和数字式之分，这里以指针式为例来说明钳形表的结构与工作原理。指针式钳形表的外形与结构如图 3-22 所示。指针式钳形表主要由铁心、线圈、电流表、量程旋钮和扳手等组成。

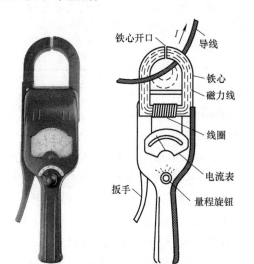

在使用钳形表时，按下扳手，铁心开口张开，从开口处将导线放入铁心中央，再松开扳手，铁心开口闭合。

当有电流流过导线时，导线周围会产生磁场，磁场的磁力线沿铁心穿过线圈，线圈立即产生电流，该电流经内部一些元器件后流进电流表，电流表指针摆动，指示电流的大小。流过导线的电流越大，导线产生的磁场越大，穿过线圈的磁力线越多，线圈产生的电流就越大，流进电流表的电流就越大，指针摆动幅度越大，则指示的电流值越大。

图 3-22 指针式钳形表的外形与结构

3.4.2 指针式钳形表的使用

1. 实物外形

早期的钳形表仅能测电流（不需要安装电池），而现在常用的钳形表大多数已将钳形表和万用表结合起来，不但可以测电流，还能测电压和电阻，图 3-23 所示的钳形表都具有这些功能，但为了能使用万用表功能，需要安装电池。

图 3-23　一些常见的指针式钳形表

2. 使用方法

（1）准备工作

在使用钳形表测量前，要做好以下准备工作：

1）安装电池。早期的钳形表仅能测电流，不需安装电池，而现在的钳形表不但能测电流、电压，还能测电阻，因此要求表内安装电池。安装电池时，打开电池盖，将大小和电压值符合要求的电池装入钳形表的电池盒，安装时要注意电池的极性与电池盒标注相同。

2）机械校零。将钳形表平放在桌面上，观察指针是否指在电流刻度线的"0"刻度处，若没有，可用螺丝刀调节刻度盘下方的机械校零旋钮，将指针调到"0"刻度处。

3）安装表笔。如果仅用钳形表测电流，可不安装表笔；如果要测量电压和电阻，则需要给钳形表安装表笔。安装表笔时，红表笔插入标" + "的插孔，黑表笔插入标" - "或标"COM"的插孔。

（2）用钳形表测电流

使用钳形表测电流，一般按以下操作步骤进行：

1）估计被测电流大小的范围，选取合适的电流档位。选择的电流档应大于被测电流，若无法估计电流范围，可先选择大电流档测量，测量值偏小时再选择小电流档。

2）钳入被测导线。在测量时，按下钳形表上的扳手，张开铁心，钳入一根导线，如图 3-24a 所示，指针摆动，指示导线流过的电流大小。测量时要注意，不能将两根导线同时钳入，图 3-24b 所示的测量方法是错误的。这是因为两根导线流过的电流大小相等，但方向相反，两根导线产生的磁场方向是相反的，相互抵消，钳形表测出的电流值将为 0，如果不为 0，则说明两根导线流过的电流不相等，负载存在漏电（一根导线的部分电流经绝缘性能差的物体直接到地，没有全部流到另一根线上），此时钳形表测出值为漏电电流值。

3）读数。在读数时，观察并记下指针指在"ACA（交流电流）"刻度线的数值，再配合档位数进行综合读数。例如图 3-24a 所示的测量中，指针指在 ACA 刻度线的 3.5 处，此时档位为电流 50A 档，读数时要将 ACA 刻度线最大值 5 看成 50，3.5 则为 35，即被测导线流过的电流值为 35A。

如果被测导线的电流较小，可以将导线在钳形表的铁心上绕几圈再测量。如图 3-25 所示，将导线在铁心绕了 2 圈，这样测出的电流值是导线实际电流的 2 倍，图中指针指在 3.5 处，档位开关置于"5A"档，导线的实际电流应为 3.5A/2 = 1.75A。

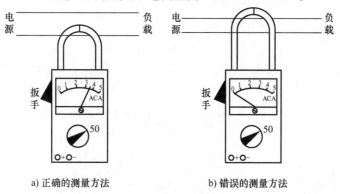

a) 正确的测量方法   b) 错误的测量方法

图 3-24 钳形表的测量方法

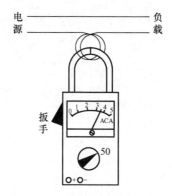

图 3-25 钳形表测量小电流的方法

现在的大多数钳形表可以在不断开电路的情况下测量电流，还能像万用表一样测电压和电阻。钳形表在测电压和电阻时，需要安装表笔，用表笔接触电路或元器件来进行测量，具体测量方法与万用表一样。

3. 使用注意事项

在使用钳形表时，为了安全和测量准确，需要注意以下事项：

1）在测量时要估计被测电流大小，选择合适的档位，不要用低档位测大电流。若无法估计电流大小，可先选高档位，如果指针偏转偏小，应选合适的低档位重新测量。

2）在测量导线电流时，每次只能钳入一根导线，若钳入导线后发现有振动和碰撞声，应重新打开钳口，并开合几次，直至噪声消失为止。

3）在测大电流后再测小电流时，也需要开合钳口数次，以消除铁心上的剩磁，以免产生测量误差。

4）在测量时不要切换量程，以免切换时表内线圈瞬间开路，线圈感应出很高的电压而损坏表内的元器件。

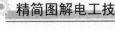

5）在测量一根导线的电流时，应尽量让其他的导线远离钳形表，以免受这些导线产生的磁场影响，而使测量误差增大。

6）在测量裸露线时，需要用绝缘物将其他导线隔开，以免测量时钳形表开合钳口引起短路。

3.4.3 数字式钳形表的使用

1. 实物外形及面板介绍

图 3-26 是一种常用的数字式钳形表，它除了有钳形表的无需断开电路就能测量交流电流的功能外，还具有部分数字万用表的功能，在使用数字万用表的功能时，需要用到测量表笔。

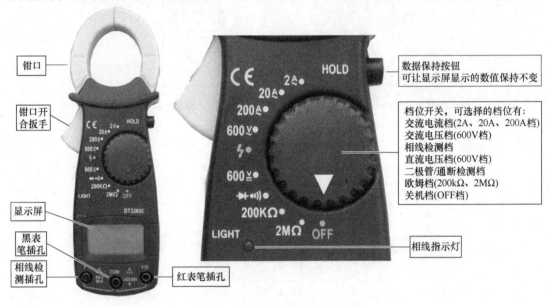

图 3-26　一种常用的数字式钳形表

2. 使用方法

（1）测量交流电流

为了便于用钳形表测量用电设备的交流电流，可按图 3-27 所示制作一个电源插座，利用该插座测量电烙铁的工作电流的操作如图 3-28 所示。

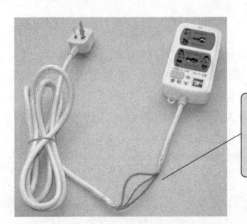

将电源插座线的一段护套层剥掉，露出三根导线，分别是相(火)线L(红色)、零线N(蓝色)和地线PE(黄绿双色)，若为两根导线，则为相线和零线。

图 3-27　制作一个便于用钳形表测量用电设备的交流电流的电源插座

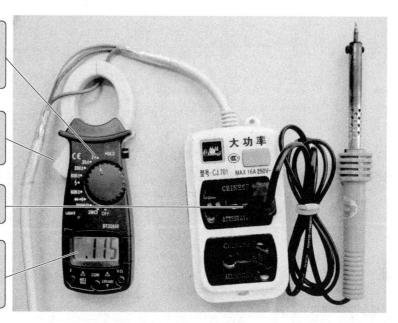

第一步：被测电烙铁的标称功率为30W，工作电流较小，故档位开关选择交流2A档。

第二步：按下扳手，打开钳口，钳入相线或零线(不要钳入地线)。

第三步：将电烙铁的插头插入电源插座。

第四步：观察显示屏显示为".115"，则电烙铁的工作电流为0.115A。

图 3-28　用钳形表测量电烙铁的工作电流

（2）测量交流电压

用钳形表测量交流电压需要用到测量表笔，测量操作如图 3-29 所示。

扫一扫看视频

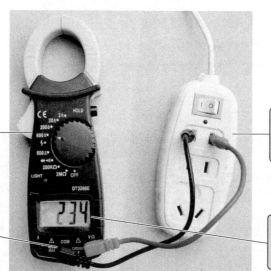

第一步：档位开关选择交流600V档。

第二步：将黑、红表笔的插头分别插入钳形表的COM和VΩ插孔。

第三步：将红、黑表笔的另一端插入电源插座。

第四步：观察显示屏显示为"234"，则市电电压为234V。

图 3-29　用钳形表测量交流电压

（3）判别相线

有的钳形表具有"相线检测"档，利用该档可以判别出相线。用钳形表的"相线检测"档判别相线如图 3-30 所示。

如果数字式钳形表没有"相线检测"档，也可以用交流电压档来判别相线。在检测时，钳形表选择交流电压 20V 以上的档位，一只手捏着黑表笔的绝缘部位，另一只手将红表笔先后插入电源插座的两个插孔，同时观察显示屏显示的感应电压大小，以显示感应电压值大的一次为准，红表笔插入的为相线插孔。

扫一扫看视频

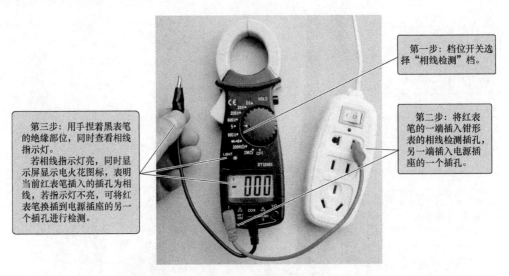

第一步：档位开关选择"相线检测"档。

第三步：用手捏着黑表笔的绝缘部位，同时查看相线指示灯。
若相线指示灯亮，同时显示屏显示电火花图标，表明当前红表笔插入的插孔为相线，若指示灯不亮，可将红表笔换插到电源插座的另一个插孔进行检测。

第二步：将红表笔的一端插入钳形表的相线检测插孔，另一端插入电源插座的一个插孔。

图 3-30 用钳形表的"相线检测"档判别相线

》 3.5 绝缘电阻表

扫一扫看视频

绝缘电阻表是一种测量绝缘电阻的仪表，由于这种仪表的阻值单位通常为兆欧（MΩ），所以常称为兆欧表。**绝缘电阻表主要用来测量电气设备和电气线路的绝缘电阻。**绝缘电阻表可以测量绝缘导线的绝缘电阻，判断电气设备是否漏电等。有些万用表也可以测量兆欧级的电阻，但万用表本身提供的电压低，无法测量高压下电气设备的绝缘电阻，如有些设备在低压下绝缘电阻很大，但电压升高后，绝缘电阻很小，漏电很严重，容易造成触电事故。

3.5.1 实物介绍

绝缘电阻表的面板及接线端如图 3-31 所示。

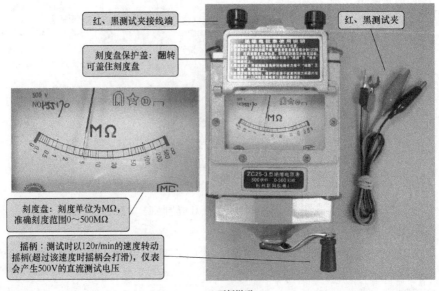

红、黑测试夹接线端

红、黑测试夹

刻度盘保护盖：翻转可盖住刻度盘

刻度盘：刻度单位为MΩ，准确刻度范围0～500MΩ

摇柄：测试时以120r/min的速度转动摇柄(超过该速度时摇柄会打滑)，仪表会产生500V的直流测试电压

a) 面板说明

图 3-31 绝缘电阻表

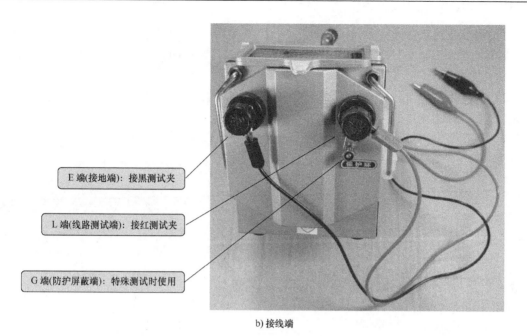

E 端(接地端)：接黑测试夹

L 端(线路测试端)：接红测试夹

G 端(防护屏蔽端)：特殊测试时使用

b) 接线端

图 3-31　绝缘电阻表（续）

3.5.2　工作原理

绝缘电阻表主要由磁电式比率计、手摇发电机和测量电路组成，其结构与工作原理如图 3-32 所示。

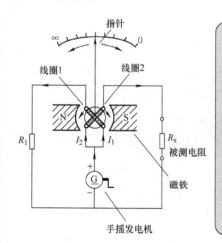

在使用绝缘电阻表测量时，将被测电阻按图示的方法接好，然后摇动手摇发电机，发电机产生几百伏至几千伏的高压，并从"+"端输出电流，电流分作 I_1、I_2 两路，I_1 经线圈1、R_1 回到发电机的"－"端，I_2 经线圈2、被测电阻 R_x 回到发电机的"－"端。

线圈1、线圈2、指针和磁铁组成磁电式比率计。当线圈1 流过电流时，会产生磁场，线圈产生的磁场与磁铁的磁场相互作用，线圈1 逆时针旋转，带动指针往左摆动指向∞处；当线圈2 流过电流时，指针会往右摆动指向0。当线圈1、2 都有电流流过时（两线圈参数相同），若 $I_1=I_2$，即 $R_1=R_x$ 时，指针指在中间；若 $I_1>I_2$，即 $R_1<R_x$ 时，指针偏左，指示 R_x 的阻值大；若 $I_1<I_2$，即 $R_1>R_x$ 时，指针偏右，指示 R_x 的阻值小。

在摇动发电机时，由于摇动时很难保证发电机匀速转动，所以发电机输出的电压和流出的电流是不稳定的，但因为流过两线圈的电流同时变化，如发电机输出电流小时，流过两线圈的电流都会变小，它们受力的比例仍保持不变，故不会影响测量结果。另外，由于发电机会发出几伏至几千伏的高压，经线圈加到被测物两端，这样测量能真实反映被测物在高压下的绝缘电阻大小。

图 3-32　绝缘电阻表的结构与工作原理

3.5.3　使用方法

1. 使用前的准备工作

绝缘电阻表在使用前，要做好以下准备工作：

1）接测量线。绝缘电阻表有三个接线端：L 端（LINE：线路测试端）、E 端（EARTH：接地端）和 G 端（GUARD：防护屏蔽端）。如图 3-31 所示，在使用前将两根测试线分别接在绝缘电阻表的这两个接线端上。一般情况下，只需给 L 端和 E 端接测试线，G 端一般不用。

扫一扫看视频

2）**进行开路实验**。让 L 端、E 端之间开路，然后转动绝缘电阻表的摇柄，使转速达到额定转速（120r/min 左右），这时指针应指在"∞"处，如图 3-33a 所示。若不能指到该位置，则说明绝缘电阻表有故障。

3）**进行短路实验**。将 L 端、E 端测量线短接，再转动绝缘电阻表的摇柄，使转速达到额定转速，这时指针应指在"0"处，如图 3-33b 所示。

若开路和短路实验都正常，就可以开始用绝缘电阻表进行测量了。

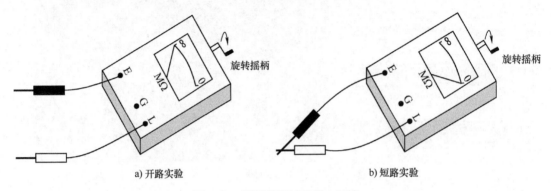

a) 开路实验　　　　　　　　　　　　　　b) 短路实验

图 3-33　测量前测试绝缘电阻表

2. 使用方法

使用绝缘电阻表测量电气设备绝缘电阻，一般按以下步骤进行：

1）**根据被测物额定电压大小来选择相应额定电压的绝缘电阻表**。绝缘电阻表在测量时，内部发电机会产生电压，但并不是所有的绝缘电阻表能产生的电压都相同，如 ZC25 - 3 型绝缘电阻表能产生 500V 电压，而 ZC25 - 4 型绝缘电阻表能产生 1000V 电压。选择绝缘电阻表时，要使其额定电压较待测电气设备的额定电压高，例如额定电压为 380V 及以下的被测物，可选用额定电压为 500V 的绝缘电阻表来测量。有关绝缘电阻表的额定电压大小，可查看绝缘电阻表上的标注或说明书。一些不同额定电压下的被测物及选用的绝缘电阻表见表 3-2。

表 3-2　不同额定电压下的被测物及选用的绝缘电阻表

被 测 物	被测物的额定电压/V	所选绝缘电阻表的额定电压/V
线圈	<500	500
	≥500	1000
电力变压器和电动机绕组	≥500	1000 ~ 2500
发电机绕组	≤380	1000
电气设备	<500	500 ~ 1000
	≥500	2500

2）**测量并读数**。在测量时，切断被测物的电源，将 L 端与被测物的导体部分连接，E 端与被测物的外壳或其他与之绝缘的导体连接，然后转动绝缘电阻表的摇柄，让转速保持在 120r/min 左右（允许有 20% 的转速误差），待指针稳定后进行读数。

3. 使用举例

（1）测量导线间的绝缘电阻

图 3-34 是用绝缘电阻表测量护套线 2 根芯线间的绝缘电阻。

扫一扫看视频

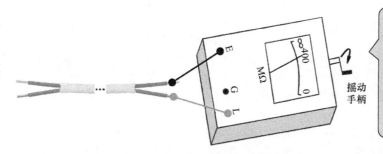

图3-34　用绝缘电阻表测量2根芯线间的绝缘电阻

（2）测量电气设备外壳与线路间的绝缘电阻

图3-35是测量洗衣机外壳与线路间的绝缘电阻。

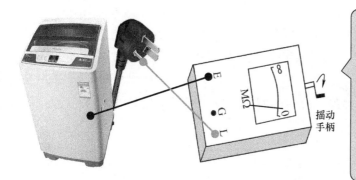

图3-35　用绝缘电阻表测量电气设备外壳与线路间的绝缘电阻

3.5.4　使用注意事项

在使用绝缘电阻表测量时，要注意以下事项：

1）正确选用适当额定电压的绝缘电阻表。选用额定电压过高的绝缘电阻表测量易击穿被测物，选用额定电压低的绝缘电阻表测量则不能反映被测物的真实绝缘电阻。

2）测量电气设备时，一定要切断设备的电源。切断电源后要等待一定的时间再测量，目的是让电气设备放完残存的电。

3）测量时，绝缘电阻表的测量线不能绕在一起。这样做的目的是避免测量线之间的绝缘电阻影响被测物。

4）测量时，顺时针由慢到快摇动手柄，直至转速达 120r/min，一般在 1min 后读数（读数时仍要摇动摇柄）。

5）在摇动摇柄时，手不可接触测量线裸露部位和被测物，以免触电。

6）被测物表面应擦拭干净，不得有污物，以免造成测量数据不准确。

第4章

低压电器

　　低压电器通常是指在交流电压 **1200V** 或直流电压 **1500V** 以下工作的电器。常见的低压电器有开关、熔断器、接触器、漏电保护开关和继电器等。进行电气线路安装时，电源和负载（如电动机）之间用低压电器通过导线连接起来，可以实现负载的接通、切断、保护等控制功能。

》》 4.1　开关

　　开关是电气线路中使用最广泛的一种低压电器，其作用是接通和切断电气线路。常见的开关有照明开关、按钮、刀开关、封闭式负荷开关和组合开关等。

4.1.1　照明开关

　　照明开关用来接通和切断照明线路，允许流过的电流不能太大。常见的照明开关如图 4-1 所示。

图 4-1　常见的照明开关

4.1.2　按钮

扫一扫看视频

　　按钮用来在短时间内接通或切断小电流电路，主要用在电气控制电路中。按钮允许流过的电流较小，一般不能超过 **5A**。按钮用符号"SB"表示，可分为常闭按钮、常开按钮和复合按钮，其内部结构示意图、图形符号和接线端如图 4-2 所示。常开触点也称为 A 触点，常闭触点又称为 B 触点。常见的按钮实物外形如图 4-3 所示。有些按钮内部有多对常开、常闭触点，它可以在接通多个电路的同时切断多个电路。

4.1.3　刀开关

　　刀开关又称为开启式负荷开关、瓷底胶盖刀开关，也称闸刀开关。它可分为单相刀开关和三相刀开关，它的外形、结构与符号如图 4-4 所示。刀开关除了能接通、断开电源外，其内部一般会安装熔丝，因此还能起到过电流保护作用。

　　刀开关需要垂直安装，进线装在上方，出线装在下方，进出线不能接反，以免触电。由于刀开关没有灭电弧装置（闸刀接通或断开时产生的电火花称为电弧），因此不能用作大容量负载的通断控制。刀开关一般用在照明电路中，也可以用作非频繁起动/停止的小容量电

在未按下按钮时，依靠复位弹簧的作用力使内部的金属动触点将常闭静触点a、b接通；当按下按钮时，动触点与常闭静触点脱离，a、b断开；当松开按钮后，触点自动复位(闭合状态)。

a) 常闭按钮

在未按下按钮时，金属动触点与常开静触点c、d断开；当按下按钮时，动触点与常闭静触点接通；当松开按钮后，触点自动复位(断开状态)。

b) 常开按钮

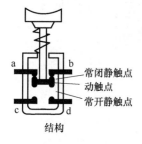

在未按下按钮时，金属动触点与常闭静触点a、b接通，而与常开静触点c、d断开；当按下按钮时，动触点与常闭静触点断开，而与常开静触点接通；当松开按钮后，触点自动复位(常开断开，常闭闭合)。

c) 复合按钮

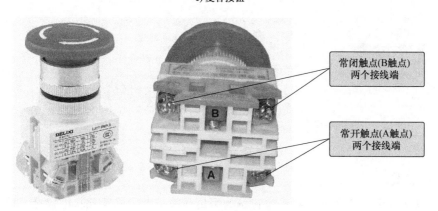

d) 复合按钮的接线端

图 4-2 按钮开关

动机控制。

4.1.4 组合开关

组合开关又称为转换开关，它是一种由多层触点组成的开关。组合开关外形、结构和符号如图 4-5 所示。组合开关不宜进行频繁的转换操作，常用于控制 4kW 以下的小容量电动机。

图 4-3　常见的按钮

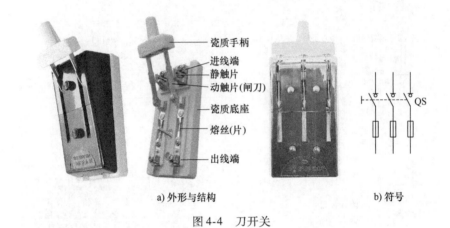

瓷质手柄
进线端
静触片
动触片(闸刀)
瓷质底座
熔丝(片)
出线端

a) 外形与结构　　　　　　　　　　　　b) 符号

图 4-4　刀开关

手柄
转轴
动触点
静触点
绝缘杆
引出线
绝缘板
引出线

组合开关由三层动、静触点组成,当旋转手柄时,可以同时调节三组动触点与三组静触点之间的通断。为了有效地灭弧,在转轴上装有弹簧,在操作手柄时,依靠弹簧的作用迅速接通或断开触点。

a) 外形与结构　　　　　　　　　　　　b) 符号

图 4-5　组合开关

4.1.5　倒顺开关

倒顺开关又称可逆转开关,属于较特殊的组合开关,专门用来控制小容量三相异步电动机的正转和反转。倒顺开关的外形与符号如图 4-6 所示。

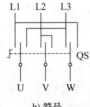

L1　L2　L3

QS

U　V　W

倒顺开关有"倒""停""顺"3 个位置。当开关处于"停"位置时,动触点与静触点均处于断开状态;当开关由"停"旋转至"顺"位置时,动触点U、V、W 分别与静触点L1、L2、L3 接触;当开关由"停"旋转至"倒"位置时,动触点U、V、W 分别与静触点L3、L2、L1 接触。

a) 外形　　　　　　　　　b) 符号

图 4-6　倒顺开关

4.1.6 万能转换开关

万能转换开关由多层触点中间叠装绝缘层而构成，它主要用来转换控制电路，也可用作小容量电动机的起动、换向和变速等。万能转换开关的外形、符号和触点分合表如图4-7所示。

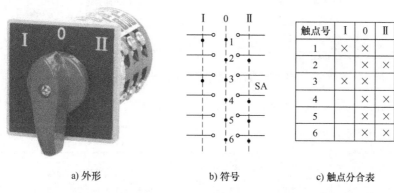

a) 外形   b) 符号   c) 触点分合表

图4-7 万能转换开关

图4-7中的万能转换开关有6路触点，它们的通断受手柄的控制。手柄有Ⅰ、0、Ⅱ 3个档位，手柄处于不同档位时，6路触点通断情况不同，如图4-7b所示。在万能转换开关符号中，"—○ ○—"表示一路触点，竖虚线表示手柄位置，触点下方虚线上的"·"表示手柄处于虚线所示的档位时该路触点接通。例如手柄处于"0"档位时，6路触点在该档位虚线上都标有"·"，表示在"0"档位时6路触点都是接通的；手柄处于"Ⅰ"档位时，第1、3路触点相通；手柄处于"Ⅱ"档位时，第2、4、5、6路触点是相通的。万能转换开关触点在不同档位的通断情况也可以用图4-7c所示的触点分合表说明，"×"表示相通。

4.1.7 行程开关

行程开关是一种利用机械运动部件的碰压使触点接通或断开的开关。行程开关的外形与符号如图4-8所示。**行程开关的种类很多，根据结构可分为直动式（或称按钮式）、旋转式、微动式和组合式等。**图4-9是直动式行程开关的结构示意图。

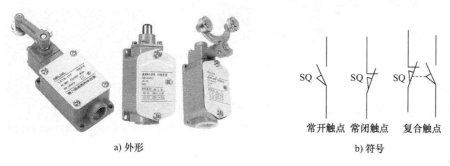

a) 外形   b) 符号

图4-8 行程开关的外形与符号

4.1.8 开关的检测

开关种类很多，但检测方法大同小异，一般采用万用表的欧姆档检测触点的通断情况。这里以检测复合按钮为例，复合按钮有一个常开触点和一个常闭触点，

扫一扫看视频

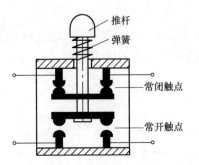

推杆
弹簧
常闭触点
常开触点

行程开关的结构与按钮的基本相同，但将按钮改成推杆。在使用时将行程开关安装在机械部件运动路径上，当机械部件运动到行程开关位置时，会撞击推杆而使其常闭触点断开、常开触点接通。

图 4-9　直动式行程开关的结构示意图

共有 4 个接线端子。图 4-10 是检测复合按钮的常闭触点，常开触点检测方法与之相似。

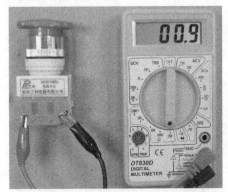

复合按钮的常闭触点检测：
①万用表选择200Ω档。
②红、黑表笔接常闭触点的两个接线端。
③观察到显示屏数值为0.9Ω，电阻值很小，表明在未按下按钮时常闭触点是导通的，属于正常，若万用表显示超出量程符号"1"或"OL"，则说明常闭触点开路。

a) 未按下按钮时检测常闭触点

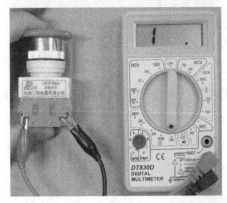

④按下按钮不放。
⑤观察到显示屏显示超出量程符号"1"，表明在按下按钮时常闭触点是断开的，属于正常，若万用表显示的电阻很小，则说明常闭触点短路。

b) 按下按钮时检测常闭触点

图 4-10　复合按钮的常闭触点检测

在测量常闭或常开触点时，如果出现阻值不稳定，通常是由于触点接触不良。因为开关的内部结构比较简单，如果检测时发现开关不正常，可将开关拆开进行检查，找出具体的故障原因，并进行排除，无法排除的就需要更换新的开关。

≫ 4.2 　熔断器

熔断器是对电路、用电设备短路和过载进行保护的电器。熔断器一般串接在电路中，当电路正常工作时，熔断器就相当于一根导线；当电路出现短路或过载时，流过熔断器的电流很大，熔断器中的熔丝就会熔断，使电路开路，从而保护电路和用电设备。

熔断器的种类很多，常见的有 RC 插入式熔断器、RL 螺旋式熔断器、RM 无填料封闭管式熔断器、RS 有填料快速熔断器、RT 有填料封闭管式熔断器和 RZ 自复式熔断器等。熔断器的型号含义说明如下：

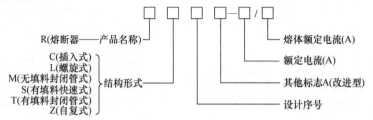

扫一扫看视频

4.2.1 RC 插入式熔断器

RC 插入式熔断器主要用于电压在 380V 及以下、电流为 5～200A 的电路中，如照明电路和小容量的电动机控制电路中。图 4-11 所示是一种常见的 RC 插入式熔断器。

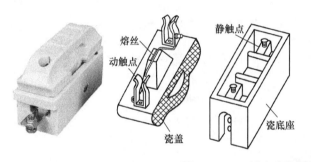

RC插入式熔断器用在额定电流流在30A以下的电路中时，熔丝一般采用铅锡丝；当用在电流为30～100A 的电路中时，熔丝一般采用铜丝；当用在电流达100A 以以上的电路中时，一般用变截面铜片作为熔丝。

图 4-11　RC 插入式熔断器

4.2.2 RL 螺旋式熔断器

图 4-12 所示是一种常见的 RL 螺旋式熔断器。RL 螺旋式熔断器具有体积小、分断能力较强、工作安全可靠、安装方便等优点，通常用在工厂 200A 以下的配电箱、控制箱和机床电动机的控制电路中。

RL螺旋式熔断器在使用时，要在内部安装一个螺旋状的熔管，在安装熔管时，先将熔断器的瓷帽旋下，再将熔管放入内部，然后旋好瓷帽。熔管上、下方为金属盖，熔管内部装有石英砂和熔丝，有的熔管上方的金属盖中央有一个红色的熔断指示器，当熔丝熔断时，指示器颜色会发生变化，以指示内部熔丝已断。指示器的颜色变化可以通过熔断器瓷帽上的玻璃窗口观察到。

图 4-12　RL 螺旋式熔断器

4.2.3 RM 无填料封闭管式熔断器

图 4-13 所示是一种典型的 RM 无填料封闭管式熔断器。RM 无填料封闭管式熔断器具有保护性好、分断能力强、熔体更换方便和安全可靠等优点，主要用在交流 380V 以下、直流

440V 以下、电流 600A 以下的电力电路中。

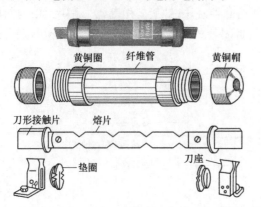

图 4-13　RM 无填料封闭管式熔断器

> RM 无填料封闭管式熔断器可以拆卸，其熔体是一种变截面的锌片，被安装在纤维管中，锌片两端的刀形接触片穿过黄铜帽，再通过垫圈安插在刀座中。这种熔断器通过大电流时，锌片上窄的部分首先熔断，使中间大段的锌片脱断，形成很大的间隔，从而有利于灭弧。

4.2.4　RS 有填料快速熔断器

图 4-14 是两种常见的 RS 有填料快速熔断器。

> RS 有填料快速熔断器主要用于硅整流器件、晶闸管器件等半导体器件及其配套设备的短路和过载保护，其熔体一般采用银制成，具有熔断迅速、能灭弧等优点。

图 4-14　RS 有填料快速熔断器

4.2.5　RT 有填料封闭管式熔断器

RT 有填料封闭管式熔断器又称为石英熔断器，常用作变压器和电动机等电气设备的过载和短路保护。在使用时，这种熔断器可以用螺钉、卡座等与电路连接起来。图 4-15 是几种常见的 RT 有填料封闭管式熔断器和安装卡座。

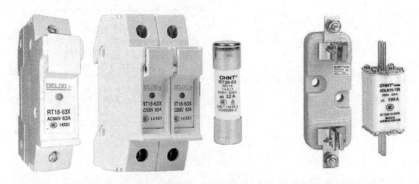

图 4-15　RT 有填料封闭管式熔断器及安装卡座

RT 有填料封闭管式熔断器具有保护性好、分断能力强、灭弧性能好和使用安全等优点，主要用在短路电流大的电力电网和配电设备中。

4.2.6 熔断器的检测

熔断器常见故障是开路和接触不良。熔断器的种类很多，但检测方法基本相同。熔断器的检测如图 4-16 所示。

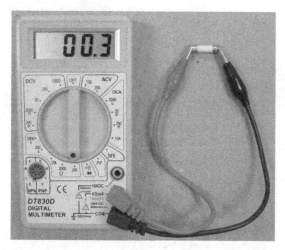

检测时，万用表的档位开关选择200Ω档，然后将红、黑表笔分别接熔断器的两端，测量熔断器的电阻。若熔断器正常，则电阻接近0Ω；若显示屏显示超出量程符号"1"或"OL"（指针万用表显示电阻无穷大），则表明熔断器开路；若阻值不稳定(时大时小)，则表明熔断器内部接触不良。

图 4-16 熔断器的检测方法

》》 4.3 断路器

断路器又称为自动空气开关，它既能对电路进行不频繁的通断控制，又能在电路出现过电流、短路和欠电压（电压过低）时自动掉闸（即自动切断电路），因此它既是一个开关电器，又是一个保护电器。

4.3.1 外形与符号

断路器种类较多，图 4-17a 是一些常用的塑料外壳式断路器，断路器的电路符号如图 4-17b 所示，从左至右依次为单极（1P）、两极（2P）和三极（3P）断路器。在断路器上标有额定电压、额定电流和工作频率等内容。

扫一扫看视频

a) 外形

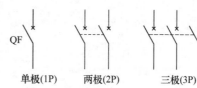
b) 符号

扫一扫看视频

图 4-17 断路器的外形与符号

4.3.2 面板参数的识读

断路器面板上一般会标注重要的参数，在选用时要准确识读这些参数的含义。断路器面板标注参数的识读如图 4-18 所示。

4.3.3 断路器的检测

断路器的检测使用万用表的欧姆档，检测过程如图 4-19 所示。

扫一扫看视频

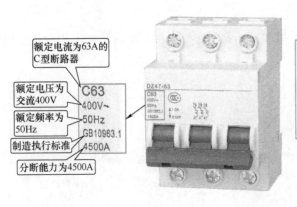

额定电流为63A的C型断路器

额定电压为交流400V

额定频率为50Hz

制造执行标准

分断能力为4500A

图 4-18　断路器面板标注参数的识读

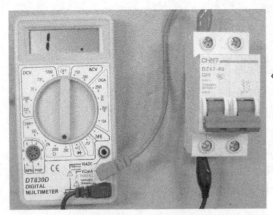

将断路器上的开关拨至"OFF（断开）"位置，然后将红、黑表笔分别接断路器一路触点的两个接线端子，正常电阻应为无穷大（数字万用表显示超出量程符号"1"或"OL"），接着再用同样的方法测量其他路触点的接线端子间的电阻，正常电阻均应为无穷大，若某路触点的电阻为0或时大时小，则表明断路器的该路触点短路或接触不良。

a) 断路器开关处于"OFF"时的检测

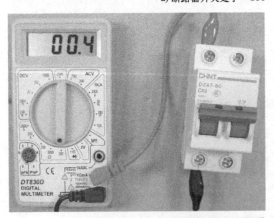

将断路器上的开关拨至"ON(闭合)"位置，然后将红、黑表笔分别接断路器一路触点的两个接线端子，正常电阻应接近于0Ω，如左图所示。接着再用同样的方法测量其他路触点的接线端子间的电阻，正常电阻均应接近于0Ω，若某路触点的电阻为无穷大或时大时小，则表明断路器的该路触点开路或接触不良。

b) 断路器开关处于"ON"时的检测

图 4-19　断路器的检测

≫ 4.4　漏电保护器

　　断路器具有过电流、过热和欠电压保护功能，但在用电设备绝缘性能下降而出现漏电时却无保护功能，这是因为漏电电流一般较短路电流小得多，不足以使断路器跳闸。漏电保护器是一种具有断路器功能和漏电保护功能的电器，在线路出现过电流、过热、欠电压和漏电时，都会脱扣跳闸保护。

4.4.1 外形与符号

漏电保护器又称为漏电保护开关，标准术语为剩余电流断路器，英文缩写为 **RCD**，其外形和符号如图 4-20 所示。在图 4-20a 中，左边的为单极漏电保护器，当后级电路出现漏电时，只切断一条 L 线路（N 线路始终是接通的）；中间的为两极漏电保护器，漏电时切断两条线路；右边的为三极漏电保护器，漏电时切断三条线路。对于图 4-20a 后两种漏电保护器，其下方有两组接线端子，如果接左边的端子（需要拆下保护盖），则只能用到断路器功能，无漏电保护功能。

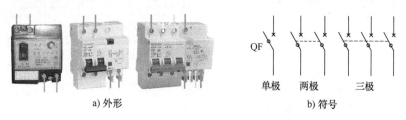

a) 外形   b) 符号

QF   单极   两极   三极

图 4-20 漏电保护器的外形与符号

4.4.2 结构与工作原理

图 4-21 为漏电保护器的结构示意图。

扫一扫看视频

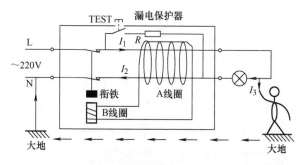

图 4-21 漏电保护器的结构示意图

漏电保护器工作原理说明：

220V 的交流电压经漏电保护器内部的触点在输出端接负载（灯泡），在漏电保护器内部两根导线上缠有 A 线圈，该线圈与铁心上的 B 线圈连接，当人体没有接触导线时，流过两根导线的电流 I_1、I_2 大小相等，方向相反，它们产生大小相等、方向相反的磁场，这两个磁场相互抵消，穿过 A 线圈的磁场为 0，A 线圈不会产生电动势，衔铁不动作。一旦人体接触导线，如图中所示，一部分电流 I_3（漏电电流）会经人体直接到地，再通过大地回到电源的另一端，这样流过漏电保护器内部两根导线的电流 I_1、I_2 就不相等，它们产生的磁场也就不相等，不能完全抵消，即两根导线上的 A 线圈有磁场通过，线圈会产生电流，电流流入铁心上的 B 线圈，B 线圈产生磁场吸引衔铁而脱扣跳闸，将触点断开，切断供电，触电的人就得到了保护。

为了在不漏电的情况下检验漏电保护器的漏电保护功能是否正常，漏电保护器一般设有"TEST（测试）"按钮，当按下该按钮时，L 线上的一部分电流通过按钮、电阻流到 N 线上，这样流过 A 线圈内部的两根导线的电流不相等（$I_2 > I_1$），A 线圈产生电动势，有电流过 B

线圈，衔铁动作而脱扣跳闸，将内部触点断开。如果测试按钮无法闭合或电阻开路，测试时漏电保护器不会动作，但使用时发生漏电会动作。

4.4.3 面板参数的识读

漏电保护器的面板介绍如图 4-22 所示，左边为断路器部分，右边为漏电保护部分，漏电保护部分的主要参数有漏电保护的动作电流和动作时间。对于人体来说，30mA 以下是安全电流，动作电流一般不大于 30mA。

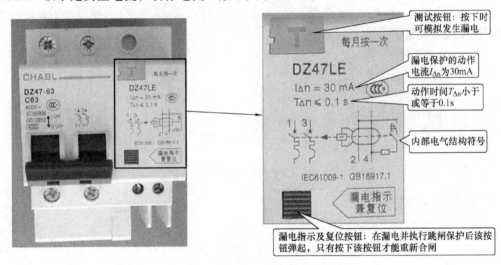

图 4-22　漏电保护器的面板介绍

4.4.4 漏电模拟测试

在使用漏电保护器时，先要对其进行漏电测试。漏电保护器的漏电测试操作如图 4-23 所示。当漏电保护器的漏电测试通过后才能投入使用，如果漏电测试未通过仍继续使用，可能在线路出现漏电时无法实现漏电保护。

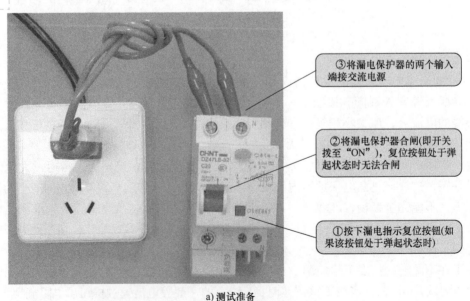

a) 测试准备

图 4-23　漏电保护器的漏电测试

④按下测试按钮，模拟线路出现漏电，如果漏电保护器正常，则会跳闸，同时漏电指示及复位按钮弹起

b) 开始测试

图 4-23　漏电保护器的漏电测试（续）

扫一扫看视频

4.4.5　漏电保护器的检测

1. 输入、输出端的通断检测

漏电保护器的输入、输出端的通断检测与断路器基本相同，即将开关分别置于"ON"和"OFF"位置，测量输入端与对应输出端之间的电阻。漏电保护器输入、输出端的通断检测如图 4-24 所示。

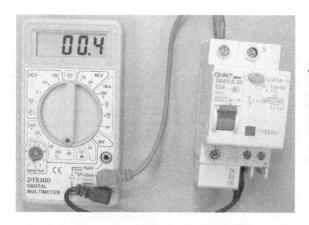

在检测时，先将漏电保护器开关上扳至"ON"位置，用万用表200Ω档测量某极输入与输出端之间的电阻，正常应接近0Ω，如左图所示，然后将开关下扳至"OFF"位置，正常该极输入与输出端之间的电阻应为无穷大（数字万用表显示超出量程符号"1"或"OL"）。若检测与上述不符，则漏电保护器所测极损坏。
再用同样的方法检测另外一极是否正常。

图 4-24　漏电保护器输入、输出端的通断检测

2. 漏电测试线路的检测

在按压漏电保护器的测试按钮进行漏电测试时，若漏电保护器无跳闸保护动作，可能是漏电测试线路故障，也可能是其他故障（如内部机械类故障）。如果仅是内部漏电测试线路出现故障导致漏电测试不跳闸，这样的漏电保护器还可继续使用，在实际线路出现漏电时仍会执行跳闸保护。

漏电保护器的漏电测试线路比较简单，如图 4-21 所示，它主要由一个测试按钮和一个

电阻构成。漏电保护器的漏电测试线路检测如图 4-25 所示，如果按下测试按钮测得电阻为无穷大，则可能是按钮开路或电阻开路。

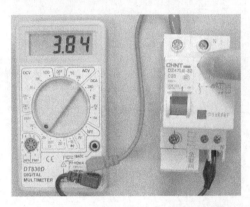

漏电保护器的漏电测试线路检测：
①档位开关选择20kΩ档。
②红、黑表笔分别接漏电保护器L输入端和IN 输出端。
③将漏电保护器手柄上扳至"ON"位置，再按下测试按钮。
④显示屏显示电阻值为3.84Ω，该值是内部漏电测试线路的电阻值。

图 4-25　漏电保护器的漏电测试线路检测

》》4.5　交流接触器

扫一扫看视频

接触器是一种利用电磁、气动或液压操作原理，来控制内部触点频繁通断的电器，它主要用作频繁接通和切断交、直流电路。接触器的种类很多，按通过的电流来分，接触器可分为交流接触器和直流接触器；按操作方式来分，接触器可分为电磁式接触器、气动式接触器和液压式接触器，这里主要介绍最为常用的电磁式交流接触器。

4.5.1　结构、符号与工作原理

交流接触器的结构、符号与工作原理说明如图 4-26 所示。

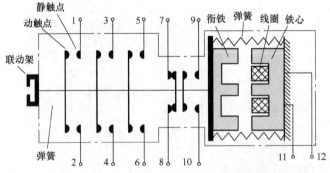

该交流接触器由三组主触点、一组常闭辅助触点、一组常开辅助触点和控制线圈组成，当给线圈通电时，线圈产生磁场，磁场通过铁心吸引衔铁，而衔铁则通过连杆带动所有的动触点动作，与各自的静触点接触或断开。交流接触器的主触点允许流过的电流较辅助触点大，故主触点通常接在大电流的主电路中，辅助触点接在小电流的控制电路中。

有些交流接触器带有联动架，按下联动架可以使内部触点动作，使常开触点闭合、常闭触点断开，在线圈通电时衔铁会动作，联动架也会随之运动，因此如果接触器内部的触点不够用时，可以在联动架上安装辅助触点组，接触器线圈通电时联动架会带动辅助触点组内部的触点同时动作。

1—2、3—4、5—6端子内部为三组常开主触点；7—8端子内部为常闭辅助触点；
9—10端子内部为常开辅助触点；11—12端子内部为控制线圈

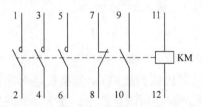

图 4-26　交流接触器的结构、符号与工作原理说明

扫一扫看视频

4.5.2 外形与接线端

图 4-27 是一种常见的交流接触器，其内部有三个主触点和一个常开触点，没有常闭触点，控制线圈的接线端位于接触器的顶部。从其标注可知，该接触器的线圈电压为 220~230V（电压频率为 50Hz 时）或 220~240V（电压频率为 60Hz 时）。

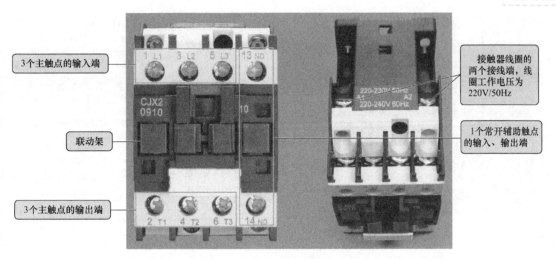

图 4-27　交流接触器的外形与端子

4.5.3 辅助触点组的安装

有的交流接触器本身只有一个辅助触点（多为常开触点），如果辅助触点不够用，可以在接触器上安装辅助触点组。交流接触器配套使用的辅助触点组如图 4-28 所示，在交流接触器上安装辅助触点后，当交流接触器的控制线圈通电时，除了自身各个触点会动作外，还通过联动架带动辅助触点组内的触点动作。

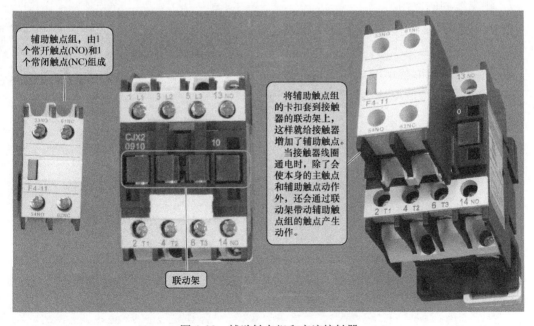

图 4-28　辅助触点组和交流接触器

扫一扫看视频

4.5.4　面板参数和型号识读

1. 铭牌识读

交流接触器的参数很多，在外壳上会标注一些重要的参数，其识读如图4-29所示。

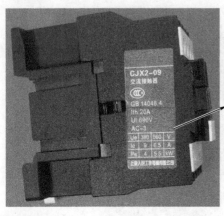

I_{th}(约定发热电流)为20A。I_{th}是指在规定的条件下工作8h温度不超过极限值所允许通过的最大电流，该值大于额定电流。

U_i(额定绝缘电压)为690V。

AC-3 表示典型负载类别为笼型异步电动机(用作起动、运转和停止)。

在配接AC-3类负载时，当额定电压(U_e)为380V时，额定电流(I_e)为9A，额定功率(P_e)为4kW；当额定电压为660V时，额定电流为6.5A，额定功率为5.5kW。

图4-29　交流接触器外壳标注参数的识读

2. 型号含义

图4-30是一种常用的交流接触器，其型号各部分的含义见图标注说明。

扫一扫看视频

4.5.5　交流接触器的检测

1. 在线圈未通电时检测触点的通断

在线圈未通电时检测交流接触器触点的通断如图4-31所示。

2. 测量线圈的电阻

测量交流接触器线圈的电阻如图 4- 32所示。

3. 在线圈通电时检测触点的通断

在线圈通电时检测交流接触器触点的通断如图4-33所示。

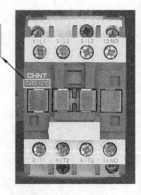

接触器型号含义：
C-接触器
J-交流
X-小型
2-设计序号
12-额定电流为12A
1-常开辅助触点数量为1个
0-常闭辅助触点数量为0个

图4-30　交流接触器型号含义

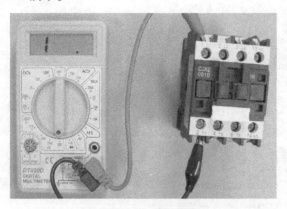

在交流接触器线圈未通电时，检测触点的通断：

①万用表选择200Ω档。

②红、黑表笔分别接触器某个触点的输入和输出端。

③查看显示屏显示值，当前显示溢出符号"1"，表明被测触点处于断开状态。

图中的交流接触器4个触点均为常开触点，在线圈未通电检测时，正常电阻值为无穷大，若某个触点电阻值很小或时大时小，则为该触点开路或接触不良。

带联动架的交流接触器，按下联动架，会使触点状态变反，即常开触点会闭合，常闭触点会断开，可使用万用表检测来验证这一点。

图4-31　在线圈未通电时检测交流接触器触点的通断

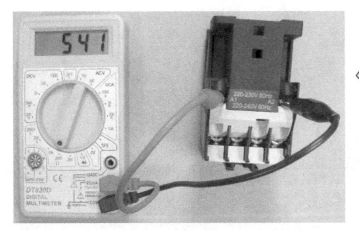

测量交流接触器线圈的电阻：
①万用表选择2000Ω档。
②红、黑表笔分别接线圈的两个接线端。
③显示屏显示"541"，即线圈的电阻值为541Ω。
交流接触器线圈的电阻值正常应在几百欧。若线圈的电阻为无穷大，则为线圈开路，线圈的电阻为0，则为线圈短路。

图 4-32　测量交流接触器线圈的电阻

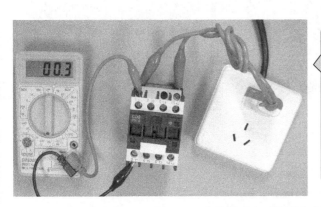

在线圈通电时检测交流接触器触点的通断：
①万用表选择200Ω档。
②红、黑表笔接某个常开触点的输入和输出端。
③将符合要求的电源接到线圈的两个接线端。
④查看到显示屏，显示的电阻值很小（0.3Ω），表明被测常开触点处于闭合状态。
在线圈通电时，若交流接触器正常，会发出"咔哒"声，同时常开触点闭合、常闭触点断开，故正常测得常开触点电阻应接近0Ω、常闭触点电阻应为无穷大。如果线圈通电前后被测触点电阻无变化，则可能是线圈损坏或动作机构卡死。

图 4-33　在线圈通电时检测交流接触器触点的通断

4.5.6　交流接触器的选用

在选用接触器时，要注意以下事项：

1）选择的接触器额定电压应大于或等于所接电路的电压，绕组电压应与所接电路电压相同。接触器的额定电压是指主触点的额定电压。

2）选择的接触器额定电流应大于或等于负载的额定电流。接触器的额定电流是指主触点的额定电流。对于额定电压为380V 的中、小容量电动机，其额定电流可按 $I_n = 2P_n$ 来估算，如额定电压为 380V、额定功率为 3kW 的电动机，其额定电流 $I_n = 2 \times 3 = 6A$。

3）选择接触器时，要注意主触点和辅助触点数量应符合电路的需要。

▶▶ 4.6　热继电器

热继电器是利用电流通过发热元件时产生热量而使内部触点动作的。热继电器主要用于电气设备发热保护，如电动机过载保护。

4.6.1　结构与工作原理

热继电器的外形、结构与符号如图 4-34 所示，热继电器由电热丝、双金属片、导板、测试杆、推杆、动触片、静触片、弹簧、螺钉、复位按钮和整定旋钮等组成。

只有流过发热元件的电流超过一定值（整定电流值）时，热继器内部机构才

扫一扫看视频

a) 外形

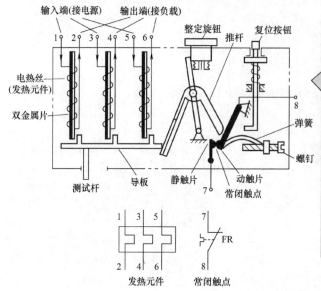

该热继电器有1-2、3-4、5-6、7-8四组接线端，1-2、3-4、5-6三组串接在主电路的三相交流电源和负载之间，7-8一组串接在控制电路中，1-2、3-4、5-6三组接线端内接电热丝，电热丝绕在双金属片上，当负载过载时，流过电热丝的电流大，电热丝加热双金属片，使之往右弯曲，推动导板往右移动，导板推动推杆转动而使触片运动，动触点与静触点断开，从而向控制电路发出信号，控制电路通过电器（一般为接触器）切断主电路的交流电源，防止负载长时间过载而损坏。

在切断交流电源后，电热丝温度下降，双金属片恢复到原状，导板左移，动触点和静触点又重新接触，该过程称为自动复位，出厂时热继电器一般被调至自动复位状态。如需手动复位，可将螺钉（图中右下角）往外旋出数圈，这样即使切断交流电源让双金属片恢复到原状，动触点和静触点也不会自动接触，需要用手动方式按下复位按钮才可使动触点和静触点接触，该过程称为手动复位。

b) 结构与符号

图4-34 热继电器的外形、结构与符号

会动作，使常闭触点断开（或常开触点闭合）。热继电器的整定电流（最大不动作电流）可以通过整定旋钮来调整，例如对于图4-34所示的热继电器，将整定旋钮往内旋时，推杆位置下移，导板需要移动较长的距离才能让推杆运动而使触点动作，而只有流过电热丝电流大，才能使双金属片弯曲程度更大，即将整定旋钮往内旋可将动作电流调大一些。

4.6.2 接线端子与操作部件

图4-35是一种常用的热继电器，它内部有三组发热元件和一个常开触点、一个常闭触点，发热元件的一端接交流电源，另一端接负载，当流过内部发热元件的电流长时间超过整定电流时，发热元件弯曲最终使常开触点闭合、常闭触点断开。在热继电器上还有整定电流旋钮、复位按钮、测试杆和手动/自动复位切换螺钉，其功能说明如图中所示。

4.6.3 面板参数的识读

热继电器铭牌参数的识读如图4-36所示。热、电磁和固态继电器的脱扣分四个等级，它是根据在7.2倍额定电流时的脱扣时间来确定的，具体见表4-1。例如对于10A等级的热继电器，如果施加7.2倍额定电流，在2~10s内会产生脱扣动作。热继电器是一种保护电器，其触点开关接在控制电路，图4-36中的热继电器使用类别为AC15，即控制电磁铁类负载。

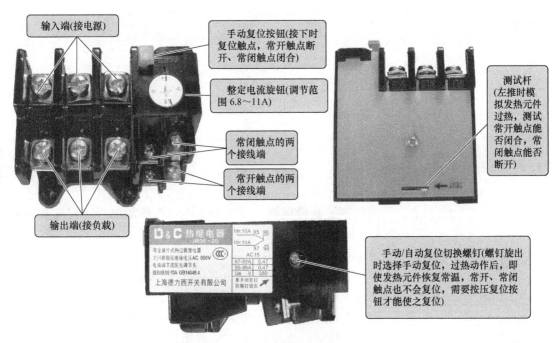

输入端(接电源)

手动复位按钮(接下时复位触点,常开触点断开、常闭触点闭合)

整定电流旋钮(调节范围 6.8～11A)

测试杆(左推时模拟发热元件过热,测试常开触点能否闭合,常闭触点能否断开)

常闭触点的两个接线端

常开触点的两个接线端

输出端(接负载)

手动/自动复位切换螺钉(螺钉旋出时选择手动复位,过热动作后,即使发热元件恢复常温,常开、常闭触点也不会复位,需要按压复位按钮才能使之复位)

图 4-35 热继电器的接线端与操作部件

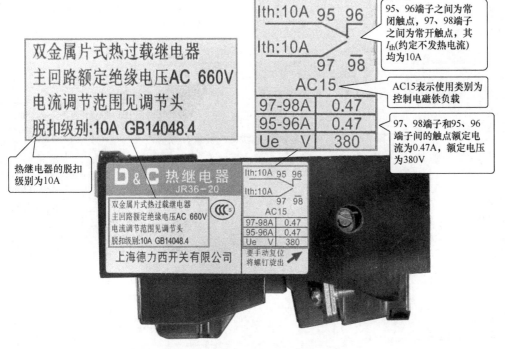

双金属片式热过载继电器
主回路额定绝缘电压AC 660V
电流调节范围见调节头
脱扣级别:10A GB14048.4

95、96端子之间为常闭触点,97、98端子之间为常开触点,其 I_{th}(约定不发热电流)均为10A

AC15表示使用类别为控制电磁铁负载

97、98端子和95、96端子间的触点额定电流为0.47A,额定电压为380V

热继电器的脱扣级别为10A

图 4-36 热继电器铭牌参数的识读

表 4-1　热、电磁和固态继电器的脱扣级别与时间

级　　别	在 7.2 倍额定电流下的脱扣时间/s
10A	$2 < T_p \leq 10$
10	$4 < T_p \leq 10$
20	$6 < T_p \leq 20$
30	$9 < T_p \leq 30$

4.6.4　选用

热继电器在选用时，可遵循以下原则：

1）在大多数情况下，可选用两相热继电器（对于三相电压，热继电器可只接其中两相）。对于三相电压均衡性较差、无人看管的三相电动机，或与大容量电动机共用一组熔断器的三相电动机，应该选用三相热继电器。

2）热继电器的额定电流应大于负载（一般为电动机）的额定电流。

3）热继电器的整定电流一般与电动机的额定电流相等。对于过载容易损坏的电动机，整定电流可调小一些，为电动机额定电流的 60%～80%；对于起动时间较长或带冲击性负载的电动机，所接热继电器的整定电流可稍大于电动机的额定电流，为其 1.1～1.2 倍。

扫一扫看视频

4.6.5　热继电器的检测

热继电器检测分为发热元件检测和触点检测，两者检测都使用万用表欧姆档。

1. 检测发热元件

热继电器的发热元件由电热丝或电热片组成，其电阻很小（接近 0Ω）。热继电器的发热元件检测如图 4-37 所示。

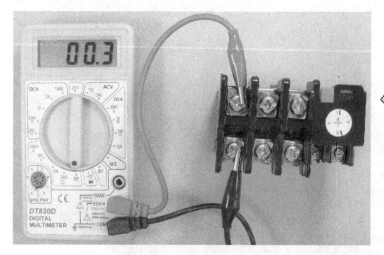

热继电器发热元件的检测：
①万用表选择200Ω档。
②红、黑表笔接某发热元件的两个接线端。
③查看显示屏显示的电阻值接近0Ω，表示发热元件电阻正常。
再用相同方法检测其他发热元件。

图 4-37　热继电器的发热元件检测

2. 检测触点

热继电器一般有一个常闭触点和一个常开触点，触点检测包括未动作时检测和动作时检测。图 4-38 是检测热继电器常闭触点的电阻，常开触点可用相同的方法进行检测。

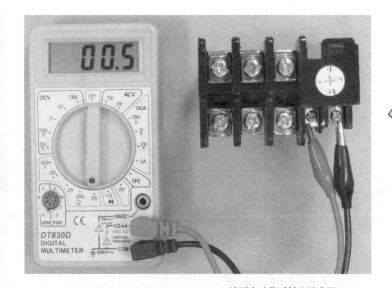

检测热继电器未动作时触点的电阻：
①万用表选择200Ω档。
②红、黑表笔接常闭触点的两个接线端。
③查看显示屏显示的电阻值接近0Ω，表示常闭触点电阻正常。
再用同样的方法检测常开触点，正常电阻为无穷大。

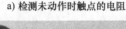

a) 检测未动作时触点的电阻

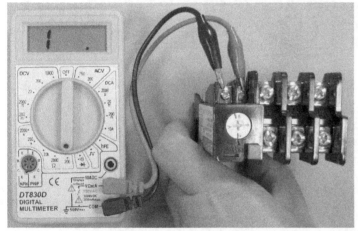

热继电器模拟过热动作时检测触点的电阻：
①万用表选择200Ω档。
②红、黑表笔接常闭触点的两个接线端。
③用手指推动测试杆，模拟发热元件过电流发热而产生动作。
④查看显示屏显示溢出符号"1"，表明常闭触点在过热动作后会断开。
再用同样的方法检测常开触点，正常过热动作后会闭合。

b) 模拟过热动作时检测触点的电阻

图4-38 检测热继电器常闭触点的电阻

≫ 4.7 中间继电器

中间继电器的工作原理与接触器一样，都是由线圈通电来控制触点的通断，与接触器不同的主要是，中间继电器有很多触点，没有主、辅触点之分，并且触点允许流过的电流没有接触器大。

4.7.1 符号及实物外形

中间继电器的外形与符号如图4-39所示。

4.7.2 参数与引脚触点图的识读

采用直插式引脚的中间继电器，为了便于接线安装，需要配合相应的底座使用。中间继电器的触点、线圈参数和底座如图4-40所示。

扫一扫看视频

a) 外形   b) 符号

图 4-39   中间继电器的外形与符号

中间继电器上的触点图显示，1-11脚内接线圈，2-3脚、5-6脚、9-10脚内接常开触点，3-4脚、6-7脚、8-9脚内接常闭触点。

"220VAC7.5A~24VDC10A"表示触点额定电压为交流220V时，额定电流为7.5A；额定电压为直流24V时，额定电流为10A。

在线圈上标有AC220V表示线圈的工作电压为交流220V。线圈加220V交流或直流电压时，电流约为0.3A。

a) 触点引脚图、触点电压电流参数与线圈的工作电压

b) 引脚与底座

图 4-40   中间继电器的触点、线圈参数和底座

4.7.3 中间继电器的选用

在选用中间继电器时，主要应考虑触点的额定电压和电流应等于或大于所接电路的电压和电流，触点类型及数量应满足电路的要求，绕组电压应与所接电路电压相同。

4.7.4 中间继电器的检测

中间继电器电气部分由触点和线圈组成，两者检测均使用万用表的欧姆档。

1. 检测触点

触点包括常开触点和常闭触点，在控制线圈未通电的情况下，常开触点处于断开状态，电阻为无穷大，常闭触点处于闭合状态，电阻接近0Ω。中间继电器触点的检测如图4-41所示。

扫一扫看视频

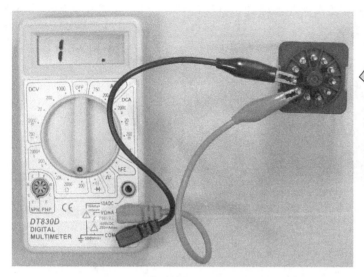

中间继电器触点的检测:
①万用表选择200Ω档。
②根据触点引脚图,将红、黑表笔接某个常开触点的两个引脚。
③查看到显示屏显示超出量程符号"1",表示常开触点处于断开状态。
再用同样的方法检测其他的常开触点和常闭触点,正常常开触点电阻为无穷大,常闭触点电阻接近于0Ω。
然后给线圈接上规定的电压,检测常开、常闭触点,正常常开触点电阻为0Ω(触点闭合),常闭触点电阻为无穷大(触点断开)。

图 4-41 中间继电器触点的检测

2. 检测线圈

中间继电器线圈的检测如图 4-42 所示。

中间继电器线圈的检测:
①万用表选择20kΩ档。
②根据触点引脚图,将红、黑表笔接线圈的两个引脚。
③显示屏显示值为6.60,表示线圈的电阻值为6.60kΩ。
中间继电器线圈的电阻值正常约为几百欧。若线圈的电阻为无穷大,则为线圈开路,若线圈的电阻为0Ω,则为线圈短路。

图 4-42 中间继电器线圈的检测

≫ 4.8 时间继电器

时间继电器是一种延时控制继电器,它在得到动作信号后并不是立即让触点动作,而是延迟一段时间才让触点动作。时间继电器主要用在各种自动控制系统和电动机的起动控制线路中。

4.8.1 外形与符号

图 4-43 所示为一些常见的时间继电器。时间继电器分为通电延时型和断电延时型两种,其符号如图 4-44 所示。**对于通电延时型时间继电器,当线圈通电时,**

扫一扫看视频

通电延时型触点经延时时间后动作（常闭触点断开、常开触点闭合），线圈断电后，该触点马上恢复常态；对于断电延时型时间继电器，当线圈通电时，断电延时型触点马上动作（常闭触点断开、常开触点闭合），线圈断电后，该触点需要经延时时间后才会恢复到常态。

图 4-43　一些常见的时间继电器

通电型延时线圈　通电延时型触点　瞬时动作型触点　　断电型延时线圈　断电延时型触点　瞬时动作型触点

a) 通电延时型　　　　　　　　　　　　　　　　b) 断电延时型

图 4-44　时间继电器的线圈与触点符号

4.8.2　种类及特点

时间继电器的种类很多，主要有空气阻尼式、电磁式、电动式和电子式。这些时间继电器有各自的特点，具体说明如下：

1）空气阻尼式时间继电器又称为气囊式时间继电器，它是根据空气压缩产生的阻力来进行延时的，其结构简单，价格便宜，延时范围大（0.4～180s），但延时准确度低。

2）电磁式时间继电器延时时间短（0.3～1.6s），但结构比较简单，通常用在断电延时场合和直流电路中。

3）电动式时间继电器的原理与钟表类似，它是由内部电动机带动减速齿轮转动而获得延时的。这种继电器延时准确度高，延时范围大（0.4～72h），但结构比较复杂，价格较高。

4）电子式时间继电器又称为半导体时间继电器，它是利用延时电路来进行延时的。这种继电器准确度高，体积小。

4.8.3　电子式时间继电器

电子式时间继电器具有体积小、延时时间长和延时精度高等优点，使用非常广泛。图 4-45 是一种常用的通电延时型电子式时间继电器。

4.8.4　时间继电器的选用

扫一扫看视频

在选用时间继电器时，一般可遵循下面的原则：

1）根据受控电路的需要来决定选择时间继电器是通电延时型还是断电延时型。

2）根据受控电路的电压来选择时间继电器吸引绕组的电压。

3）若对延时准确度要求高，则可选择电子式时间继电器或电动式时间继电器；若对延时准确度要求不高，则可选择空气阻尼式时间继电器。

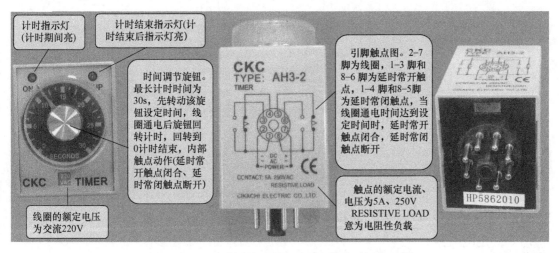

计时指示灯(计时期间亮)

计时结束指示灯(计时结束后指示灯亮)

时间调节旋钮。最长计时时间为30s,先转动该旋钮设定时间,线圈通电后旋钮回转计时,回转到0计时结束,内部触点动作(延时常开触点闭合、延时闭触点断开)

引脚触点图。2-7脚为线圈,1-3脚和8-6脚为延时常开触点,1-4脚和8-5脚为延时常闭触点,当线圈通电时间达到设定时间时,延时常开触点闭合,延时常闭触点断开

线圈的额定电压为交流220V

触点的额定电流、电压为5A、250V RESISTIVE LOAD 意为电阻性负载

图4-45 一种常用的通电延时型电子式时间继电器

4.8.5 时间继电器的检测

时间继电器的检测包括触点检测和线圈检测。

扫一扫看视频

1. 检测触点

时间继电器触点的检测如图4-46所示。

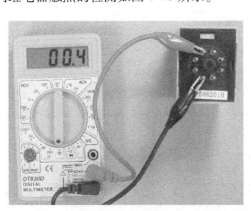

时间继电器触点的检测:
①万用表选择200Ω档。
②根据触点引脚图,将红、黑表笔接某个常闭触点的两个引脚。
③显示屏显示的电阻值接近于0Ω,表明常闭触点处于闭合状态。
用同样的方法检测其他的触点,正常常开触点电阻为无穷大,常闭触点电阻接近0Ω。
然后用旋钮为时间继电器设定时间,在给线圈接上规定的电压后,马上检测常开、常闭触点,正常常开触点电阻为无穷大,常闭触点电阻为0Ω,在计时时间到达后,再检测常开、常闭触点,正常时其通断状态正好变为相反的情况。

图4-46 时间继电器触点的检测

2. 检测线圈

时间继电器线圈的检测如图4-47所示。

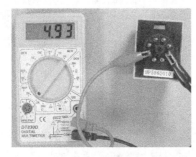

时间继电器线圈的检测:
①万用表选择20kΩ档。
②根据触点引脚图,将红、黑表笔接线圈的两个引脚。
③显示屏显示值为4.93,表示线圈的电阻值为4.93kΩ。
时间继电器线圈的电阻值正常约为几百欧。若线圈的电阻为无穷大,则为线圈开路,若线圈的电阻为0Ω,则为线圈短路。

图4-47 时间继电器线圈的检测

第5章

电子元器件

≫ 5.1 电阻器

电阻器是电子电路中最常用的元器件之一，电阻器简称电阻。电阻器种类很多，通常可以分为三类：固定电阻器、电位器和敏感电阻器。

5.1.1 固定电阻器

1. 外形与符号

固定电阻器是一种阻值固定不变的电阻器。固定电阻器的实物外形和电路符号如图 5-1 所示。

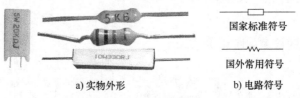

国家标准符号

国外常用符号

a) 实物外形　　　　b) 电路符号

图 5-1　固定电阻器

2. 功能

固定电阻器的功能主要有降压、限流、分流和分压。固定电阻器功能说明如图 5-2 所示。

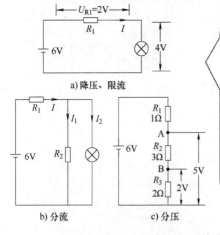

a) 降压、限流

b) 分流　　　c) 分压

(1) 降压、限流功能。在图a电路中，电阻器R_1与灯泡串联，如果用导线直接代替R_1，加到灯泡两端的电压有6V，流过灯泡的电流很大，灯泡将会很亮，串联电阻器R_1后，由于R_1上有2V电压，灯泡两端的电压就被降低到4V，同时由于R_1对电流有阻碍作用，流过灯泡的电流也就减小。电阻器R_1在这里就起着降压、限流的功能。

(2) 分流功能。在图b电路中，电阻器R_2与灯泡并联在一起，流过R_1的电流I除了一部分流过灯泡外，还有一路经R_2流回到电源，这样流过灯泡的电流减小，灯泡变暗。R_2的这种功能称为分流。

(3) 分压功能。在图c电路中，电阻器R_1、R_2和R_3串联在一起，从电源正极出发，每经过一个电阻器，电压会降低一次，电压降低多少取决于电阻器阻值的大小，阻值越大，电压降低越多，图中的R_1、R_2和R_3将6V电压分成1V、3V和2V电压。

图 5-2　固定电阻器的功能说明

3. 阻值的识读

为了表示阻值的大小，电阻器在出厂时会在表面标注阻值。标注在电阻器上的阻值称为标称阻值。电阻器的实际阻值与标称阻值往往有一定的差距，这个差距称为允许偏差。电阻器标注阻值和允许偏差的方法主要有直标法和色环法。

（1）直标法

直标法是指用文字符号（数字和字母）在电阻器上直接标注出阻值和允许偏差的方法。 直标法的阻值单位有欧（Ω）、千欧（kΩ）和兆欧（MΩ）。

允许偏差表示一般采用两种方式：一是用罗马数字Ⅰ、Ⅱ、Ⅲ分别表示允许偏差为 ±5%、±10%、±20%，如果不标注允许偏差，则允许偏差为±20%；二是用字母来表示，各字母对应的允许偏差见表5-1，如J、K分别表示允许偏差为±5%、±10%。

表5-1 字母与阻值对应允许偏差对照表

字　母	对应允许偏差（%）	字　母	对应允许偏差（%）
W	±0.05	G	±2
B	±0.1	J	±5
C	±0.25	K	±10
D	±0.5	M	±20
F	±1	N	±30

直标法表示阻值常见形式如图5-3所示。

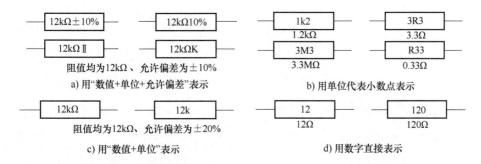

图5-3 直标法表示阻值的常见形式

（2）色环法

色环法是指在电阻器上标注不同颜色圆环来表示阻值和允许偏差的方法。 图5-4中的两个电阻器就采用了色环法来标注阻值和允许偏差，其中一只电阻器上有四条色环，称为四环电阻器，另一只电阻器上有五条色环，称为五环电阻器，五环电阻器表示的阻值精度比四环电阻器更高。

图5-4 色环电阻器

要正确识读色环电阻器的阻值和允许偏差，必须先了解各种色环代表的意义。色环电阻器各色环代表的意义见表5-2。

表5-2 四环色环电阻器各色环颜色代表的意义及数值

色环颜色	第一环（有效数）	第二环（有效数）	第三环（倍乘数）	第四环（允许偏差）
棕	1	1	$\times 10^1$	±1%
红	2	2	$\times 10^2$	±2%

（续）

色环颜色	第一环（有效数）	第二环（有效数）	第三环（倍乘数）	第四环（允许偏差）
橙	3	3	$\times 10^3$	
黄	4	4	$\times 10^4$	
绿	5	5	$\times 10^5$	±0.5%
蓝	6	6	$\times 10^6$	±0.2%
紫	7	7	$\times 10^7$	±0.1%
灰	8	8	$\times 10^8$	
白	9	9	$\times 10^9$	
黑	0	0	$\times 10^0 = 1$	
金				±5%
银				±10%
无色环				±20%

四环电阻器的识读如图 5-5 所示。

第一环 红色(代表"2")
第二环 黑色(代表"0")
第三环 红色(代表"10²")
第四环 金色(±5%)

标称阻值为$20\times10^2\Omega(1\pm5\%)=2k\Omega(95\%\sim105\%)$

四环电阻器的识读：
第一步：判别色环排列顺序。色环顺序判别规律有：
①四环电阻的第四条色环为允许偏差环，一般为金色或银色，因此如果靠近电阻器一个引脚的色环颜色为金色或银色，该色环必为第四环，从该环向另一引脚方向排列的三条色环顺序依次为三、二、一。
②对于色环标注标准的电阻器，一般第四环与第三环间隔较远。
第二步：识读色环。按照第一、二环为有效数环，第三环为倍乘数环，第四环为允许偏差数环，再根据各色环代表的数字识读出色环电阻器的阻值和允许偏差。

图 5-5　四环电阻器的识读

五环电阻器阻值与允许偏差的识读方法与四环电阻器基本相同，不同在于**五环电阻器的第一、二、三环为有效数环，第四环为倍乘数环，第五环为允许偏差数环**。另外，五环电阻器的允许偏差数环颜色除了有金色、银色外，还可能是棕色、红色、绿色、蓝色和紫色。五环电阻器的识读如图 5-6 所示。

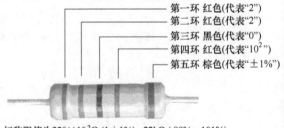

第一环 红色(代表"2")
第二环 红色(代表"2")
第三环 黑色(代表"0")
第四环 红色(代表"10²")
第五环 棕色(代表"±1%")

标称阻值为$220\times10^2\Omega(1\pm1\%)=22k\Omega(99\%\sim101\%)$

图 5-6　五环电阻器阻值和允许偏差的识读

4. 额定功率

额定功率是指在一定的条件下元件长期使用允许承受的最大功率。电阻器额定功率越大，允许流过的电流越大。固定电阻器的额定功率也要按国家标准进行标注，其标称系列有 1/8W、1/4W、1/2W、1W、2W、5W 和 10W 等。小电流电路一般采用功率为 1/8 ~ 1/2W 的电阻器，而大电流电路中常采用 1W 以上的电阻器。

电阻器额定功率识别方法如下：

1） 对于标注了额定功率的电阻器，可根据标注的额定功率值来识别功率大小。图 5-7

中的电阻器标注的额定功率值为 10W，阻值为 330Ω，允许偏差为 ±5%。

2）对于没有标注额定功率的电阻器，可根据长度和直径来判别其额定功率的大小。长度和直径值越大，额定功率越大，图 5-8 中的体积一大一小两个色环电阻器，体积大的电阻器的额定功率更大。

功率10W阻值330Ω允许偏差±5%

图 5-7 根据标注识别额定功率

体积小的电阻器额定功率小

体积大的电阻器额定功率大

图 5-8 根据体积大小来判别额定功率

5. 检测

固定电阻器常见故障有开路、短路和变值。检测固定电阻器使用万用表的欧姆档。在检测时，先识读出电阻器上的标称阻值，选用合适的档位并进行欧姆校零，然后开始检测电阻器。测量时为了减小测量误差，应尽量让万用表指针指在欧姆刻度线中央，若指针在刻度线上过于偏左或偏右，应切换更大或更小的档位重新测量。固定电阻器的检测如图 5-9 所示。

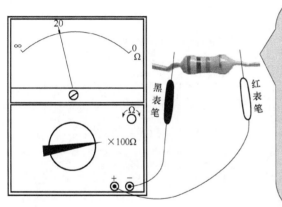

固定电阻器的检测过程如下：

第一步：将万用表的档位开关拨至 ×100Ω档。

第二步：进行欧姆校零。将红、黑表笔短路，观察指针是否指在 "Ω" 刻度线的 "0" 刻度处，若未指在该处，应调节欧姆校零旋钮，让指针准确指在 "0" 刻度处。

第三步：将红、黑表笔分别接电阻器的两个引脚，再观察指针指在 "Ω" 刻度线的位置，图中指针指在刻度 "20"，那么被测电阻器的阻值为 20×100Ω=2kΩ。

若万用表测量出来的阻值与电阻器的标称阻值（2kΩ）相同，说明该电阻器正常（若测出来的阻值与电阻器的标称阻值有些偏差，但在允许偏差范围内，电阻器也算正常）。

若测量出来的阻值无穷大，说明电阻器开路。

若测量出来的阻值为 0，说明电阻器短路。

若测量出来的阻值大于或小于电阻器的标称阻值，并超出允许偏差范围，说明电阻器变值。

图 5-9 固定电阻器的检测

5.1.2 电位器

1. 外形与符号

电位器是一种阻值可以通过调节而变化的电阻器，又称可变电阻器。常见电位器的实物外形及电位器的电路符号如图 5-10 所示。

a) 实物外形　　　　　　　　b) 电路符号

图 5-10 电位器

2. 结构与原理

电位器种类很多，但基本结构与原理是相同的，电位器的结构原理如图 5-11 所示。

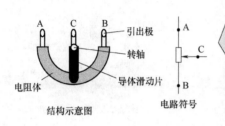

电位器有A、C、B三个引出极，在A、B极之间连接着一段电阻体，该电阻体的阻值用R_{AB}表示，对于一个电位器，R_{AB}的值是固定不变的，该值为电位器的标称阻值，C极连接一个导体滑动片，该滑动片与电阻体接触，A极与C极之间电阻体的阻值用R_{AC}表示，B极与C极之间电阻体的阻值用R_{BC}表示，$R_{AC}+R_{BC}=R_{AB}$。

当转轴逆时针旋转时，滑动片往B极滑动，R_{BC}减小，R_{AC}增大；当转轴顺时针旋转时，滑动片往A极滑动，R_{BC}增大，R_{AC}减小，当滑动片移到A极时，$R_{AC}=0$，而$R_{BC}=R_{AB}$。

结构示意图　　　　电路符号

图 5-11　电位器的结构原理

3. 检测

电位器检测使用万用表的欧姆档。 在检测时，先测量电位器两个固定端之间的阻值，正常测量值应与标称阻值一致，然后再测量一个固定端与滑动端之间的阻值，同时旋转转轴，正常测量值应在 0 至标称阻值范围内变化。

电位器检测分两步，只有每步测量均正常才能说明电位器正常。电位器的检测如图 5-12 所示。

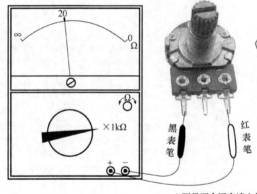

第一步：测量电位器两个固定端之间的阻值。将万用表拨至×1kΩ档（该电位器标称阻值为20kΩ），红、黑表笔分别与电位器两个固定端接触，然后在刻度盘上读出阻值大小。

若电位器正常，测得的阻值应与电位器的标称阻值相同或相近（在允许偏差范围内）。

若测得的阻值为∞，说明电位器两个固定端之间开路。

若测得的阻值为0，说明电位器两个固定端之间短路。

若测得的阻值大于或小于标称阻值，说明电位器两个固定端之间电阻体变值。

a) 测量两个固定端之间的阻值

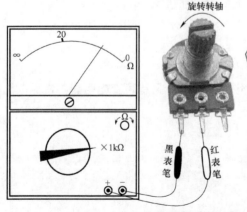

第二步：测量电位器一个固定端与滑动端之间的阻值。万用表仍置于×1kΩ档，红、黑表笔分别与电位器任意一个固定端和滑动端接触，然后旋转电位器转轴，同时观察刻度盘指针。

若电位器正常，指针会发生摆动，指示的阻值应在0～20kΩ范围内连续变化。

若测得的阻值始终为∞，说明电位器固定端与滑动端之间开路。

若测得的阻值始终为0，说明电位器固定端与滑动端之间短路。

若测得的阻值变化不连续、有跳变，说明电位器滑动端与电阻体之间接触不良。

电位器检测分两步，只有每步测量均正常才能认为电位器正常。

b) 测量固定端与滑动端之间的阻值

图 5-12　电位器的检测

5.1.3 敏感电阻器

敏感电阻器是指阻值随某些外界条件改变而变化的电阻器。敏感电阻器种类很多，常见的有热敏电阻器、光敏电阻器、压敏电阻器、湿敏电阻器、气敏电阻器、力敏电阻器和磁敏电阻器等。

1. 热敏电阻器

（1）外形与符号

热敏电阻器是一种对温度敏感的电阻器，当温度变化时其阻值也会随之变化。

热敏电阻器的实物外形和符号如图5-13所示。

（2）种类

热敏电阻器种类很多，通常可分为正温度系数（PTC）热敏电阻器和负温度系数（NTC）热敏电阻器两类。**NTC 热敏电阻器的阻值随温度升高而减小。PTC 热敏电阻器的阻值随温度升高而增大。**

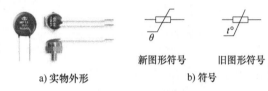

a) 实物外形　　　　　　b) 符号

图 5-13　热敏电阻器

（3）检测

热敏电阻器的检测分两步，只有两步测量均正常才能说明热敏电阻器正常，在进行测量时还可以判断出电阻器的类型（NTC 或 PTC）。热敏电阻器的检测如图5-14所示。

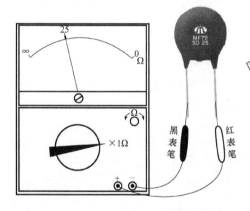

第一步：测量常温下(25℃左右)的标称阻值。根据标称阻值选择合适的欧姆档，图中的热敏电阻器的标称阻值为25Ω，故选择×1Ω档，将红、黑表笔分别接触热敏电阻器的两个电极，然后在刻度盘上查看测得阻值的大小。

若阻值与标称阻值一致或接近，说明热敏电阻器正常。

若阻值为0，说明热敏电阻器短路。

若阻值为无穷大，说明热敏电阻器开路。

若阻值与标称阻值偏差过大，说明热敏电阻器性能变差或损坏。

a) 测量常温下（25℃左右）的标称阻值

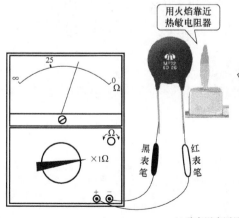

用火焰靠近热敏电阻器

第二步：改变温度测量阻值。用火焰靠近热敏电阻器（不要让火焰接触电阻器，以免烧坏电阻器），让火焰的热量对热敏电阻器进行加热，然后将红、黑表笔分别接触热敏电阻器的两个电极，再在刻度盘上查看测得阻值的大小。

若阻值与标称阻值比较有变化，说明热敏电阻器正常。

若阻值往大于标称阻值的方向变化，说明热敏电阻器为PTC型。

若阻值往小于标称阻值的方向变化，说明热敏电阻器为NTC型。

若阻值不变化，说明热敏电阻器损坏。

b) 改变温度测量阻值

图 5-14　热敏电阻器的检测

2. 光敏电阻器

光敏电阻器是一种对光线敏感的电阻器，当照射的光线强弱变化时，阻值也会随之变化，通常光线越强，阻值越小。光敏电阻器外形与图形符号如图 5-15 所示。

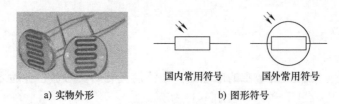

a) 实物外形　　　　　　　　　b) 图形符号

图 5-15　光敏电阻器

根据光的敏感性不同，光敏电阻器可分为可见光光敏电阻器（硫化镉材料）、红外光光敏电阻器（砷化镓材料）和紫外光光敏电阻器（硫化锌材料）。其中硫化镉材料制成的可见光光敏电阻器应用最广泛。

3. 压敏电阻器

压敏电阻器是一种对电压敏感的特殊电阻器，当两端电压低于标称电压时，其阻值接近无穷大，当两端电压超过标称电压值时，阻值急剧变小，如果两端电压回落至标称电压值以下时，其阻值又恢复到接近无穷大。压敏电阻器外形与图形符号如图 5-16 所示。

a) 实物外形　　　　　　　b) 图形符号

图 5-16　压敏电阻器

▶▶ 5.2　电感器

5.2.1　外形与符号

将导线在绝缘支架上绕制一定的匝数（圈数）就构成了电感器。常见的电感器的实物外形如图 5-17a 所示，根据绕制的支架不同，电感器可分为空心电感器（无支架）、磁心电感器（磁性材料支架）和铁心电感器（硅钢片支架），它们的图形符号如图 5-17b 所示。

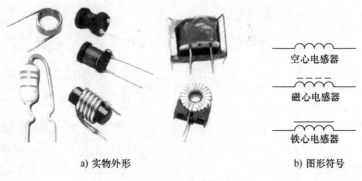

a) 实物外形　　　　　　　　　b) 图形符号

图 5-17　电感器

5.2.2　主要参数与标注方法

1. 主要参数

（1）电感量

电感器由线圈组成，当电感器通过电流时就会产生磁场，电流越大，产生的磁场越强，穿过电感器的磁场（又称为磁通量 Φ）就越大。实验证明，穿过电感器的磁通量 Φ 和电感器通入的电流 I 成正比关系。**磁通量 Φ 与电流的比值称为自感系数，又称电感量 L**，用公式表示为

$$L = \frac{\Phi}{I}$$

电感量的基本单位为亨利（简称亨），用字母 H 表示，此外还有毫亨（mH）和微亨（μH），它们之间的关系是

$$1\mathrm{H} = 10^3\mathrm{mH} = 10^6\mu\mathrm{H}$$

电感器的电感量大小主要与线圈的匝数（圈数）、绕制方式和磁心材料等有关。线圈匝数越多、绕制的线圈越密集，电感量就越大；有磁心的电感器比无磁心的电感量大；电感器的磁心磁导率越高，电感量也就越大。

（2）偏差

偏差是指电感器上标称电感量与实际电感量的差距。对于精度要求高的电路，电感器的允许偏差范围通常为 $\pm 0.2\% \sim \pm 0.5\%$，一般的电路可采用偏差为 $\pm 10\% \sim \pm 15\%$ 的电感器。

2. 参数标注方法

电感器的参数标注方法主要有直标法和色标法。

（1）直标法

电感器采用直标法标注时，一般会在外壳上标注电感量、偏差和额定电流值。图 5-18 列出了几个采用直标法标注的电感器。

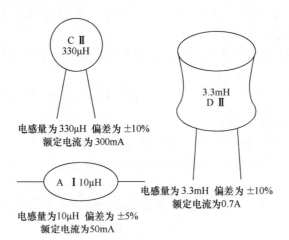

图 5-18　电感器的直标法例图

在标注电感量时，通常会将电感量值及单位直接标出。在标注偏差时，分别用 Ⅰ 、Ⅱ 、Ⅲ 表示 $\pm 5\%$ 、$\pm 10\%$ 、$\pm 20\%$ 。在标注额定电流时，用 A、B、C、D、E 分别表示 50mA、150mA、300mA、0.7A 和 1.6A。

（2）色标法

色标法是采用色点或色环标在电感器上来表示电感量和偏差的方法。色码电感器采用色标法标注，其电感量和偏差标注方法同色环电阻器，单位为 **μH**。色码电感器电感量的识别如图 5-19 所示。

色码电感器的各种颜色含义及代表的数值与色环电阻器相同，具体见表 5-2。色码电感器颜色的排列顺序方法也与色环电阻器相同。色码电感器与色环电阻器识读不同仅在于单位不同，色码电感器单位为 μH。图 5-19 所示的色码电感器上标注"红棕黑银"表示电感量为 21μH，偏差为 ±10%。

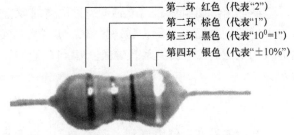

第一环 红色（代表"2"）
第二环 棕色（代表"1"）
第三环 黑色（代表"10^0=1"）
第四环 银色（代表"±10%"）

电感量为 21×1μH×（1±10%）=21μH×（90%~110%）

图 5-19 色码电感器电感量的识别

5.2.3 性质

电感器的主要性质有"通直阻交"和"阻碍变化的电流"。

1. "通直阻交"特性

电感器的"通直阻交"是指电感器对通过的直流信号阻碍很小，直流信号可以很容易通过电感器，而交流信号通过时会受到很大的阻碍。

电感器对通过的交流信号有较大的阻碍，这种阻碍称为感抗，感抗用 X_L 表示，感抗的单位是欧姆（**Ω**）。电感器的感抗大小与自身的电感量和交流信号的频率有关，感抗大小可以用以下公式计算：

$$X_L = 2\pi f L$$

式中，X_L 表示感抗，单位为 Ω；f 表示交流信号的频率，单位为 Hz；L 表示电感器的电感量，单位为 H。

由上式可以看出，交流信号的频率越高，电感器对交流信号的感抗越大；电感器的电感量越大，对交流信号感抗也越大。

举例：在图 5-20 所示的电路中，交流信号的频率为 50Hz，电感器的电感量为 200mH，那么电感器对交流信号的感抗就为

$$X_L = 2\pi f L = 2 \times 3.14 \times 50\text{Hz} \times 200 \times 10^{-3}\text{H} = 62.8\Omega$$

2. "阻碍变化的电流"特性

当变化的电流流过电感器时，电感器会产生自感电动势来阻碍变化的电流。下面以图 5-21 所示的两个电路来说明电感器这个性质。

从上面的电路分析可知，只要流过电感器的电流发生变化（不管是增大还是减小），电感器都会产生自感电动势，电动势的方向总是阻碍电流的变化。

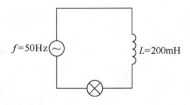

f=50Hz L=200mH

图 5-20 感抗计算例图

电感器这个性质非常重要，在以后的电路分析中经常要用到该性质。为了让大家能更透彻地理解电感器这个性质，再来看图 5-22 中两个例子。

在图 5-22a 中，流过电感器的电流是逐渐增大的，电感器会产生 A 正 B 负的电动势阻碍电流增大（可理解为 A 点为正，A 点电位升高，电流通过较困难）；在图 5-22b 中，流过电

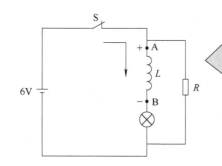

当开关S闭合时，会发现灯泡不是马上亮起来，而是慢慢亮起来。这是因为当开关闭合后，有电流流过电感器，这是一个增大的电流（从无到有），电感器马上产生自感电动势来阻碍电流增大，其极性是A正B负，该电动势使A点电位上升，电流从A点流入较困难，也就是说，电感器产生的这种电动势对电流有阻碍作用。由于电感器产生A正B负自感电动势的阻碍，流过电感器的电流不能一下子增大，而是慢慢增大，所以灯泡慢慢变亮，当电流不再增大（即电流大小恒定）时，电感器上的电动势消失，灯泡亮度也就不变了。

a) 开关闭合时灯泡慢慢变亮

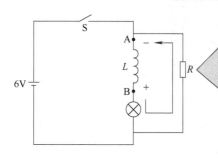

如果将开关S断开，会发现灯泡不是马上熄灭，而是慢慢暗下来。这是因为当开关断开后，流过电感器的电流突然变为0，也就是说，流过电感器的电流突然变小（从有到无），电感器马上产生A负B正的自感电动势，由于电感器、灯泡和电阻器R连接成闭合回路，电感器的自感电动势会产生电流流过灯泡，电流方向是，电感器B正→灯泡→电阻器R→电感器A负，开关断开后，该电流维持灯泡继续发光，随着电感器上的电动势逐渐降低，流过灯泡的电流慢慢减小，灯泡也就慢慢变暗。

b) 开关断开时灯泡慢慢变暗

图 5-21 电感器"阻碍电流变化"性质说明图

感器的电流是逐渐减小的，电感器会产生 A 负 B 正的电动势阻碍电流减小（可理解为 A 点为负时，A 点电位低，吸引电流流过来，阻碍它减小）。

a) 电流增大时　　　　　　　　　　b) 电流减小时

图 5-22 电感器性质解释图

5.2.4 检测

电感器的电感量和 Q 值一般用专门的电感测量仪和 Q 表来测量，一些功能齐全的万用表也具有电感量测量功能。电感器的检测如图 5-23 所示。

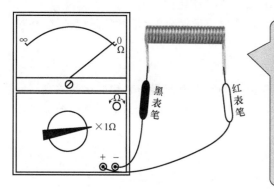

电感器常见的故障有开路和线圈匝间短路。电感器实际上就是线圈，由于线圈的电阻一般比较小，测量时一般用万用表的×1Ω档。
线径粗、匝数少的电感器电阻小，接近于0Ω，线径细、匝数多的电感器电阻较大。
在测量电感器时，万用表可以很容易检测出是否开路（开路时测出的电阻为无穷大），但很难判断它是否匝间短路，因为电感器匝间短路时电阻减小很少，解决方法是：当怀疑电感器匝间有短路，万用表又无法检测出来时，可更换新的同型号电感器，故障排除则说明原电感器已损坏。

图 5-23 电感器的检测

》》5.3 电容器

5.3.1 结构、外形与符号

电容器是一种可以存储电荷的元件。相距很近且中间隔有绝缘介质（如空气、纸和陶瓷等）的两块导电极板就构成了电容器，电容器简称电容。电容器的结构、外形与电路符号如图5-24所示。

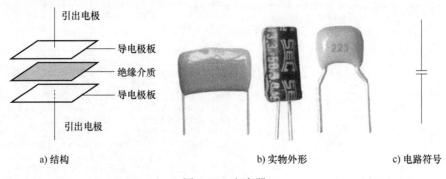

引出电极
导电极板
绝缘介质
导电极板
引出电极

a) 结构　　　　　　　　　　　b) 实物外形　　　　　　c) 电路符号

图5-24　电容器

5.3.2 主要参数

电容器主要参数有标称容量、允许偏差、额定电压等。

1. 容量与允许偏差

电容器能存储电荷，其存储电荷的多少称为容量。这一点与蓄电池类似，不过蓄电池存储电荷的能力比电容器大得多。电容器的容量越大，存储的电荷越多。**电容器的容量大小与下面的因素有关：**

1）两导电极板之间的相对面积。相对面积越大，容量越大。

2）两极板之间的距离。极板相距越近，容量越大。

3）两极板中间的绝缘介质。在极板相对面积和距离相同的情况下，绝缘介质不同的电容器，其容量不同。

电容器的容量单位有法拉（F）、毫法（mF）、微法（μF）、纳法（nF）和皮法（pF），它们的关系是

$$1F = 10^3 mF = 10^6 \mu F = 10^9 nF = 10^{12} pF$$

标注在电容器上的容量称为标称容量。允许偏差是指电容器标称容量与实际容量之间允许的最大偏差范围。

2. 额定电压

额定电压又称电容器的耐压值，是指在正常条件下电容器长时间使用两端允许承受的最高电压。一旦加到电容器两端的电压超过额定电压，两极板之间的绝缘介质容易被击穿而失去绝缘能力，造成两极板短路。

5.3.3 性质

电容器的性质主要有"充电""放电"和"隔直""通交"。

1. "充电"和"放电"性质

电容器的"充电"和"放电"说明如图5-25所示。电源输出电流流经电容器，在电容

器上获得大量电荷的过程称为电容器的"充电"。电容器一个极板上的正电荷经一定的途径流到另一个极板，中和该极板上负电荷的过程称为电容器的"放电"。

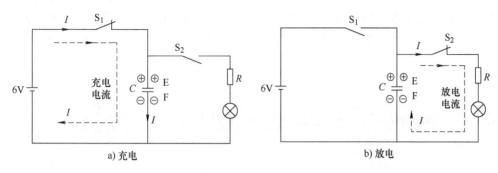

图 5-25　电容器的"充电"和"放电"说明

电容器充电后两极板上存储了电荷，两极板之间也就有了电压，这就像杯子装水后有水位一样。电容器极板上的电荷数与两极板之间的电压有一定的关系，具体可这样概括：**在容量不变的情况下，电容器存储的电荷数与两端电压成正比**，即

$$Q = C \cdot U$$

式中，Q 表示电荷数，单位为库仑（C），C 表示容量，单位为法拉（F），U 表示电容器两端的电压，单位为伏特（V）。

这个公式可以从以下几个方面来理解。

1）在容量不变的情况下（C 不变），电容器充得电荷越多（Q 增大），两端电压越高（U 增大）。这就像杯子大小不变时，杯子中装的水越多，杯子的水位越高一样。

2）若向容量一大一小的两只电容器充相同数量的电荷（Q 不变），那么容量小的电容器两端的电压更高（C 小 U 大）。这就像往容量一大一小的两只杯子装入同样多的水时，小杯子中的水位更高一样。

2. "隔直"和"通交"性质

电容器的"隔直"和"通交"是指直流不能通过电容器，而交流能通过电容器。电容器的"隔直"和"通交"说明如图 5-26 所示。在刚闭合开关时，直流可以对电容器充电而通过电容器，该过程持续时间很短，充电结束后，直流就无法通过电容器，这就是电容器的"隔直"性质。由于交流电源的极性周期性变化，使得电容器充电和反充电（中和抵消）交替进行，从而始终有电流流过电容器，这就是电容器"通交"性质。

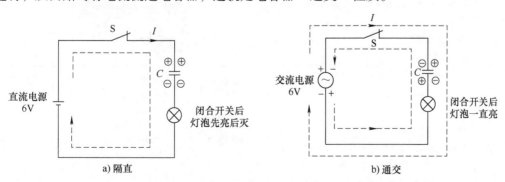

图 5-26　电容器的"隔直"和"通交"说明

3. 电容器对交流有阻碍作用

电容器虽然能通过交流，但对交流也有一定的阻碍，这种阻碍称之为容抗，用 X_C 表示，容抗的单位是欧姆（Ω）。在图 5-27 所示电路中，两个电路中的交流电源电压相等，灯泡也一样，但由于电容器的容抗对交流阻碍作用，故图 5-27b 中的灯泡要暗一些。

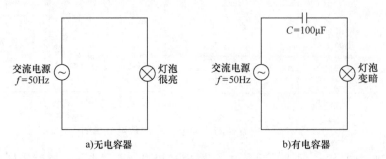

图 5-27　容抗说明图

电容器的容抗与交流信号频率、电容器的容量有关，交流信号频率越高，电容器对交流信号的容抗越小，电容器容量越大，它对交流信号的容抗越小。在图 5-27b 所示电路中，若交流电频率不变，当电容器容量越大，灯泡越亮；或者电容器容量不变，交流电频率越高，灯泡越亮。容抗可用下式来计算：

$$X_C = \frac{1}{2\pi f C}$$

式中，X_C 表示容抗，f 表示交流信号频率，π 为常数 3.14。

在图 5-27b 所示电路中，若交流电源的频率 $f = 50\text{Hz}$，电容器的容量 $C = 100\mu\text{F}$，那么该电容器对交流电的容抗为

$$X_C = \frac{1}{2\pi f C} = \frac{1}{2 \times 3.14 \times 50\text{Hz} \times 100 \times 10^{-6}\text{F}} \approx 31.8\Omega$$

5.3.4　容量的标注方法

电容器容量标注方法很多，表 5-3 列出了电容器常见的容量标注方法。

表 5-3　电容器常见的容量标注方法

标注法	说　明	例　图
直标法	直标法是指在电容器上直接标出容量值和容量单位。右图左边的电容器的容量为 2200μF，耐压为 63V，允许偏差为 ±20%，右边电容器的容量为 68nF，J 表示允许偏差为 ±5%	
小数点标注法	容量较大的无极性电容器常采用小数点标注法。小数点标注法的容量单位是 μF。右图两个实物电容器的容量分别为 0.01μF 和 0.033μF。有的电容器用 μ、n、p 来表示小数点，同时指明容量单位，右图中的 p1、4n7、3μ3 分别表示容量 0.1pF、4.7nF、3.3μF，如果用 R 表示小数点，单位则为 μF，如 R33 表示容量是 0.33μF	

（续）

标注法	说　　明	例　图
整数标注法	容量较小的无极性电容器常采用整数标注法，单位为 pF。若整数末位是 0，如标有"330"则表示该电容器容量为 330pF；若整数末位不是 0，如标有"103"，则表示容量为 10×10^3 pF。右图中的几个电容器的容量分别是 180pF、330pF 和 22000pF。如果整数末尾是 9，不是表示 10^9，而是表示 10^{-1}，如 339 表示 3.3pF	

5.3.5　检测

电容器常见的故障有开路、短路和漏电。 电容器的检测如图 5-28 所示。对于容量小于 $0.01\mu F$ 的正常电容器，在测量时指针可能不会摆动，故无法用万用表判断是否开路，但可以判别是否短路和漏电。如果怀疑容量小的电容器开路，万用表又无法检测时，可找相同容量的电容器代换，如果故障消失，就说明原电容器开路。

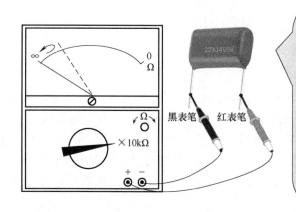

检测时，万用表拨至×10kΩ或×1kΩ档(对于容量小的电容器选×10kΩ档)，测量电容器两引脚之间的阻值。

如果电容器正常，指针先往右摆动，然后慢慢返回到无穷大处，容量越小，向右摆动的幅度越小，如图所示。指针摆动过程实际上就是万用表内部电池通过表笔对被测电容器充电的过程，被测电容器容量越小，充电越快，指针摆动幅度越小，充电完成后指针就停在无穷大处。

若检测时指针无摆动过程，而是始终停在无穷大处，说明电容器不能充电，该电容器开路。

若指针能往右摆动，也能返回，但回不到无穷大处，说明电容器能充电，但绝缘电阻小，该电容器漏电。

若指针始终指在阻值小或0处不动，这说明电容器不能充电，并且绝缘电阻很小，该电容器短路。

图 5-28　电容器的检测

》5.4　二极管

导电性能介于导体与绝缘体之间的材料称为半导体材料，常见的半导体材料有硅、锗和硒等。利用半导体材料可以制作各种各样的半导体器件，如二极管、晶体管、场效应晶体管和晶闸管等都是由半导体材料制作而成的。

5.4.1　PN 结的形成

当 P 型半导体（含有大量的正电荷）和 N 型半导体（含有大量的电子）结合在一起时，P 型半导体中的正电荷向 N 型半导体中扩散，N 型半导体中的电子向 P 型半导体中扩散，于是在 P 型半导体和 N 型半导体中间就形成一个特殊的薄层，这个薄层称之为 PN 结，该过程如图 5-29 所示。

从含有 PN 结的 P 型半导体和 N 型半导体两端各引出一个电极并封装起来就构成了二极管，与 P 型半导体连接的电极称为正极（或阳极），用"＋"或"A"表示，与 N 型半导体连接的电极称为负极（或阴极），用"－"或"**K**"表示。

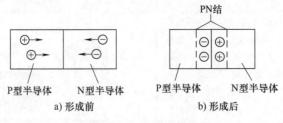

a) 形成前   b) 形成后

图 5-29   PN 结的形成

5.4.2   二极管结构、图形符号和外形

二极管内部结构、图形符号和实物外形如图 5-30 所示。

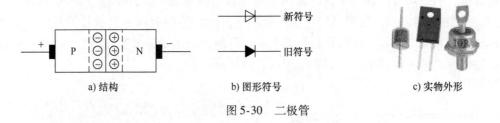

a) 结构   b) 图形符号   c) 实物外形

图 5-30   二极管

5.4.3   二极管的性质

下面通过分析图 5-31 所示的两个电路来详细介绍二极管的性质。

在图 5-31a 所示电路中，当闭合开关 S 后，发现灯泡会发光，表明有电流流过二极管，二极管导通；而在图 5-31b 所示电路中，当开关 S 闭合后灯泡不亮，说明无电流流过二极管，二极管不导通。通过观察这两个电路中二极管的接法可以发现：在图 5-31a 所示电路中，二极管的正极通过开关 S 与电源的正极连接，二极管的负极通过灯泡与电源负极相连；在图 5-31b 所示电路中，二极管的负极通过开关 S 与电源的正极连接，二极管的正极通过灯泡与电源负极相连。

由此可以得出这样的结论：**当二极管正极与电源正极连接，负极与电源负极相连时，二极管能导通，反之二极管不能导通。二极管这种单方向导通的性质称为二极管的单向导电性。**

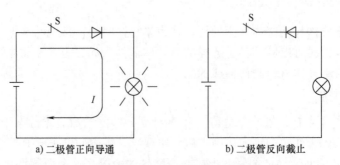

a) 二极管正向导通   b) 二极管反向截止

图 5-31   二极管的性质说明图

5.4.4   二极管的极性判别

二极管引脚有正、负极之分，在电路中乱接，轻则不能正常工作，重则损坏。二极管极

性判别可采用下面一些方法：

1. 根据标注或外形判断极性

为了让人们更好区分出二极管正、负极，有些二极管会在表面做一定的标志来指示正、负极，有些特殊的二极管，从外形也可找出正、负极。在图 5-32 中，左边的二极管表面标有二极管符号，其中三角形端对应的电极为正极，另一端为负极；中间的二极管标有白色圆环的一端为负极；右边的二极管金属螺栓为负极，另一端为正极。

图 5-32 根据标注或外形判断二极管的极性

2. 用指针万用表判断极性

对于没有标注极性或无明显外形特征的二极管，可用指针万用表的欧姆档来判断极性。万用表拨至 ×100Ω 或 ×1kΩ 档，测量二极管两个引脚之间的阻值，正、反向各测一次，会出现阻值一大一小，如图 5-33 所示，以阻值小的一次为准，如图 5-33a 所示，黑表笔接的引脚为二极管的正极，红表笔接的引脚为二极管的负极。

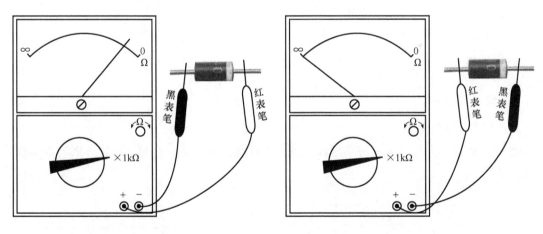

a) 阻值小时黑表笔接的引脚为正极　　　　b) 阻值大时黑表笔接的引脚为负极

图 5-33 用指针万用表判断二极管的极性

3. 用数字万用表判断极性

数字万用表与指针万用表一样，也有欧姆档，但由于两者测量原理不同，数字万用表欧姆档无法判断二极管的正、负极（数字万用表测量正、反向电阻时阻值都显示无穷大符号"1"），不过数字万用表有一个二极管专用测量档，可以用该档来判断二极管的极性。用数字万用表判断二极管极性的过程如图 5-34 所示。

5.4.5　二极管的常见故障及检测

二极管常见故障有开路、短路和性能不良。

在检测二极管时，万用表拨至 ×1kΩ 档，测量二极管正、反向电阻，测量方法与极性判断相同，可参见图 5-33。正常锗材料二极管正向阻值在 1kΩ 左右，反向阻值在 500kΩ 以上；

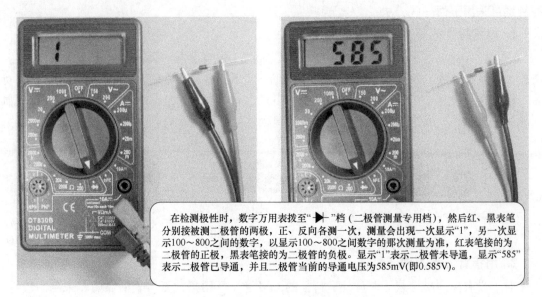

在检测极性时，数字万用表拨至"▸┼"档（二极管测量专用档），然后红、黑表笔分别接被测二极管的两极，正、反向各测一次，测量会出现一次显示"1"，另一次显示100~800之间的数字，以显示100~800之间数字的那次测量为准，红表笔接的为二极管的正极，黑表笔接的为二极管的负极。显示"1"表示二极管未导通，显示"585"表示二极管已导通，并且二极管当前的导通电压为585mV(即0.585V)。

图 5-34　用数字万用表判断二极管的极性

正常硅材料二极管正向电阻在 1~10kΩ，反向电阻为无穷大（注：不同型号万用表测量值略有差距）。也就是说，正常二极管的正向电阻小、反向电阻很大。

若测得二极管正、反向电阻均为 0，说明二极管短路。

若测得二极管正、反向电阻均为无穷大，说明二极管开路。

若测得正、反向电阻差距小（即正向电阻偏大，反向电阻偏小），说明二极管性能不良。

5.4.6　发光二极管

1. 外形与图形符号

发光二极管是一种电－光转换器件，能将电信号转换成光。发光二极管外形与图形符号如图 5-35 所示。

a) 外形　　　　　　　b) 图形符号

图 5-35　发光二极管

2. 性质

发光二极管在电路中需要正接才能工作。下面以图 5-36 所示的电路来说明发光二极管的性质。

不同颜色的发光二极管，其导通电压一般不同，红外线发光二极管最低，略高于 1V，红光二极管为 1.5~2V，黄光二极管为 2V 左右，绿光二极管为 2.5~2.9V，高亮度蓝光、白光二极管导通电压一般达到 3V 以上。**发光二极管正常工作时的电流较小，小功率的发光二极管工作电流一般在 5~30mA，若流过发光二极管的电流过大，容易被烧坏。**发光二极管的反向耐压也较低，一般在 **10V** 以下。

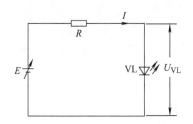

可调电源E通过电阻器R将电压加到发光二极管VL两端，电源正极对应VL的正极，负极对应VL的负极。将电源E的电压由0开始慢慢调高，发光二极管两端电压U_{VL}也随之升高，在电压较低时发光二极管并不导通，只有U_{VL}达到一定值时，VL才导通，此时的电压U_{VL}称为发光二极管的导通电压。发光二极管导通后有电流流过就开始发光，流过的电流越大，发出光线越强。

图 5-36 发光二极管的应用电路

3. 检测

发光二极管的检测包括极性检测和好坏检测。

（1）极性检测

对于未使用过的发光二极管，引脚长的为正极，引脚短的为负极。 发光二极管与普通二极管一样具有单向导电性，即正向电阻小，反向电阻大。根据这一点可以用万用表来判别发光二极管的极性。

由于发光二极管的导通电压在 1.5V 以上，而万用表选择 ×1Ω ~ ×1kΩ 档时，内部使用 1.5V 电池，它所提供的电压无法使发光二极管正向导通，故检测发光二极管极性时，万用表应选择 ×10kΩ 档，红、黑表笔分别接发光二极管两个引脚，正、反向各测一次，两次测量阻值会出现一大一小，以阻值小的那次为准，黑表笔接的引脚为正极，红表笔接的引脚为负极。

（2）好坏检测

在检测发光二极管好坏时，万用表选择 ×10kΩ 档，测量两个引脚之间的正、反向电阻。若发光二极管正常，正向电阻小，反向电阻大（接近无穷大）。

若正、反向电阻均为无穷大，则发光二极管开路。

若正、反向电阻均为 0，则发光二极管短路。

若反向电阻偏小，则发光二极管反向漏电。

5.4.7 稳压二极管

1. 外形与图形符号

稳压二极管又称齐纳二极管或反向击穿二极管，它在电路中起稳压作用。稳压二极管的外形与图形符号如图 5-37 所示。

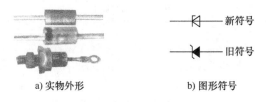

a) 实物外形　　　　　　b) 图形符号

图 5-37 稳压二极管

2. 工作原理

在电路中，稳压二极管可以稳定电压。**要让稳压二极管起稳压作用，须将它反接在电路中（即稳压二极管的负极接电路中的高电位处，正极接低电位处）**，稳压二极管在电路中正接时的性质与普通二极管相同。

稳压二极管的稳压原理说明如图 5-38 所示。当外加电压低于稳压二极管稳压值时，稳压二极管不能导通，无稳压功能；当外加电压高于稳压二极管稳压值时，稳压二极管反向击穿导通，两端电压保持不变，其大小等于稳压值（注：为了保护稳压二极管并使它有良好的稳压效果，需要给稳压二极管串接限流电阻）。

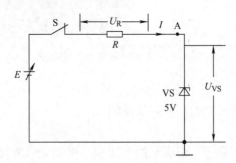

图 5-38　稳压二极管的稳压原理说明图

▶▶ 5.5 晶体管

5.5.1　外形与符号

晶体管是一种具有放大功能的半导体器件。图 5-39a 是一些常见的晶体管实物外形，晶体管的电路符号如图 5-39b 所示。

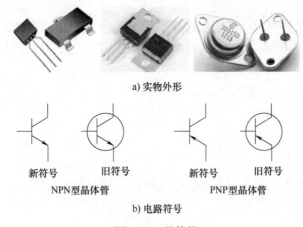

a) 实物外形

新符号　　旧符号
NPN型晶体管

新符号　　旧符号
PNP型晶体管

b) 电路符号

图 5-39　晶体管

5.5.2　结构

晶体管有 PNP 型和 NPN 型两种。PNP 型晶体管的构成如图 5-40 所示。

将两个 P 型半导体和一个 N 型半导体按图 5-40a 所示的方式结合在一起，两个 P 型半导体中的正电荷会向中间的 N 型半导体中移动，N 型半导体中的负电荷会向两个 P 型半导体移动，结果在 P、N 型半导体的交界处形成 PN 结，如图 5-40b 所示。

在两个 P 型半导体和一个 N 型半导体上通过连接导体各引出一个电极，然后封装起来就构成了晶体管。**晶体管三个电极分别称为集电极（用 c 或 C 表示）、基极（用 b 或 B 表示）和发射极（用 e 或 E 表示）。**PNP 型晶体管的电路符号如图 5-40c 所示。

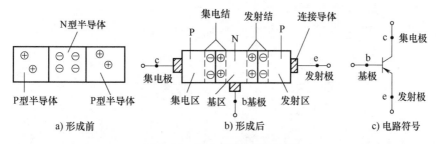

图 5-40　PNP 型晶体管的构成

晶体管内部有两个 **PN** 结，其中基极和发射极之间的 **PN** 结称为发射结，基极与集电极之间的 **PN** 结称为集电结。两个 **PN** 结将晶体管内部分作三个区，与发射极相连的区称为发射区，与基极相连的区称为基区，与集电极相连的区称为集电区。发射区的半导体掺入杂质多，故有大量的电荷，便于发射电荷；集电区掺入的杂质少且面积大，便于收集发射区送来的电荷；基区处于两者之间，发射区流向集电区的电荷要经过基区，故基区可控制发射区流向集电区电荷的数量，基区就像设在发射区与集电区之间的关卡。

NPN 型晶体管的构成与 **PNP** 型晶体管类似，它是由两个 **N** 型半导体和一个 **P** 型半导体构成的。具体如图 5-41 所示。

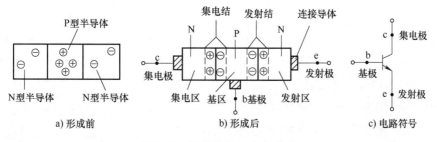

图 5-41　NPN 型晶体管的构成

5.5.3　电流和电压规律

晶体管是无法单独正常工作的，在电路中需要为晶体管各极提供电压，让它内部有电流流过，这样的晶体管才具有放大能力。为晶体管各极提供电压的电路称为偏置电路。

1. PNP 型晶体管的电流、电压规律

图 5-42a 为 PNP 型晶体管的偏置电路，从图 5-42b 可以清楚看出晶体管内部电流情况。

（1）电流关系

在图 5-42 中，当闭合电源开关 S 后，电源输出的电流马上流过晶体管，晶体管导通。**流经发射极的电流称为 I_e，流经基极的电流称为 I_b，流经集电极的电流称为 I_c。**

I_e、I_b、I_c 的途径分别是

1）I_e 的途径：从电源的正极输出电流→电流流入晶体管 VT 的发射极→电流在晶体管内部分作两路：一路从 VT 的基极流出，此为 I_b；另一路从 VT 的集电极流出，此为 I_c。

2）I_b 的途径：VT 基极流出电流→电流流经电阻器 R→开关 S→流到电源的负极。

3）I_c 的途径：VT 集电极流出电流→经开关 S→流到电源的负极。

从图 5-42b 可以看出，流入晶体管的 I_e 在内部分成 I_b 和 I_c，即发射极流入的 I_e 在内部分成 I_b 和 I_c 分别从基极和发射极流出。

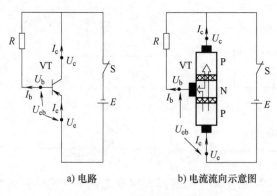

a) 电路　　　　　b) 电流流向示意图

图 5-42　PNP 型晶体管的偏置电路

不难看出，**PNP 型晶体管的 I_e、I_b、I_c 的关系是，$I_b + I_c = I_e$，并且 I_c 要远大于 I_b。**

（2）电压关系

在图 5-42 中，PNP 型晶体管 VT 的发射极直接接电源正极，集电极直接接电源负极，基极通过电阻器 R 接电源负极。根据电路中电源正极电压最高、负极电压最低可判断出，晶体管发射极电压 U_e 最高，集电极电压 U_c 最低，基极电压 U_b 处于两者之间。

PNP 型晶体管 U_e、U_b、U_c 之间的关系是

$$U_e > U_b > U_c$$

$U_e > U_b$ 使发射区的电压较基区电压高，两区之间的发射结（PN 结）导通，这样发射区大量的电荷才能穿过发射结到达基区。晶体管发射极与基极之间的电压（电位差）U_{eb}（$U_{eb} = U_e - U_b$）称为发射结正向电压。

$U_b > U_c$ 可以使集电区电压较基区电压低，这样才能使集电区有足够的吸引力（电压越低，对正电荷吸引力越大），将基区内大量电荷吸引穿过集电结而到达集电区。

2. NPN 型晶体管的电流、电压规律

图 5-43 为 NPN 型晶体管的偏置电路。从图中可以看出，NPN 型晶体管的集电极接电源的正极，发射极接电源的负极，基极通过电阻器接电源的正极，这与 PNP 型晶体管连接正好相反。

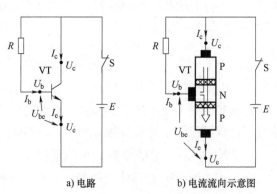

a) 电路　　　　　b) 电流流向示意图

图 5-43　NPN 型晶体管的偏置电路

（1）电流关系

在图 5-43 中，当开关 S 闭合后，电源输出的电流马上流过晶体管，晶体管导通。流经发射极的电流称为 I_e，流经基极的电流称为 I_b，流经集电极的电流称为 I_c。

I_e、I_b、I_c 的途径分别是

1）I_b 的途径：从电源的正极输出电流→开关 S→电阻器 R→电流流入晶体管 VT 的基极→基区。

2）I_c 的途径：从电源的正极输出电流→电流流入晶体管 VT 的集电极→集电区→基区。

3）I_e 的途径：晶体管集电极和基极流入的 I_b、I_c 在基区汇合→发射区→电流从发射极输出→电源的负极。

不难看出，**NPN 型晶体管 I_e、I_b、I_c 的关系是，$I_b + I_c = I_e$，并且 I_c 要远大于 I_b。**

（2）电压关系

在图 5-43 中，NPN 型晶体管的集电极接电源的正极，发射极接电源的负极，基极通过电阻器接电源的正极。故 **NPN 型晶体管 U_e、U_b、U_c 之间的关系是**

$$U_e < U_b < U_c$$

$U_c > U_b$ 可以使基区电压较集电区电压低，这样基区才能将集电区的电荷吸引穿过集电结而到达基区。

$U_b > U_e$ 可以使发射区的电压较基极的电压低，两区之间的发射结（PN 结）导通，基区的电荷才能穿过发射结到达发射区。

NPN 型晶体管基极与发射极之间的电压 U_{be}（$U_{be} = U_b - U_e$）称为发射结正向电压。

5.5.4　检测

晶体管的检测包括类型、电极判别和好坏检测。

1. 判别类型并找出基极

晶体管类型有 NPN 型和 PNP 型，晶体管的类型可用万用表欧姆档进行检测。晶体管类型检测如图 5-44 所示，万用表拨至 ×100 Ω 或 ×1k Ω 档，测量晶体管任意两脚之间的电阻，当测量出现一次阻值小时，黑表笔接的为 P 极，红表笔接的为 N 极，如图 5-44a 所示；然后黑表笔不动（即让黑表笔仍接 P 极），将红表笔接到另外一个极，如果测得阻值很大，如图 5-44b 所示，红表笔接的极一定是 P 极，该晶体管为 PNP 型，红表笔先前接的极为基极；若测得阻值小，则红表笔接的为 N 极，则该晶体管为 NPN 型，黑表笔所接为基极。

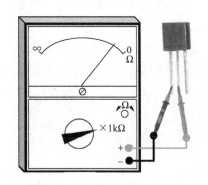
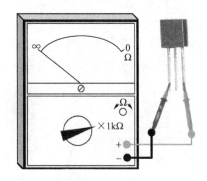

a) 测得阻值小时黑表笔接为P极、红表笔接为N极　　　　　　　　　　　b) 测得阻值大

图 5-44　晶体管类型的检测

2. 判别集电极和发射极

晶体管有发射极、基极和集电极三个电极，在使用时不能混用，由于在检测类型时已经找出基极，故下面介绍如何用万用表欧姆档判别出发射极和集电极。

（1）NPN 型晶体管集电极和发射极的判别

NPN 型晶体管集电极和发射极的判别如图 5-45 所示。将万用表置于 ×1kΩ 或 ×100Ω 档，黑表笔接基极以外任意一个极，再用手接触该极与基极（手相当于一个电阻，即在该极与基极之间接一个电阻），红表笔接另外一个极，测量并记下阻值的大小，该过程如图 5-

45a 所示；然后红、黑表笔互换，手再捏住基极与对换后黑表笔所接的极，测量并记下阻值大小，该过程如图 5-45b 所示。两次测量会出现阻值一大一小，以阻值小的那次为准，如图 5-45a 所示，黑表笔接的为集电极，红表笔接的为发射极。

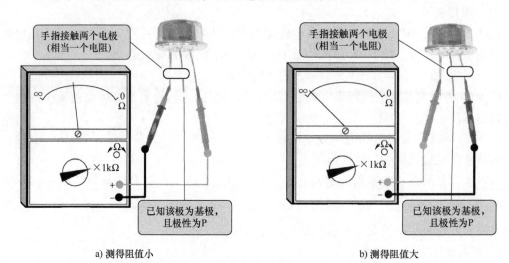

a) 测得阻值小　　　　　　　　　　　　　　　b) 测得阻值大

图 5-45　NPN 型晶体管的发射极和集电极的判别

注意：如果两次测量出来的阻值大小区别不明显，可先将手沾点水，让手的电阻减小，再用手接触两个电极进行测量。

（2）PNP 型晶体管集电极和发射极的判别

PNP 型晶体管集电极和发射极的判别如图 5-46 所示。万用表选择 ×1kΩ 或 ×100Ω 档，红表笔接基极以外任意一个极，再用手接触该极与基极，黑表笔接余下的一个极，测量并记下阻值的大小，该过程如图 5-46a 所示；然后红、黑表笔互换，手再接触基极与对换后红表笔所接的极，测量并记下阻值大小，该过程如图 5-46b 所示。两次测量会出现阻值一大一小，以阻值小的那次为准，如图 5-46a 所示，红表笔接的为集电极，黑表笔接的为发射极。

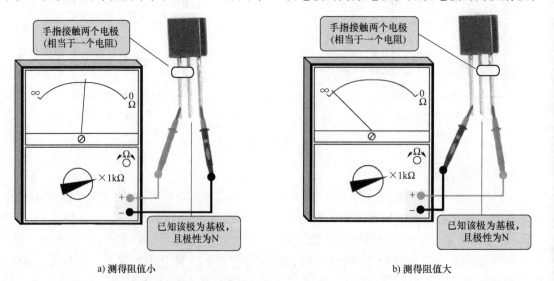

a) 测得阻值小　　　　　　　　　　　　　　　b) 测得阻值大

图 5-46　PNP 型晶体管的发射极和集电极的判别

（3）利用万用表的晶体管放大倍数档来判别发射极和集电极

如果万用表有晶体管放大倍数档，可利用该档判别晶体管的电极，使用这种方法一般应在已检测出晶体管的类型和基极时使用。

利用万用表的晶体管放大倍数档来判别极性的测量过程如图 5-47 所示。将万用表拨至"h_{FE}"档（晶体管放大倍数档），再根据晶体管类型选择相应的插孔，并将基极插入基极插孔中，另外两个极分别插入另外两个插孔中，记下此时测得放大倍数值，如图 5-47a 所示；然后让晶体管的基极不动，将另外两极互换插孔，观察这次测得的放大倍数，如图 5-47b 所示，两次测得的放大倍数会出现一大一小，以放大倍数大的那次为准，如图 5-47b 所示，c 极插孔对应的电极是集电极，e 极插孔对应的电极为发射极。

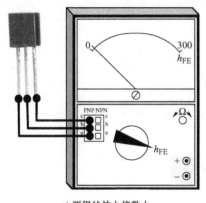

a) 测得的放大倍数小　　　　　　　　　　b) 测得的放大倍数大

图 5-47　利用万用表的晶体管放大倍数档来判别发射极和集电极

3. 好坏检测

晶体管好坏检测具体包括以下内容：

（1）测量集电结和发射结的正、反向电阻

晶体管内部有两个 PN 结，任意一个 PN 结损坏，晶体管就不能使用，所以晶体管检测先要测量两个 PN 结是否正常。检测时，万用表拨至 ×100Ω 或 ×1kΩ 档，测量 PNP 型或 NPN 型晶体管集电极和基极之间的正、反向电阻（即测量集电结的正、反向电阻），然后再测量发射极与基极之间的正、反向电阻（即测量发射结的正、反向电阻）。正常时，集电结和发射结正向电阻都比较小，约几百欧至几千欧，反向电阻都很大，约几百千欧至无穷大。

（2）测量集电极与发射极之间的正、反向电阻

对于 PNP 型晶体管，红表笔接集电极，黑表笔接发射极，测得为正向电阻，正常约十几千欧至几百千欧（用 ×1kΩ 档测得），互换表笔测得为反向电阻，与正向电阻阻值相近；对于 NPN 型晶体管，黑表笔接集电极，红表笔接发射极，测得为正向电阻，互换表笔测得为反向电阻，正常时正、反向电阻阻值相近，约几百千欧至无穷大。如果晶体管任意一个 PN 结的正、反向电阻不正常，或发射极与集电极之间正、反向电阻不正常，说明晶体管损坏。如发射结正、反向电阻阻值均为无穷大，说明发射结开路；集、射之间阻值为 0，说明集电极与发射极之间击穿短路。

综上所述，**一个晶体管的好坏检测需要进行六次测量，其中测发射结正、反向电阻各一次（两次），集电结正、反向电阻各一次（两次），集电极与发射极之间的正、反向电阻各一次（两次）。只有这六次检测都正常才能说明晶体管是正常的，只要有一次测量发现不正**

常，该晶体管就不能使用。

▶▶ 5.6 其他常用元器件

电阻器、电容器、电感器、二极管和晶体管是电路中应用最广泛的元器件，本节再简单介绍一些其他常用元器件。

5.6.1 光电耦合器

1. 外形与符号

光电耦合器是将发光二极管和光电晶体管组合在一起并封装起来构成的。 图 5-48a 是一些常见的光电耦合器的实物外形，图 5-48b 为光电耦合器的电路符号。

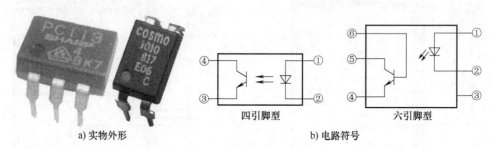

a) 实物外形　　　　　　　　　　　b) 电路符号

图 5-48　光电耦合器

2. 工作原理

光电耦合器内部集成了发光二极管和光电晶体管。下面以图 5-49 所示的电路来说明光电耦合器的工作原理。

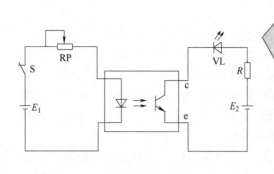

当闭合开关S时，电源E_1经开关S和电位器RP为光电耦合器内部的发光二极管提供电压，有电流流过发光二极管，发光二极管发出光线，光线照射到内部的光电晶体管，光电晶体管导通，电源E_2输出的电流经电阻器R、发光二极管VL流入光电耦合器的c极，然后从e极流出回到E_2的负极，有电流流过发光二极管VL，VL发光。

调节电位器RP可以改变发光二极管VL的光线亮度。当RP滑动端右移时，其阻值变小，流入光电耦合器内发光二极管的电流大，发光二极管光线强，光电晶体管导通程度深，光电晶体管c、e极之间电阻变小，电源E_2的回路总电阻变小，流经发光二极管VL的电流大，VL变得更亮。

若断开开关S，无电流流过光电耦合器内的发光二极管，发光二极管不亮，光电晶体管无光照射不能导通，电源E_2回路切断，发光二极管VL无电流通过而熄灭。

图 5-49　光电耦合器的应用电路

5.6.2 晶闸管

1. 外形与符号

单向晶闸管曾称单向可控硅（SCR），它有三个电极，分别是阳极（A）、阴极（K）和门极（G）。 图 5-50a 是一些常见的单向晶闸管的实物外形，图 5-50b 为单向晶闸管的电路符号。

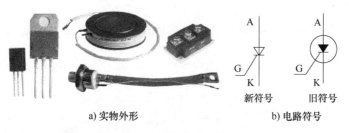

a) 实物外形   b) 电路符号

图 5-50 单向晶闸管

2. 性质

晶闸管在电路中主要当作电子开关使用，下面以图 5-51 所示的电路来说明单向晶闸管的工作原理。

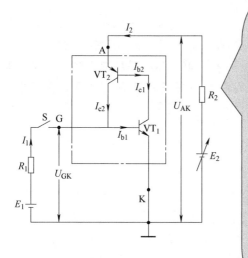

电源 E_2 通过 R_2 为晶闸管A、K极提供正向电压 U_{AK}，电源 E_1 经电阻器 R_1 和开关S为晶闸管G、K极提供正向电压 U_{GK}，当开关S处于断开状态时，VT$_1$ 无 I_{b1} 而无法导通，VT$_2$ 也无法导通，晶闸管处于截止状态，I_2 为0。

如果将开关S闭合，电源 E_1 马上通过 R_1、S为VT$_1$ 提供 I_{b1}，VT$_1$ 导通，VT$_2$ 也导通(VT$_2$ 的 I_{b2} 经过VT$_1$ 的c、e极)，VT$_2$ 导通后，它的 I_{c2} 与 E_1 提供的电流汇合形成更大的 I_{b1} 流经 VT$_1$ 的发射结，VT$_1$ 导通更深，I_{c1} 更大，VT$_2$ 的 I_{b2} 也增大 (VT$_2$ 的 I_{b2} 与VT$_1$ 的 I_{c1} 相等)，I_{c2} 增大，这样会形成强烈的正反馈，正反馈过程是

$$I_{b1}\uparrow \rightarrow I_{c1}\uparrow \rightarrow I_{b2}\uparrow \rightarrow I_{c2}\uparrow$$

正反馈使 VT$_1$、VT$_2$ 都进入饱和状态，I_{b2}、I_{c2} 都很大，I_{b2}、I_{c2} 都由 VT$_2$ 的发射极流入，也即晶闸管 A 极流入，I_{b2}、I_{c2} 在内部流经 VT$_1$、VT$_2$ 后从 K 极输出。很大的电流从晶闸管 A 极流入，然后从 K 极流出，相当于晶闸管导通。

晶闸管导通后，若断开开关 S，I_{b2}、I_{c2} 继续存在，晶闸管继续导通。这时如果慢慢调低电源 E_2 的电压，流入晶闸管 A 极的电流（即图中的 I_2）也慢慢减小，当电源电压调到很低时（接近 0V），流入 A 极的电流接近 0，晶闸管进入截止状态。

图 5-51 单向晶闸管的工作原理说明图

晶闸管有以下性质：

1）无论 A、K 极之间加什么电压，只要 G、K 极之间没有加正向电压，晶闸管就无法导通。

2）只有 A、K 极之间加正向电压，并且 G、K 极之间也加一定的正向电压，晶闸管才能导通。

3）晶闸管导通后，撤掉 G、K 极之间的正向电压后晶闸管仍继续导通。要让导通的晶闸管截止，可采用两种方法：一是让流入晶闸管 A 极的电流减小到某一值 I_H（维持电流），晶闸管会截止；二是让 A、K 极之间的正向电压 U_{AK} 减小到 0 或为反向电压，也可以使晶闸管由导通转为截止。

5.6.3 场效应晶体管

场效应晶体管又称场效应管，它与晶体管一样，具有放大能力。场效应晶体管有漏极（D）、栅极（G）和源极（S）。场效应晶体管的种类较多，下面以使用最多的增强型绝缘栅场效应晶体管为例来介绍场效应晶体管。

1. 外形与符号

增强型 MOS 管分为 N 沟道 MOS 管和 P 沟道 MOS 管，增强型 MOS 管外形与符号如图 5-52 所示。

2. 结构与原理

增强型 MOS 管有 N 沟道和 P 沟道之分，分别称作增强型 NMOS 管和增强型 PMOS 管，其结构与工作原理基本相似，在实际中增强型 NMOS 管更为常用。下面以增强型 NMOS 管为例来说明增强型 MOS 管的结构与工作原理。

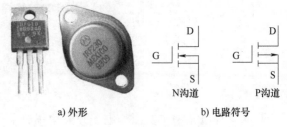

a) 外形 　　　　　　　　 b) 电路符号

图 5-52　增强型 MOS 管

（1）结构

增强型 NMOS 管的结构与等效符号如图 5-53 所示。

增强型 NMOS 管是以 P 型硅片作为基片（又称衬底），在基片上制作两个含很多杂质的 N 型材料，再在上面制作一层很薄的二氧化硅（SiO_2）绝缘层，在两个 N 型材料上引出两个铝电极，分别称为漏极（D）和源极（S），在两极中间的 SiO_2 绝缘层上制作一层铝制导电层，从该导电层上引出的电极称为 G 极。**P 型衬底与 D 极连接的 N 型半导体会形成二极管结构（称之为寄生二极管）**，由于 P 型衬底通常与 S 极连接在一起，所以增强型 NMOS 管又可用图 5-53b 所示的符号表示。

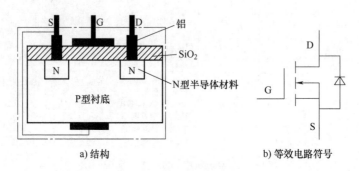

a) 结构 　　　　　　　　 b) 等效电路符号

图 5-53　增强型 NMOS 管

（2）工作原理

增强型 NMOS 管需要加合适的电压才能工作。加有电压的增强型 NMOS 管如图 5-54 所示。

如图 5-54a 所示，电源 E_1 通过 R_1 接场效应晶体管 D、S 极，电源 E_2 通过开关 S 接场效应晶体管的 G、S 极。在开关 S 断开时，场效应晶体管的 G 极无电压，D、S 极所接的两个 N 区之间没有导电沟道，所以两个 N 区之间不能导通，I_D 为 0；如果将开关 S 闭合，场效应晶体管的 G 极获得正电压，与 G 极连接的铝电极有正电荷，它产生的电场穿过 SiO_2 层，将 P 衬底很多电子吸引靠近 SiO_2 层，从而在两个 N 区之间出现导电沟道，由于此时 D、S 极之间加上正向电压，就有 I_D 从 D 极流入，再经导电沟道从 S 极流出。

如果改变 E_2 电压的大小，也即是改变 G、S 极之间的电压 U_{GS}，与 G 极相通的铝层产生的电场大小就会变化，SiO_2 下面的电子数量就会变化，两个 N 区之间沟道宽度就会变化，流过的 I_D 大小就会变化。U_{GS} 越高，沟道就会越宽，I_D 就会越人。

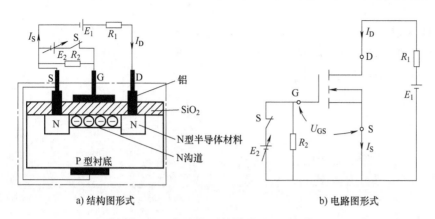

图 5-54 加有电压的增强型 NMOS 管

由此可见，改变 G、S 极之间的电压 U_{GS}，D、S 极之间的内部沟道宽窄就会发生变化，从 D 极流向 S 极的 I_D 大小也就发生变化，并且 I_D 变化较 U_{GS} 变化大得多，这就是场效应晶体管的放大原理（即电压控制电流变化原理）。为了表示场效应晶体管的放大能力，引入一个参数——跨导 g_m，g_m 用下式计算：

$$g_m = \Delta I_D / \Delta U_{GS}$$

g_m 反映了栅源电压 U_{GS} 对漏极电流 I_D 的控制能力，是表述场效应晶体管放大能力的一个重要参数（相当于晶体管的 β），g_m 的单位是西门子（S），也可以用 A/V 表示。

增强型 MOS 管具有的特点是，在 G、S 极之间未加电压（即 $U_{GS} = 0$）时，D、S 极之间没有沟道，$I_D = 0$；当 G、S 极之间加上合适电压（大于开启电压 U_T）时，D、S 极之间有沟道形成，U_{GS} 变化时，沟道宽窄会发生变化，I_D 也会变化。

对于增强型 NMOS 管，G、S 极之间应加正电压（即 $U_G > U_S$，$U_{GS} = U_G - U_S$ 为正压），D、S 极之间才会形成沟道；对于增强型 PMOS 管，G、S 极之间须加负电压（即 $U_G < U_S$，$U_{GS} = U_G - U_S$ 为负压），D、S 极之间才有沟道形成。

5.6.4 绝缘栅双极型晶体管

绝缘栅双极型晶体管（IGBT）是一种由场效应晶体管和晶体管组合成的复合器件，它综合了晶体管和 MOS 管的优点，故有很好的特性，因此广泛应用在各种中小功率的电力电子设备中。

1. 外形、结构与符号

IGBT 的外形、等效图和符号如图 5-55 所示，**IGBT 相当于一个 PNP 型晶体管和增强型 NMOS 管以图 5-55b 所示的方式组合而成。**IGBT 有三个极：C 极（集电极）、G 极（栅极）和 E 极（发射极）。

图 5-55b 所示的 IGBT 是由 PNP 型晶体管和 N 沟道 MOS 管组合而成，这种 IGBT 称作 N-IGBT，用图 5-55c 符号表示，相应的还有 P 沟道 IGBT，称作 P-IGBT，将图 5-55c 符号中的箭头改为由 E 极指向 G 极即为 P-IGBT 的电路符号。

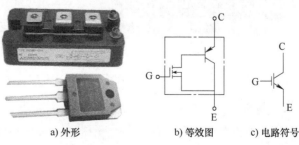

a) 外形   b) 等效图   c) 电路符号

图 5-55 IGBT

2. 工作原理

电力电子设备中主要采用 N-IG-BT，下面以图 5-56 所示电路来说明 N-IGBT 工作原理。

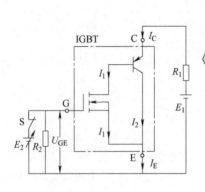

电源 E_2 通过开关 S 为 IGBT 提供 U_{GE}，电源 E_1 经 R_1 为 IGBT 提供 U_{CE}。当开关 S 闭合时，IGBT 的 G、E 极之间获得电压 U_{CE}，只要 U_{GE} 大于开启电压（约 $2\sim6V$），IGBT 内部的 MOS 管就有导电沟道形成，MOS 管 D、S 极之间导通，为晶体管 I_b 提供通路，晶体管导通，有电流 I_C 从 IGBT 的 C 极流入，经晶体管发射极后分成 I_1 和 I_2 两路电流，I_1 流经 MOS 管的 D、S 极，I_2 从晶体管的集电极流出，I_1、I_2 汇合成 I_E 从 IGBT 的 E 极流出，即 IGBT 处于导通状态。当开关 S 断开后，U_{GE} 为 0，MOS 管导电沟道夹断（消失），I_1、I_2 都为 0，I_C、I_E 也为 0，即 IGBT 处于截止状态。

调节电源 E_2 可以改变 U_{GE} 的大小，IGBT 内部的 MOS 管的导电沟道宽度会随之变化，I_1 大小会发生变化，由于 I_1 实际上是晶体管的 I_b，I_1 细小的变化会引起 I_2（I_2 为晶体管的 I_c）的急剧变化。例如当 U_{GE} 增大时，MOS 管的导通沟道变宽，I_1 增大，I_2 也增大，即 IGBT 的 C 极流入、E 极流出的电流增大。

图 5-56　N-IGBT 工作原理说明图

5.6.5　集成电路

将电阻、二极管和晶体管等元器件以电路的形式制作在半导体硅片上，然后接出引脚并封装起来，就构成了集成电路。集成电路简称为集成块，又称芯片 IC。

1. 举例

图 5-57a 所示的 LM380 是一种常见的音频放大集成电路。**单独集成电路是无法工作的，需要给它加接相应的外围元器件并提供电源才能工作。**LM380 的应用电路如图 5-57b 所示，LM380 提供了电源并加接了外围元器件，它就可以对 6 脚输入的音频信号进行放大，然后从 8 脚输出放大的音频信号，再送入扬声器使之发声。

a) 实物外形

b) 应用电路

图 5-57　LM380 构成的实用电路

2. 特点

有的集成电路内部只有十几个元器件，而有些集成电路内部则有上千万个元器件（如计算机中的微处理器（CPU））。集成电路内部电路很复杂，对于大多数电子爱好者可不用理会内部电路原理，只要了解各引脚功能及内部大致组成即可，对于从事电路高端设计工作，通常要了解内部电路结构。

3. 引脚识别

集成电路的引脚很多，少则几个，多则几百个，各个引脚功能又不一样，所以在使用时一定要对号入座，否则集成电路不工作甚至烧坏。因此一定要知道集成电路引脚的识别方法。

不管什么集成电路，它们都有一个标记指出第一脚，常见的标记有小圆点、小突起、缺口、缺角，找到该脚后，逆时针依次数2、3、4…，如图5-58所示。

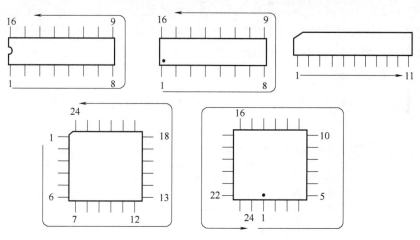

图 5-58　集成电路引脚识别

第6章

变 压 器

>> 6.1 变压器基本原理与结构

变压器是一种能提升或降低交流电压、电流的电气设备。无论是在电力系统中，还是在微电子技术领域，变压器都得到了广泛的应用。

6.1.1 结构与工作原理

变压器主要由绕组和铁心组成，其结构与电气图形符号如图6-1所示。

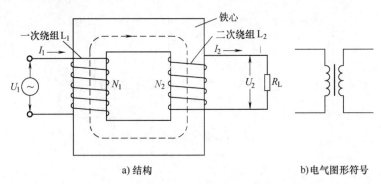

a) 结构   b) 电气图形符号

图6-1 变压器的结构与电气图形符号

从图6-1中可以看出，两组绕组 L_1、L_2 绕在同一铁心上就构成了变压器。一个绕组与交流电源连接，该绕组称为一次绕组（或称原边绕组），匝数（即圈数）为 N_1；另一个绕组与负载 R_L 连接，称为二次绕组（或称副边绕组），匝数为 N_2。当交流电压 U_1 加到一次绕组 L_1 两端时，有交流电流 I_1 流过 L_1，L_1 产生交变的磁场，交变的磁场通过铁心穿过二次绕组 L_2，L_2 两端会产生感应电压 U_2，并输出电流 I_2 流经负载 R_L。

实际的变压器铁心并不是一块厚厚的环形铁，而是由很多薄薄的、有绝缘层的硅钢片叠在一起而构成的，常见的铁心主要有心式和壳式两种，其形状如图6-2所示。由于在闭合的铁心上绕制绕组比较困难，因此每片硅钢片都分成两部分，先在其中一部分上绕好绕组，然后再将另一部分与它拼接在一起。

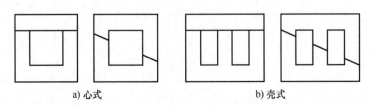

a) 心式   b) 壳式

图6-2 硅钢片的形状

小容量变压器的绕组一般采用表面涂有绝缘漆的铜线绕制而成，对于大容量的变压器则常采用绝缘的扁铜线或扁铝线绕制而成。**变压器接高压的绕组称为高压绕组，**其线径细、匝数多；接低压的绕组称为低压绕组，其线径粗、匝数少。

变压器是由绕组绕制在铁心上构成的，对于不同形状的铁心，绕组的绕制方法有所不同，图6-3所示是几种绕组在铁心上的绕制方式。从图中可以看出，不管是心式铁心，还是壳式铁心，高、低压绕组并不是各绕在铁心的一侧，而是绕在一起，图中线径粗的低压绕组绕在里边（靠近铁心），线径细的高压绕组则绕在低压绕组外面。

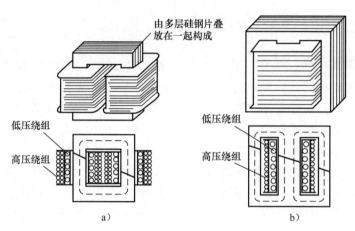

图6-3　变压器的绕组绕制方式

6.1.2　电压、电流变换功能说明

变压器的基本功能是电压变换和电流变换。

1. 电压变换

变压器既可以升高交流电压，也可以降低交流电压。 在忽略变压器对电能损耗的情况下，变压器一次、二次绕组的电压与一次、二次绕组的匝数的关系为

$$\frac{U_1}{U_2} = \frac{N_1}{N_2} = K$$

式中的 K 称为匝数比或电压比，由上式可知：

1）当 $N_1 < N_2$（即 $K < 1$）时，变压器输出电压 U_2 较输入电压 U_1 高，故 $K < 1$ 的变压器称为升压变压器。

2）当 $N_1 > N_2$（即 $K > 1$）时，变压器输出电压 U_2 较输入电压 U_1 低，故 $K > 1$ 的变压器称为降压变压器。

3）当 $N_1 = N_2$（即 $K = 1$）时，变压器输出电压 U_2 和输入电压 U_1 相等，这种变压器不能改变交流电压的大小，但能将一次、二组绕组电路隔开，故 $K = 1$ 的变压器常称为隔离变压器。

2. 电流变换

变压器不但能改变交流电压的大小，还能改变交流电流的大小。 在忽略变压器对电能损耗的情况下，变压器的一次绕组的功率 P_1（$P_1 = U_1 I_1$）与二次绕组的功率 P_2（$P_2 = U_2 I_2$）是相等的，即

$$U_1 I_1 = U_2 I_2 \Rightarrow \frac{U_1}{U_2} = \frac{I_2}{I_1}$$

由上式可知，**在输出功率为定值时，变压器一次、二次绕组的电压与一次、二次绕组的**

电流成反比：若提升二次绕组的电压，则会使二次绕组的电流减小；若降低二次绕组的电压，则二次绕组的电流会增大。

综上所述，对于变压器来说，不管是一次或是二次绕组，匝数越多，它两端的电压就越高，流过的电流就越小。例如，某变压器的二次绕组匝数少于一次绕组匝数，其二次绕组两端的电压就低于一次绕组两端的电压，而二次绕组的电流比一次绕组的大。

》》 6.2　三相变压器及接线方式

6.2.1　电能的传送环节

发电部门的发电机将其他形式的能（如水能和化学能）转换成电能，电能再通过导线传送给用户。由于用户与发电部门的距离往往很远，电能传送需要很长的导线，电能在导线传送的过程中有损耗。根据焦耳定律 $Q = I^2 Rt$ 可知，损耗的大小与流过导线的电流和导线的电阻有关，电流、电阻越大，导线的损耗越大。

为了降低电能在导线上传送产生的损耗，可减小导线电阻和降低流过导线的电流。具体做法有：通过采用电阻率小的铝或铜材料制作成粗导线来减小导线的电阻；通过提高传送电压来减小电流，这是根据 $P = UI$，在传送功率一定的情况下，导线两端的电压越高，流过导线的电流越小。

电能从发电站传送到用户的过程如图 6-4 所示。发电机输出的电压先送到升压变电站进行升压，升压后得到 110～330kV 的高压，高压经导线进行远距离传送，到达目的地后，再由降压变电站的降压变压器将高压降低到 220V 或 380V 的低压，提供给用户。实际上，在提升电

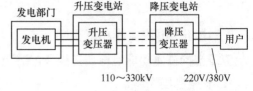

图 6-4　电能传送示意图

压时，往往不是依靠一个变压器将低压提升到很高的电压，而是经过多个升压变压器一级级进行升压的，在降压时，也需要经多个降压变压器进行逐级降压。

6.2.2　三相变压器

1. 三相交流电的产生

目前电力系统广泛采用三相交流电，三相交流电是由三相交流发电机产生的。三相交流发电机原理示意图如图 6-5 所示。

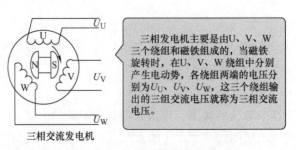

三相发电机主要是由U、V、W三个绕组和磁铁组成的，当磁铁旋转时，在U、V、W绕组中分别产生电动势，各绕组两端的电压分别为 U_U、U_V、U_W，这三个绕组输出的三组交流电压就称为三相交流电压。

图 6-5　三相交流发电机原理示意图

2. 利用单相变压器改变三相交流电压

要将三相交流发电机产生的电能传送出去，为了降低线路损耗，需对每相电压都进行提

升，简单的做法是采用三个单相变压器，如图6-6所示。单相变压器是指一次绕组和二次绕组分别只有一组的变压器。

3. 利用三相变压器改变三相交流电压

将三对绕组绕在同一铁心上可以构成三相变压器。三相交流变压器的结构如图6-7所示。利用三相变压器也可以改变三相交流电压，具体接法如图6-8所示。

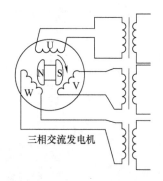

图6-6 利用三个单相变压器改变三相交流电压

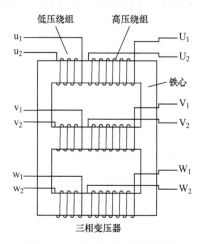

图6-7 三相交流变压器的结构

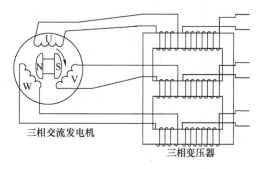

图6-8 利用三相变压器改变三相交流电压

6.2.3 三相变压器的工作接线方法

1. 星形联结

用图6-8所示的方法连接三相发电机与三相变压器，缺点是连接所需的导线太多，在进行远距离电能传送时必然会使线路成本上升，而采用星形联结可以减少导线数量，从而降低成本。发电机绕组与变压器绕组的星形联结如图6-9所示。

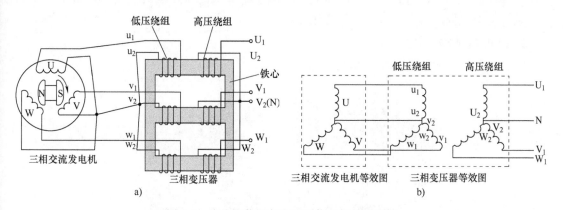

图6-9 发电机绕组与变压器绕组的星形联结

2. 三角形联结

三相变压器与三相发电机之间的连线接法除了星形联结外，还有三角形联结。三相发电机与三相变压器之间的三角形联结如图 6-10 所示。

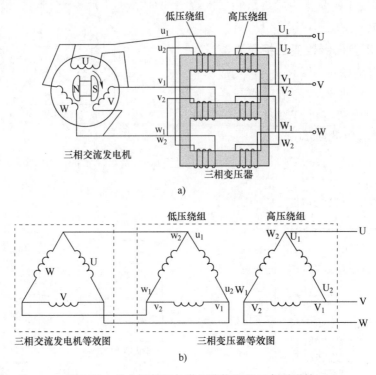

图 6-10　发电机绕组与变压器绕组的三角形联结

≫ 6.3 电力变压器、自耦变压器与交流弧焊变压器

6.3.1　电力变压器

电力变压器的功能是对传送的电能进行电压或电流的变换。 大多数电力变压器属于三相变压器。电力变压器有升压变压器和降压变压器之分：升压变压器用于将发电机输出的低压升高，再通过电网线输送到各地；降压变压器用于将电网高压降低成低压，送给用户使用。平时见到的电力变压器大多数是降压变压器。

1. 外形与结构

电力变压器的实物外形如图 6-11 所示。

图 6-11　电力变压器的实物外形

由于电力变压器所接的电压高，传输的电能大，为了使铁心和绕组的散热和绝缘良好，一般将它们放置在装有变压器油的绝缘油箱内（变压器油具有良好的绝缘性），高、低压绕组引出线均通过绝缘性能好的套管引出，另外，电力变压器还有各种散热保护装置。

油浸式电力变压器的结构如图 6-12 所示。

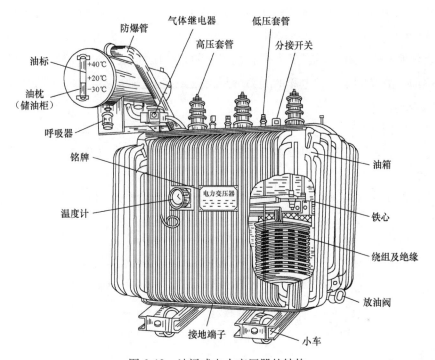

图 6-12　油浸式电力变压器的结构

2. 连接方式

在使用电力变压器时，其高压侧绕组要与高压电网连接，低压侧绕组则与低压电网连接，这样才能将高压降低成低压供给用户。电力变压器与高、低压电网的连接方式有多种，图 6-13 所示是两种较常见的连接方式。

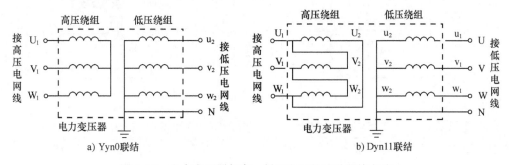

a) Yyn0联结　　　　　　　　　　b) Dyn11联结

图 6-13　电力变压器与高、低压电网的两种连接方式

在图 6-13 中，电力变压器的高压绕组首端和末端分别用 U_1、V_1、W_1 和 U_2、V_2、W_2 表示，低压绕组的首端和末端分别用 u_1、v_1、w_1 和 u_2、v_2、w_2 表示。图 6-13a 中的变压器采用了 Yyn0 联结，即高压绕组采用中性点不接地的星形联结（Y），低压绕组采用中性点接地的星形联结（yn0）。图 6-13b 中的变压器采用了 Dyn11 联结，即高压绕组采用三角形联结，低压绕组采用中性点接地的星形联结。

在工作时，电力变压器每相绕组上都有电压，每相绕组上的电压称为相电压，高压绕组中的每相绕组上的相电压都相等，低压绕组中的每相绕组上的相电压也都相等。如果图 6-13 中的电力变压器低压绕组是接照明用户，低压绕组的相电压通常为 220V，由于三相低压绕组的三端连接在一个公共点上并接出导线（称为中性线），因此每根相线（即每相绕组的引出线）与中性线之间的电压（称为相电压）为 220V，而两根相线之间有两相绕组，故两根相线之间的电压（称为线电压）应大于相电压，线电压为 $220V \times \sqrt{3} = 380V$。

这里要说明一点，线电压虽然是两相绕组上的相电压叠加得到的，但由于两相绕组上的电压相位不同，故线电压与相电压的关系不是乘以 2，而是乘以 $\sqrt{3}$。

6.3.2　自耦变压器

普通的变压器有一次绕组和二次绕组，如果将两个绕组融合成一个绕组就能构成一种特殊的变压器——自耦变压器。**自耦变压器是一种只有一个绕组的变压器。**

1. 外形

自耦变压器的种类很多，图 6-14 所示是一些常见的自耦变压器。

图 6-14　一些常见的自耦变压器

2. 工作原理

自耦变压器的结构和电气图形符号如图 6-15 所示。

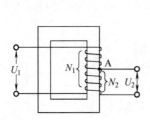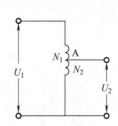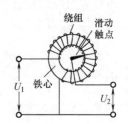

图 6-15　自耦变压器的结构和电气图形符号

自耦变压器只有一个绕组（匝数为 N_1），在绕组的中间部分（图中为 A 点）引出一个接线端，这样就将绕组的一部分当作二次绕组（匝数为 N_2）。自耦变压器的工作原理与普通的变压器相同，也可以改变电压的大小，其规律同样可以用下式表示，即

$$\frac{U_1}{U_2} = \frac{N_1}{N_2} = K$$

从上式可以看出，改变 N_2 就可以调节输出电压 U_2 的大小。为了方便地改变输出电压，自耦变压器将绕组的中心抽头换成一个可滑动的触点，如图 6-15 所示。当旋转触点时，绕组匝数 N_2 就会变化，输出电压也就变化，从而实现手动调节输出电压的目的。这种自耦变

压器又称为自耦调压器。

6.3.3　交流弧焊变压器

交流弧焊变压器又称交流弧焊机，是一种具有陡降外特性的特殊变压器。

1. 外形

交流弧焊变压器的外形如图6-16所示。

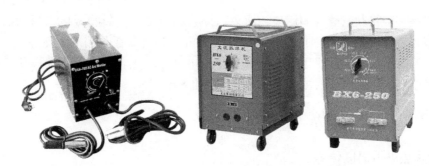

图6-16　交流弧焊变压器的外形

2. 结构工作原理

交流弧焊机的基本结构如图6-17所示。

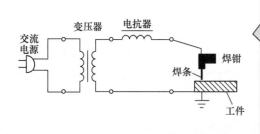

　　交流弧焊机由变压器在二次侧回路串入电抗器(电感量很大的电感器)构成，电抗器起限流作用。在空载时，变压器的二次侧开路电压约为60～80V，便于起弧。

　　在焊接时，焊条接触工件的瞬间，二次侧短路，由于电抗器的阻碍，输出电流虽然很大，但还不至于烧坏变压器，电流在流过焊条和工件时，高温熔化焊条和工件金属，对工件实现焊接，在焊接过程中，焊条与工件高温接触，存在一定接触电阻(类似灯泡发光后高温灯丝电阻会增大)，此时焊钳与工件间电压为20～40V，满足维持电弧的需要。要停止焊接，只需把焊条与工件间的距离拉长，电弧随即熄灭。

图6-17　交流弧焊机的基本结构与原理说明图

　　有的交流弧焊机只是一个变压器，工作时需要外接电抗器，也有的交流弧焊机将电抗器和变压器绕在同一铁心上，交流弧焊机可以通过切换绕组的不同抽头来改变匝数比，从而改变输出电流来满足不同的焊接要求。

第7章

传　感　器

传感器是一种将非电量（如温度、压力、位移和速度等）转换成电信号的器件。传感器种类很多，主要可分为物理传感器和化学传感器。物理传感器可将物理变化（如压力、温度、速度、湿度和磁场的变化）转换成变化的电信号，化学传感器主要以化学吸附、电化学反应等原理，将被测量的微小变化转换成变化的电信号。

》7.1　温度传感器

7.1.1　金属热电阻温度传感器

大多数金属具有温度升高、电阻增大的特点，金属热电阻传感器是选用铂和铜等金属材料制成的温度传感器。铂金属热电阻测温范围为 $-200 \sim +850\,^\circ\!\mathrm{C}$，铜金属热电阻测温范围为 $-50 \sim +150\,^\circ\!\mathrm{C}$。铜金属热电阻虽然价格低，但测温范围小，测量精度不是很高，铂金属热电阻虽然价格高，但物理化学性质稳定，温度测量范围大，故铂金属热电阻使用更广泛。

1. 外形

金属热电阻传感器如图 7-1 所示，左边的 Cu50 为铜金属热电阻温度传感器，右边的 Pt100 为铂金属热电阻温度传感器，Cu、Pt 分别表示铜和铂，后面的数字表示在 0℃ 时温度传感器的电阻值（Ω）。

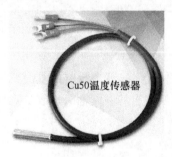
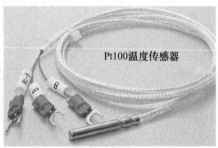

图 7-1　两种常见的金属热电阻温度传感器

2. 应用

金属热电阻温度传感器内部有一个金属制成的电阻，电阻两端各引出一根线，称为两线式，为了消除引线电阻对测量的影响，出现了三线式（电阻一端引出两根线，另一端引出一根线）和四线式（电阻两端各引出两根线），四线式不仅能消除引线电阻的影响，还能消除测量电路产生的干扰信号的影响，所以常用作高精度测量。

金属热电阻温度传感器的应用电路如图 7-2 所示。

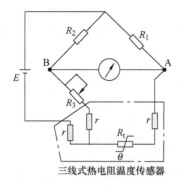

r为传感器的引线电阻，调节电位器R_3使之与热电阻R_t的电阻值(0℃时)相等，如果$R_2/(R_3+r)=R_1/(R_t+r)$，电桥平衡，A点电位等于B点电位，当R_t温度上升时，其电阻值增大，A点电位上升，高于B点电位，有电流流过电流表构成的温度计，温度计指示的温度值大于0℃，温度越高，R_t越大，A点电位越高，流过温度计的电流越大，指示的温度值越高。

a) 三线式热电阻温度传感器的应用电路

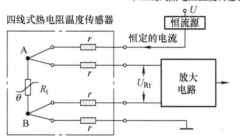

r为传感器的引线电阻，恒流源电路产生一个恒定电流I(如2mA)，该电流流经热电阻R_t时，电阻上会有电压U_{Rt}，$U_{Rt}=IR_t$，温度越高，R_t越大，U_{Rt}电压越高，放大电路的输入端电压越高，输出信号就越大。

b) 四线式热电阻温度传感器的应用电路

图7-2　金属热电阻温度传感器的应用电路

7.1.2　红外线温度传感器

物体都会往外辐射红外线，辐射强度随着温度变化而变化，温度越高，辐射的红外线越强。红外线温度传感器又称红外测温仪，是一种光电传感器，可不接触被测物，只需接收被测物发射的红外线即能将其转换成与温度有对应关系的电信号，再经电路处理后输出。

1. 外形与主要参数

图7-3是常见的红外线温度传感器外形与主要参数，该传感器的工作电源为直流24V，测温范围为0～100℃，输出的电信号为4～20mA（测量的温度越高，输出电流越大）。

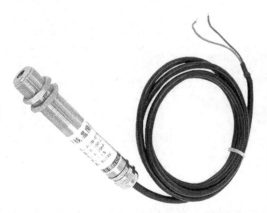

工作电源	DC24V
最大电流	50mA
输出信号	4～20mA
光谱范围	8～14μm
温度范围	0～100℃
光学分辨率	20:1
响应时间	150ms(95%)
测温精度	测量值的±1%或±1.5℃，取大值
重复精度	测量值的±0.5%或±1℃，取大值
尺寸	113mm×φ18mm(长度×直径)
发射率	0.95固定

图7-3　常见的红外线温度传感器外形与主要参数

2. 接线

红外线温度传感器工作时需要外部提供电源，将红外线转换成电信号（电流信号或电压信号）后需要送给其他设备。红外线温度传感器的引线主要有两线式（电流输出）和四线式（电压输出），其接线如图7-4所示，接线时要根据传感器的引线数选择相对应的显示表或监控器。

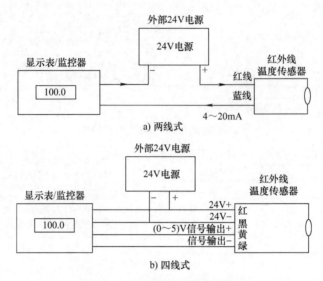

图 7-4　红外线温度传感器的接线

>> 7.2　接近开关与光电开关

接近开关在物体接近（无需直接接触）时会产生动作。光电开关是由光线控制通断的开关，光线可以是自身发射的，也可以是其他物体发射的。

7.2.1　电感式接近开关（涡流式接近开关）

1. 外形与主要参数

电感式接近开关又称涡流式接近开关，其外形与主要参数如图7-5所示，在型号中电感式接近开关一般用"LJ"表示。

产品名称	电感式接近开关
检测物体	金属物体
额定电压	DC12～24V(6～36V)
检测距离	4mm±10%
输出电流	300mA
输出形式	直流三线式NPN常开
产品线长	1.8m

图 7-5　电感式接近开关

2. 结构与工作原理

电感式接近开关的结构与工作原理如图7-6所示，在工作时，由 L、C 等元件构成的高频振荡电路产生高频信号，当金属接近电感线圈 L 时，L 产生的磁场会使金属内部产生涡流，因金属对能量的损耗，振荡器产生的信号频率降低（甚至不产生信号），该信号经信号处理电路处理后得到一个控制信号去开关量输出电路，控制输出电路中的电子开关（晶体管）闭合或断开。

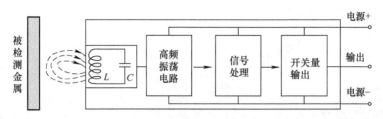

图 7-6　电感式接近开关的结构与工作原理图

电感式接近开关抗干扰性能好、开关频率高（大于 200Hz），缺点是只能感应金属，通常用在机械设备上做位置检测、计数信号拾取等。

7.2.2　电容式接近开关

电容式接近开关的结构原理与电感式接近开关相似，两者区别在于：电感式接近开关是利用金属接近时改变电感的电感量来工作的，而电容式接近开关是利用金属（也可以是非金属）接近时改变电容的电容量来工作的。**电容式接近开关的检测对象可以是金属，也可以是绝缘的液体或粉状物等。**

电容式接近开关的外形与主要参数如图 7-7 所示，在型号中电容式接近开关一般用"CJ"表示。

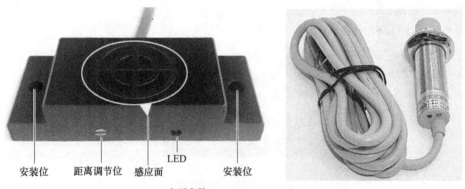

安装位　　距离调节位　感应面　　　安装位
　　　　　　　　　　　LED

主要参数：
【外形尺寸】：圆柱直径18mm
【检出方式】：电容式
【检测距离】：1～10mm可调
【工作电压】：DC6～36V
【输出形式】：NPN三线式常开
【检测物体】：金属、非金属(如塑料、玻璃、水、油、饲料等)；检测距离随被检测体的电导率、介电常数、吸水率、体积的不同而不同，对于接地的金属，获得的检测距离最大。

图 7-7　电容式接近开关的外形与主要参数

7.2.3　霍尔式接近开关（磁性接近开关）

霍尔式接近开关又称磁性接近开关，当磁性物体靠近时会产生动作，它是利用霍尔效应原理工作的。

霍尔式接近开关外形与主要参数如图 7-8 所示，其内部由霍尔元件和相关电路组成，它只能检测磁性物体，如果需要检测非磁性物体，可在该物体上粘贴或安装磁铁，霍尔式接近开关还可以穿透很多物体来检测磁性目标。在型号中，霍尔式接近开关一般用"SJ""FJ"或"HJ"表示。

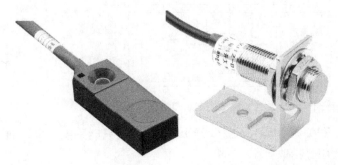

工作电压：6～36V	
感应物体：磁铁	
响应时间：2ms	
输出电流：80～300mA	
感应距离：1cm	
保护功能：极性保护、短路保护、浪涌保护	
输出方式：直流三线式NPN，线长1.2m	

图 7-8　霍尔式接近开关

7.2.4　对射型光电开关

对射型光电开关由发射器和接收器组成，两者是独立分开的。在工作时，接收器接收发射器发光管发出的光束（多为不易发散的激光束），如果光束被阻断，接收器的光电管（也称光敏管）接收不到光束，会使内部开关产生通断动作。对射型光电开关外形与主要参数如图 7-9 所示。

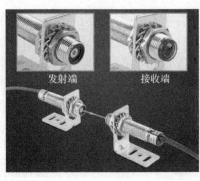

产品名称	激光对射型光电开关
检测物体	不透明物
感应距离	10～20m
输出电流	200mA
检出方式	对射型
输出方式	NPN常开
工作电压	DC6～36V

图 7-9　对射型光电开关

7.2.5　反射型光电开关

反射型光电开关由发射器和接收器组成，两者被制作封装在一起，其外形与主要参数如图 7-10 所示。在工作时，光电开关的发射器发光管发出光线，若前方一定的距离内有不透明物体，该物体会将一部分光线反射回光电开关，被接收器的光电管接收，光电管将光线转换成电信号，经电路处理后得到控制信号，使内部开关产生通断动作。

一些反射型光电开关上有距离调节旋钮、信号指示灯和检测指示灯，如图 7-10 下方的方形反射型光电开关所示，调节距离旋钮可改变光电开关的光线探测距离，当光电开关处于探测状态时，发射器会发射光线，此时检测指示灯亮，一旦前方有不透明物体，接收器会接收到反射光线，信号指示灯会亮。

7.2.6　U 槽型光电开关

U 槽型光电开关也是一种对射型光电开关，其发射器和接收器制作成一体化，如图 7-11 所示，在工作时，发射器的发光管发射红外光，光线穿过 U 槽后被接收器的光电管接收，

产品名称	光电开关
检测物体	不透明物体
额定电压	DC6～36V
检测距离	10～30mm±10%
检测方式	漫反射式
输出形式	直流三线式NPN常开

距离   信号   检测
调节按钮 指示灯 指示灯

图 7-10　反射型光电开关

如果在 U 槽中插入不透明物体，光线被遮挡，光电管无法接收到光线，接收器则使内部开关产生通断动作。U 槽型光电开关外形与主要参数如图 7-12 所示。

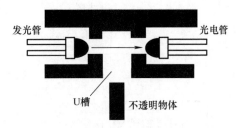

发光管　　　　　　　　　　　光电管

U槽　　　不透明物体

图 7-11　U 槽型光电开关的结构示意图

产品名称	光电开关
工作电压	DC6～36V
输出电流	300mA
检测物体	不透明物
检出方式	U型、槽型
电源保护	极性保护
输出形式	NPN常开
检测距离	30mm可调

图 7-12　U 槽型光电开关的外形与主要参数

7.2.7　接近开关和光电开关的输出电路及接线

接近开关的接线由其输出电路决定，输出电路以晶体管或继电器触点作为开关，如果接近开关通电未检测时开关处于闭合，则为开关常闭（NC），处于断开，则为开关常开

（NO）。接近开关常见的输出电路结构及接线如图7-13所示。

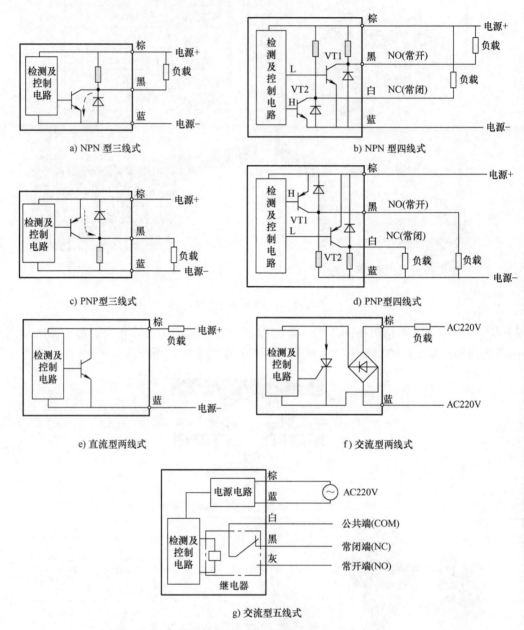

a) NPN 型三线式

b) NPN 型四线式

c) PNP型三线式

d) PNP型四线式

e) 直流型两线式

f) 交流型两线式

g) 交流型五线式

图 7-13　接近开关常见的输出电路结构及接线

　　图7-13a 为 NPN 型三线式接近开关，输出电路使用 NPN 型晶体管作为开关，负载接在棕、黑线之间，当有关电路控制 NPN 型晶体管导通时，相当于开关闭合，有电流流过负载（电流途径：电源＋→负载→黑线→晶体管集电极→发射极→蓝线→电源－），NPN 型晶体管符号的箭头指向发射极，表示电流只能从其他极流向发射极。图中的二极管用于保护晶体管不被感性负载（线圈类）产生的高反峰电压损坏。

　　图7-13b 为 NPN 型四线式接近开关，输出电路有 VT1、VT2 两个 NPN 型晶体管开关，通电后加到两个晶体管基极的控制信号始终相反，在未接近物体时，VT1 基极为低电平（L），处于截止（开关断开），VT2 基极为高电平（H），处于导通（开关闭合），在接近物

体时，VT1 基极为高电平（H），马上导通，VT2 基极为低电平（L），会进入截止状态。

图 7-13c 为 PNP 型三线式接近开关，输出电路使用 PNP 型晶体管作为开关，负载接在黑、蓝线之间，当有关电路控制 PNP 型晶体管导通时，相当于开关闭合，有电流流过负载（电流途径：电源 + →棕线→晶体管发射极→集电极→黑线→负载→电源 - ），PNP 型晶体管符号的箭头由发射极指向其他极，表明电流只能由发射极流向其他极。图 7-13d 为 PNP 型四线式接近开关，工作原理可参考图 7-13a ～ c。

图 7-13e 为直流型两线式接近开关。图 7-13f 为交流型两线式接近开关，输出电路使用晶闸管作为开关，负载与交流电源串接在一起，当有关电路控制晶闸管导通时，有电流流过负载，如果交流电源极性为上正下负，电流途径为交流电源上正→负载→棕线→桥式整流电路→晶闸管的 A 极（阳极）→K 极（阴极）→桥式整流电路→蓝线→交流电源下负，如果交流电源极性为上负下正，电流途径为交流电源下正→蓝线→桥式整流电路→晶闸管的 A极→K 极→桥式整流电路→棕线→负载→交流电源上负。晶闸管是有极性的，但由于桥式整流电路有极性转换功能，故可使得流过晶闸管的电流始终都是由 A 极流向 K 极。

图 7-13g 为交流型五线式接近开关，输出电路使用继电器触点作为开关，在线圈未通电时，常闭触点（NC）闭合，常开触点（NO）断开，当有关电路为线圈通电时，常闭触点断开，常开触点闭合。

7.2.8 接近开关的选用

接近开关的选择主要考虑检测的材料和检测的距离，同时兼顾性价比。接近开关的选择要点如下：

◆若检测的对象为金属材料，可选用电感式接近开关，其对铁镍、钢类物体检测最灵敏，对铝、黄铜和不锈钢类物体的检测灵敏度较低。

◆若检测的对象为非金属材料，如塑料、纸张、木材、玻璃和水等，可选用电容式接近开关。

◆若检测远距离的金属体和非金属体，可选用光电式接近开关或超声波式接近开关。

◆若检测磁性物体，可选用霍尔式接近开关。

≫7.3 位移（测距）传感器

位移（测距）传感器可以将位置的移动距离转换成电信号输出，输出电信号的大小与移动的距离成比例关系，移动的距离越长，传感器输出的电流越大或电压越高。

7.3.1 电位器式位移传感器

电位器式位移传感器是利用物体移动来带动电位器滑动端（也称电刷）的移动而改变电位器的电阻值，再由电路将变化的电阻值转换成变化的电流或电压信号输出。电位器式位移传感器的常见类型有直线电位器式和旋转电位器式。

1. 直线电位器式位移传感器

直线电位器式位移传感器外形如图 7-14a 所示，当拉动位移传感器的测量轴时，与之连接的测量仪表会显示测量轴移动的距离，图 7-14b 为直线电位器式位移传感器的结构示意图，当测量轴随被测目标往右移动时，滑动端也随之往右移动，a、b 之间的电阻体变长，其电阻 R_{ab} 增大，测量轴右移越多，R_{ab} 越大，变化的 R_{ab} 经电路处理后可转换成变化的电流或电压信号输出。

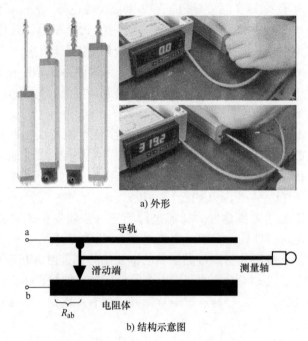

a) 外形

b) 结构示意图

图 7-14　直线电位器式位移传感器

2. 旋转电位器式位移传感器

旋转电位器式位移传感器的结构如图 7-15a 所示，当转轴顺时针转动时，滑动端在环形电阻体上滑动，a、b 之间的电阻体变长，其电阻 R_{ab} 增大，旋转角度越大，R_{ab} 越大。旋转电位器式位移传感器常见的类型为拉线式，其外形如图 7-15b 所示，在拉绳索时，通过内部的传动机构带动滑动端在环形电阻体上滑动，由于传感器内部有减速机构，这样在拉出较长绳索时，滑动端仅滑动较短的距离，这样可让传感器测量很长的位移。

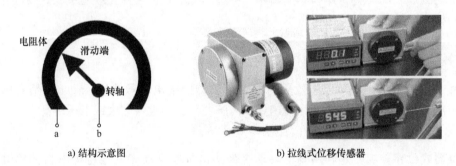

a) 结构示意图

b) 拉线式位移传感器

图 7-15　旋转电位器式位移传感器

7.3.2　电感式位移传感器

电感式位移传感器与电感式接近开关结构和原理相似，两者的区别主要在于：电感式接近开关在金属物体靠近时，内部开关会产生通断动作；电感式位移传感器在物体接近时，会输出电流或电压信号，并且电流或电压信号大小与物体和传感器检测端之间的距离成比例关系，距离越近，输出的电流或电压越大。

电感式位移传感器的外形与主要参数如图 7-16 所示，这种位移传感器在检测磁性金属时灵敏度比较高，检测非磁性金属时，检测距离会缩短。

名称	电感式位移传感器
工作电压	DC15～30V
检测距离	1～8mm
电压输出	DC0～10V
电流输出	4～20mA
开关频率	200Hz
检测物体	金属

图 7-16　电感式位移传感器

7.3.3　超声波位移传感器

人耳可以听见的声波频率为 20Hz～20kHz，低于 20Hz 的声波称为次声波（如地震发生时产生的地震波），超过 20kHz 的声波称为超声波（如蝙蝠发出的声波）。**超声波位移传感器是利用超声波发射器发射超声波，遇到被测目标后超声波反射回来被接收器接收，从开始发射至接收到超声波，这段时间为超声波在传感器与被测目标之间的来回传播时间，被测目标的距离 S =（超声波的传播速度 V × 来回传播时间 t）/2。**

超声波传感器一般采用压电晶片振动来产生超声波，当在压电晶片两端施加交流电压时会发生振动而产生超声波（电－声转换），由于压电晶片同时具有逆压电效应，当超声波传递到压电晶片使之产生振动时，在压电晶片两端会产生变化的电压（声－电转换）。有的超声波传感器采用独立的发射器和接收器，有的使用一块压电晶片既用作发射器产生超声波，又用作接收器来接收超声波，由于两者使用同一块压电晶片，但有时间先后之分，可采用电子开关来切换两种不同的状态，即先将压电晶片与发射电路连接来产生超声波，然后与接收电路连接，接收反射回来的超声波。常见的超声波位移传感器外形如图 7-17 所示。

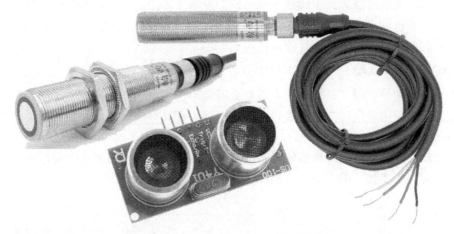

图 7-17　常见的超声波位移传感器

7.3.4　位移传感器的接线

位移传感器可以将位移的长度转换成 4～20mA（或 0～20mA）的电流或 0～10V（或 0～5V）的电压。位移传感器的种类很多，但接线大同小异。

图 7-18 是位移传感器的几种典型接线。图 7-18a 为三线电阻输出型位移传感器的接线，传感器内部只有一个电位器，当电位器的标称电阻值为 5kΩ 时，应在棕、蓝线接 5V 直流电

源，黑线可输出 0～5V 电压，如果电位器的标称电阻值为10kΩ 时，应在棕、蓝线接10V 直流电源，黑线可输出 0～10V 电压；图7-18b 为两线电流输出型位移传感器的接线，负载与电源、传感器串接在一起，随着位移的变化，传感器会输出 4～20mA 的电流流过负载。图7-18c 为三线电压输出型位移传感器的接线，图7-18d 为三线电流输出型位移传感器的接线，读者可自行分析。

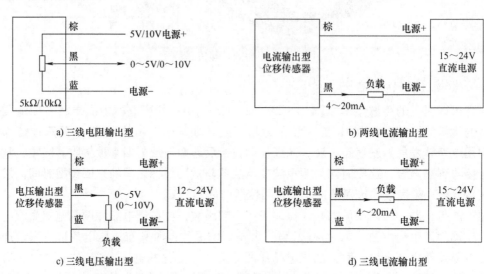

a) 三线电阻输出型　　　　　　　　　　　　b) 两线电流输出型

c) 三线电压输出型　　　　　　　　　　　　d) 三线电流输出型

图7-18　位移传感器的典型接线

》》7.4　压力传感器

压力传感器可以将压力大小转换成相对应的电信号输出。压力传感器广泛用在各种工业自控环境中，如水利水电、铁路交通、智能建筑、生产自控、航空航天、军工、石化、油井、电力、船舶、机床、管道等行业。

7.4.1　种类与工作原理

压力传感器的种类很多，常见的类型有金属电阻应变片式、压阻式、压电式、电感式和电容式等，其中应用最广泛的是压阻式压力传感器，它具有价格便宜、测量精度高和线性特性好的特点。

压阻式压力传感器是利用单晶硅材料的压阻效应来工作的。压阻效应是指硅晶体受力变形时其电阻会发生变化。图7-19 是压阻式压力传感器的结构示意图。

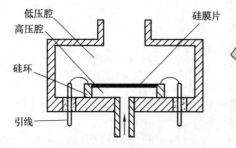

压阻式压力传感器的核心是一块单晶硅制成的硅膜片，其两侧的空间分别称为高压腔和低压腔，当液体或气体进入高压腔时，高压腔压力大于低压腔压力，硅膜片往低压腔侧弯曲变形，硅膜片的电阻发生变化，高、低压腔压力差越大，硅膜片弯曲幅度越大，其电阻值变化就越大，从而将压力变化转换成电阻变化，将硅膜片构成的电阻与有关电路连接，就可以将电阻的变化转换成变化的电压(如0～10V)或电流(如0～20mA)输出。

图7-19　压阻式压力传感器的结构示意图

7.4.2 外形及型号含义

1. 外形

压力传感器的外形如图 7-20 所示，在使用时，将其与被测液体或气体管道连接，这样可让控制系统了解被测管道中的液体或气体压力，以便做出相应的控制。

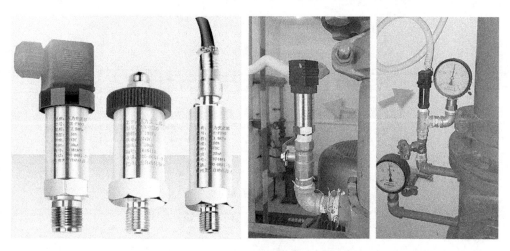

图 7-20　压力传感器的外形

2. 型号含义

压力传感器生产厂家很多，型号命名没有统一的规定，图 7-21 是一种典型的压力传感器型号及含义。

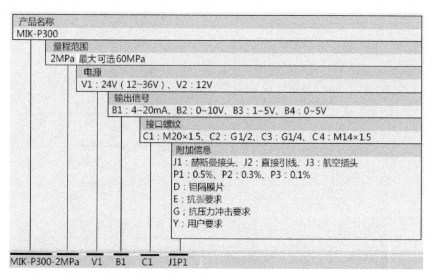

图 7-21　典型的压力传感器型号及含义

7.4.3 接线

压力传感器输出方式主要有两线式电流输出型和三线式电压输出型，其接线如图 7-22 所示。

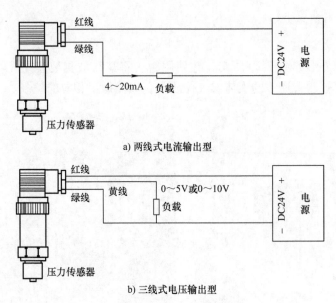

a) 两线式电流输出型

b) 三线式电压输出型

图 7-22　压力传感器的接线

第8章

电动机及控制电路

电动机是一种将电能转换成机械能的设备。从家庭的电风扇、洗衣机、电冰箱，到企业生产用到的各种电动加工设备（如机床等），到处可以见到电动机的身影。据统计，一个国家各种电动机消耗的电能占整个国家电能消耗的 60% ~ 70%。

≫ 8.1　三相异步电动机

8.1.1　外形与结构

图 8-1 列出了两种三相异步电动机的实物外形。三相异步电动机的结构如图 8-2 所示，从图中可以看出，它主要由外壳、定子、转子等部分组成。

三相异步电动机各部分说明如下：

（1）外壳

三相异步电动机的外壳主要由机座、轴承盖、端盖和风扇罩等组成。

（2）定子

定子由定子铁心和定子绕组组成。

1）定子铁心。定子铁心通常由很多圆环状的硅钢片叠合在一起组成，这些硅钢片中间开有很多小槽用于嵌入定子绕组（也称定子线圈），硅钢片上涂有绝缘层，使叠片之间绝缘。

图 8-1　两种三相异步电动机的实物外形

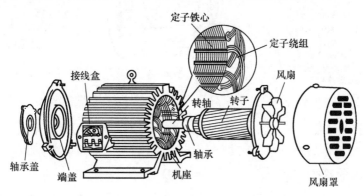

图 8-2　三相异步电动机的结构

2）定子绕组。它通常由涂有绝缘漆的铜线绕制而成，再将绕制好的线圈按一定的规律嵌入定子铁心的槽内，具体见图 8-2 放大部分。之后，按一定的规律将各线圈连接起来，使整个铁心内的线圈构成 U、V、W 三相绕组，再将三相绕组的首、末端引出来，接到接线盒的 U1、U2、V1、V2、W1、W2 接线柱上。接线盒如图 8-3 所示，接线盒各接线柱与电动机内部绕组的连接关系如图 8-4 所示。

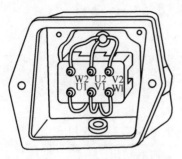

图 8-3　电动机的接线盒

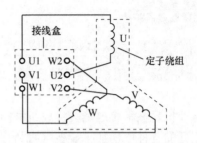

图 8-4　接线盒接线柱与三相定子绕组的连接

（3）转子

转子是电动机的运转部分，它由转子铁心、转子绕组和转轴组成。

1）转子铁心。如图 8-5 所示，转子铁心是由很多外圆开有槽的硅钢片叠在一起构成的，槽用来放置转子绕组。

2）转子绕组。转子绕组嵌在转子铁心的槽中，转子绕组可分为笼型转子绕组和线绕式转子绕组。

笼型转子绕组是在转子铁心的槽中放入金属导条，再在铁心两端用导环将各导条连接起来，这样任意一根导条与其他的导条通过两端的导环就构成一个闭合的绕组，由于这种绕组形似笼子，因此称为笼型转子绕组。笼型转子绕组有铜条转子绕组和铸铝转子绕组两种，如图 8-6 所示。铜条转子绕组是在转子铁心的槽中放入铜导条，然后在两端用金属端环将它们焊接起来；而铸铝转子绕组则是用浇铸的方法在铁心中浇铸出铝导条、端环和风叶。

图 8-5　由硅钢片叠成的转子铁心

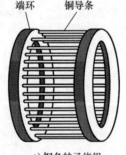
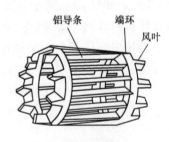

a）铜条转子绕组　　　b）铸铝转子绕组

图 8-6　两种笼型转子绕组

3）转轴。转轴嵌套在转子铁心的中心。当定子绕组通三相交流电后会产生旋转磁场，转子绕组受旋转磁场作用而旋转，它通过转子铁心带动转轴转动，将动力从转轴传递出来。

8.1.2　三相线组的接线方式

三相异步电动机的定子绕组由 U、V、W 三相绕组组成，这三相绕组有 6 个接线端，它们与接线盒的 6 个接线柱连接。接线盒如图 8-3 所示。在接线盒中，可以通过将不同的接线柱短接，来将定子绕组接成星形或三角形。

1. 星形联结

要将定子绕组接成星形，可按图 8-7a 所示的方法接线。接线时，用短路线把接线盒中的 W2、U2、V2 接线柱短接起来，这样就将电动机内部的绕组接成了星

扫一扫看视频

形，如图 8-7b 所示。

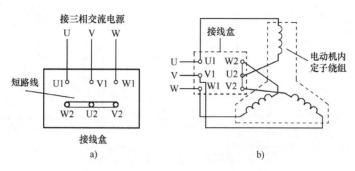

图 8-7 定子绕组按星形联结接线

2. 三角形联结

要将电动机内部的三相绕组接成三角形，可用短路线将接线盒中的 U1 和 W2、V1 和 U2、W1 和 V2 接线柱按图 8-8 所示接起来，然后从 U1、V1、W1 接线柱分别引出导线，与三相交流电源的 3 根相线连接。

如果三相交流电源的相线之间的电压是 380V，那么对于定子绕组按星形联结的电动机，其每相绕组承受的电压为 220V；对于定子绕组按三角形联结的电动机，其每相绕组承受的电压为 380V。所以以三角形联结的电动机在工作时，其定子绕组将承受更高的电压。

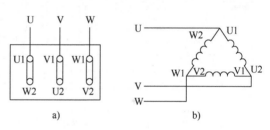

图 8-8 定子绕组按三角形联结接线

8.1.3 三相异步电动机绕组的检测

三相异步电动机绕组的检测如图 8-9 所示。

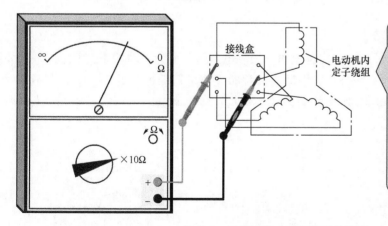

三相异步电动机内部有三相绕组，每相绕组有两个接线端子，判别各相绕组的接线端子可使用万用表欧姆档。将万用表置于×10Ω档，测量电动机接线盒中的任意两个端子的电阻，如果阻值很小，如图所示，表明当前所测的两个端子为某相绕组的端子，再用同样的方法找出其他两相绕组的端子，由于各相绕组结构相同，故可将其中某一组端子标记为 U 相，其他两组端子则分别标记为 V、W 相。

图 8-9 三相异步电动机绕组的检测

8.1.4 测量绕组的绝缘电阻

对于新安装或停用 3 个月以上的三相异步电动机，使用前都要用绝缘电阻表测量绕组的绝缘电阻，具体包括测量绕组对地的绝缘电阻和绕组间的绝缘电阻。

1. 测量绕组对地的绝缘电阻

测量低压电动机绕组对地的绝缘电阻使用 500V 绝缘电阻表，测量如图 8-10 所示。

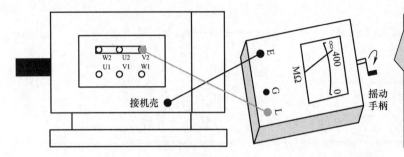

图 8-10　测量电动机绕组对地的绝缘电阻

右侧说明文字：

　　测量时，先拆掉接线端子的电源线，端子间的连接片保持连接，将绝缘电阻表的L线接任一接线端子，E线接电动机的机壳，然后摇动绝缘电阻表的手柄进行测量，对于新电动机，绝缘电阻大于1MΩ为合格，对于运行过的电动机，绝缘电阻大于0.5MΩ为合格。若绕组对地绝缘电阻不合格，应烘干后重新测量，达到合格才能使用。

2. 测量绕组间的绝缘电阻

测量低压电动机绕组间的绝缘电阻使用500V绝缘电阻表，测量如图8-11所示。

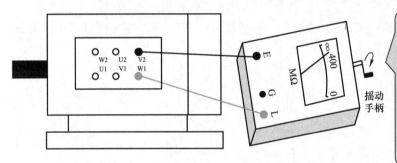

右侧说明文字：

　　测量时，拆掉接线端子的电源线和端子间的连接片，将绝缘电阻表的L线接某相绕组的一个接线端子，E线接另一相绕组的一个接线端子，然后摇动绝缘电阻表的手柄进行测量，绕组间的绝缘电阻大于1MΩ为合格，最低限度不能低于0.5MΩ。再用同样方法测量其他相之间的绝缘电阻，若绕组间的绝缘电阻不合格，应烘干后重新测量，达到合格才能使用。

图 8-11　测量电动机绕组间的绝缘电阻

8.2　三相异步电动机的常用控制电路

8.2.1　简单的正转控制电路

　　正转控制电路是电动机最基本的控制电路，控制电路除了要为电动机提供电源外，还要对电动机进行起动/停止控制，另外，在电动机过载时还能进行保护。对于一些要求不高的较小容量电动机，可采用图 8-12 所示的简单的电动机正转控制电路，其中图 8-12a 为电路图，图 8-12b 为实物连接图。

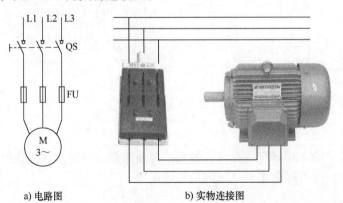

右侧说明文字：

　　当合上刀开关QS时，三相交流电通过刀开关内部的触点、熔断器送给三相电动机，电动机运转。当断开QS时，切断电动机供电，电动机停转。

　　如果流过电动机的电流过大，熔断器FU会因大电流流过而熔断，切断电动机供电，电动机得到了保护。

　　为了安全起见，图中的刀开关可安装在配电箱内或绝缘板上。

a) 电路图　　　　　b) 实物连接图

图 8-12　简单正转控制电路

用刀开关控制电动机正转的电路简单、元器件少，适合作容量小且起动不频繁的电动机正转控制电路，图中的刀开关还可以用断路器或组合开关来代替。

8.2.2 点动控制电路的原理与安装

1. 电路原理

点动正转控制电路如图 8-13 所示。该电路由主电路和控制电路两部分构成，其中主电路由电源开关 QS、熔断器 FU1 和交流接触器 KM 的 3 个主触点和电动机组成，控制电路由熔断器 FU2、按钮 SB 和接触器 KM 的线圈组成。

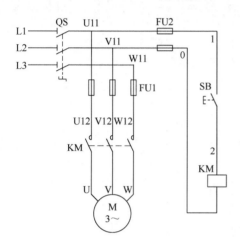

当合上电源开关QS时，由于接触器KM的3个主触点处于断开状态，电源无法给电动机供电，电动机不工作。若按下按钮SB，L1、L2两相电压加到接触器KM线圈两端，有电流流过KM线圈，线圈产生磁场吸合接触器KM的动铁心(衔铁)，使3个主触点闭合，三相交流电源L1、L2、L3通过QS、FU1和接触器KM的3个主触点给电动机供电，电动机运转。

若松开按钮SB，无电流通过接触器线圈，KM无法吸合，3个主触点断开，电动机停止运转。

图 8-13 点动正转控制电路

电路的工作过程也可用下面的流程图来表示：

1）合上电源开关 QS。

2）起动过程。按下按钮 SB→接触器 KM 线圈得电→KM 主触点闭合→电动机 M 通电运转。

3）停止过程。松开按钮 SB→接触器 KM 线圈失电→KM 主触点断开→电动机断电停转。

4）停止使用时，应断开电源开关 QS。

在该电路中，按下按钮时，电动机运转；松开按钮时，电动机停止运转。所以称这种电路为点动控制电路。

2. 控制电路安装

在安装控制电路前，要根据实际情况选择好电路中的各个元器件，图 8-14 就是控制电路所需的各个元器件。选好元器件后，再画出电路中各元器件在配电板上的布置图，如图 8-15 所示。布置图画好后，接着画出各元器件的接线图，画接线图时各元器件的连接要与原理图一致，接线图如图 8-16 所示。

接线图画好后，就可以开始安装控制电路了。在安装控制电路时，先检测各个元器

图 8-14 控制电路所需的元器件

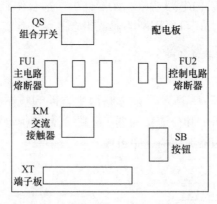

图 8-15　元器件在配电板上的布置图

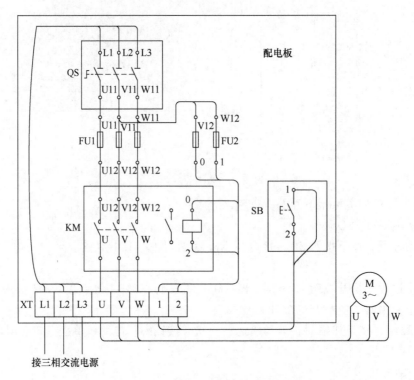

图 8-16　元器件在配电板上的接线图

件是否正常，然后按布置图将各个元器件用螺钉固定在配电板上，再按接线图用导线将各元器件连接起来，最后通电试车。

8.2.3　自锁正转控制电路

点动正转控制电路适用于电动机短时间运行控制，如果用作长时间运行控制极为不便（需一直按住按钮不放）。电动机长时间连续运行常采用图 8-17 所示的自锁正转控制电路。自锁正转控制电路除了有长时间运行锁定功能外，还能实现欠电压和失电压保护功能。

1. 欠电压保护

欠电压保护是指当电源电压偏低（一般低于额定电压的 85%）时切断电动机的供电，让电动机停止运转。欠电压保护过程：电源电压偏低→L1、L2 两相间的电压偏低→接触器

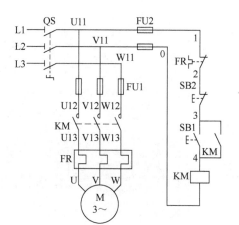

①起动控制。按下起动按钮SB1→L1、L2两相电压通过QS、FU2、SB2、SB1加到接触器KM线圈两端→KM线圈得电吸合，KM主触点和常开辅助触点闭合→L1、L2、L3三相电压通过QS、FU1和闭合的KM主触点提供给电动机→电动机M通电运转。

②运行自锁控制。松开起动按钮SB1→KM线圈依靠起动时已闭合的KM常开辅助触点供电→KM主触点仍保持闭合→电动机继续运转。

③停转控制。按下停止按钮SB2→KM线圈失电→KM主触点和常开辅助触点均断开→电动机M断电停转。

图 8-17　自锁正转控制电路

KM 线圈两端电压偏低，产生的吸合力小，不足以继续吸合 KM 主触点和常开辅助触点→主、辅触点断开→电动机供电被切断而停转。

2. 失电压保护

失电压保护是指当电源电压消失时切断电动机的供电途径，并保证在重新供电时无法自行起动。失电压保护过程：电源电压消失→L1、L2 两相间的电压消失→KM 线圈失电→KM 主、辅触点断开→电动机供电被切断。在重新供电后，由于主、辅触点已断开，并且起动按钮 SB1 也处于断开状态，因此电路不会自动为电动机供电。

3. 过载保护

在电路中有一个热继电器 FR，其发热元件串接在主电路中，常闭触点串接在控制电路中。当电动机过载运行时，流过热继电器发热元件的电流偏大，发热元件（通常为双金属片）因发热而弯曲，通过传动机构将常闭触点断开，控制电路被切断，接触器 KM 线圈失电，主电路中的接触器 KM 主触点断开，电动机供电被切断而停转。

热继电器只能执行过载保护，不能执行短路保护，这是因为短路时电流虽然很大，但是热继电器发热元件弯曲需要一定的时间，等到它动作时电动机和供电电路可能已被过大的短路电流烧坏。另外，当电路过载保护后，如果排除了过载因素，需要等待一定的时间让发热元件冷却复位，再重新起动电动机。

8.2.4　接触器联锁正、反转控制电路

接触器联锁正、反转控制电路的主电路中连接了两个接触器，正、反转操作元器件放置在控制电路中，因此工作安全可靠。接触器联锁正、反转控制电路如图 8-18 所示。

电路工作原理分析如下：

1）闭合电源开关 QS。

2）正转过程。

① 正转联锁控制。按下正转按钮 SB1→KM1 线圈得电→KM1 主触点闭合、KM1 常开辅助触点闭合、KM1 常闭辅助触点断开→KM1 主触点闭合将 L1、L2、L3 三相电源分别供给电动机 U、V、W 端，电动机正转；KM1 常开辅助触点闭合使得 SB1 松开后 KM1 线圈继续得电（接触器自锁）；KM1 常闭辅助触点断开切断 KM2 线圈的供电，使 KM2 主触点无法闭合，实现 KM1、KM2 之间的联锁。

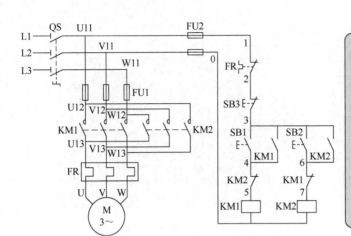

主电路中连接了接触器KM1和接触器KM2，两个接触器主触点连接方式不同，KM1按L1-U、L2-V、L3-W方式连接，KM2按L1-W、L2-V、L3-U方式连接。

在工作时，接触器KM1、KM2的主触点严禁同时闭合，否则会造成L1、L3两相电源直接短路。为了避免KM1、KM2主触点同时得电闭合，分别给其各自的线圈串接了对方的一个常闭辅助触点，如给KM1线圈串接了KM2常闭辅助触点，给KM2线圈串接了KM1常闭辅助触点，当一个接触器的线圈得电时会使自己的主触点闭合，还会使自己的常闭触点断开，这样另一个接触器线圈就无法得电。接触器的这种相互制约关系称为接触器的联锁(也称互锁)，实现联锁的常闭辅助触点称为联锁触点。

图8-18　接触器联锁正、反转控制电路

② **停止控制**。按下停转按钮 SB3→KM1 线圈失电→KM1 主触点断开、KM1 常开辅助触点断开、KM1 常闭辅助触点闭合→KM1 主触点断开使电动机断电而停转。

3）反转过程。

① **反转联锁控制**。按下反转按钮 SB2→KM2 线圈得电→KM2 主触点闭合、KM2 常开辅助触点闭合、KM2 常闭辅助触点断开→KM2 主触点闭合将 L1、L2、L3 三相电源分别供给电动机 W、V、U 端，电动机反转；KM2 常开辅助触点闭合使得 SB2 松开后 KM2 线圈继续得电；KM2 常闭辅助触点断开切断 KM1 线圈的供电，使 KM1 主触点无法闭合，实现 KM1、KM2 之间的联锁。

② **停止控制**。按下停转按钮 SB3→KM2 线圈失电→KM2 主触点断开、KM2 常开辅助触点断开、KM2 常闭辅助触点闭合→KM2 主触点断开使电动机断电而停转。

4）断开电源开关 QS。

对于接触器联锁正、反转控制电路，若将电动机由正转变为反转，需要先按下停止按钮让电动机停转，使接触器各触点复位，再按反转按钮让电动机反转。如果在正转时不按停止按钮，而直接按反转按钮，由于联锁的原因，反转接触器线圈无法得电而使控制无效。

8.2.5　限位控制电路

一些机械设备（如车床）的运动部件是由电动机来驱动的，它们在工作时并不都是一直往前运动，而是运动到一定的位置自动停止，然后再由操作人员操作按钮使之返回。为了实现这种控制效果，需要给电动机安装限位控制电路。

限位控制电路又称位置控制电路或行程控制电路，它是利用位置开关来检测运动部件的位置，当运动部件运动到指定位置时，位置开关给控制电路发出指令，让电动机停转或反转。常见的位置开关有行程开关和接近开关，其中行程开关使用更为广泛。

1. 行程开关

行程开关如图 8-19a 所示，它可分为按钮式、单轮旋转式和双轮旋转式等，行程开关内部一般有一个常闭触点和一个常开触点，行程开关的符号如图 8-19b 所示。

在使用时，行程开关通常安装在运动部件需停止或改变方向的位置，如图 8-20 所示。当运动部件行进到行程开关处时，挡铁会碰压行程开关，行程开关内的常闭触点断开、常开触点闭合，由于行程开关的两个触点接在控制电路，它控制电动机停转，从而使运动部件也停止。如果需要运动部件反向运动，可操作控制电路中的反转按钮，当运动部件反向运动到另一个行程开关处时，会碰压该处的行程开关，行程开关通过控制电路让电动机停转，运动部件也就停止。

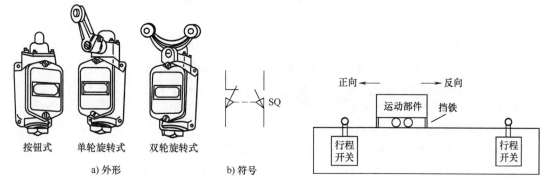

图 8-19　行程开关的外形与符号

图 8-20　行程开关安装位置示意图

行程开关可分为自动复位和非自动复位两种。按钮式和单轮旋转式行程开关可以自动复位，当挡铁移开时，依靠内部的弹簧使触点自动复位；双轮旋转式行程开关不能自动复位，当挡铁从一个方向碰压其中一个滚轮时，内部触点动作，挡铁移开后内部触点不能复位，当挡铁反向运动（返回）碰压另一个滚轮时，触点才能复位。

2. 限位控制电路

限位控制电路如图 8-21 所示。限位控制电路是在接触器联锁正、反转控制电路的控制电路中串接两个行程开关 SQ1、SQ2 构成的。

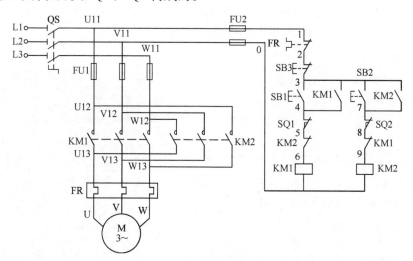

图 8-21　限位控制电路

电路工作原理分析如下：

1）闭合电源开关 QS。

2）正转控制过程。

① **正转控制。** 按下正转按钮 SB1→KM1 线圈得电→KM1 主触点闭合、KM1 常开辅助触点闭合、KM1 常闭辅助触点断开→KM1 主触点闭合，电动机通电正转，驱动运动部件正向运动；KM1 常开辅助触点闭合，让 KM1 线圈在 SB1 断开时能继续得电（自锁）；KM1 常闭

辅助触点断开，使 KM2 线圈无法得电，实现 KM1、KM2 之间的联锁。

② **正向限位控制**。当电动机正转驱动运动部件运动到行程开关 SQ1 处→SQ1 常闭触点断开（常开触点未用）→KM1 线圈失电→KM1 主触点断开、KM1 常开辅助触点断开、KM1 常闭辅助触点闭合→KM1 主触点断开，使电动机断电而停转→运动部件停止正向运动。

3）反转控制过程。

① **反转控制**。按下反转按钮 SB2→KM2 线圈得电→KM2 主触点闭合、KM2 常开辅助触点闭合、KM2 常闭辅助触点断开→KM2 主触点闭合，电动机通电反转，驱动运动部件反向运动；KM2 常开辅助触点闭合，锁定 KM2 线圈得电；KM2 常闭辅助触点断开，使 KM1 线圈无法得电，实现 KM1、KM2 之间的联锁。

② **反向限位控制**。当电动机反转驱动运动部件运动到行程开关 SQ2 处→SQ2 常闭触点断开→KM2 线圈失电→KM2 主触点断开、KM2 常开辅助触点断开、KM2 常闭辅助触点闭合→KM2 主触点断开，使电动机断电而停转→运动部件停止反向运动。

4）断开电源开关 QS。

8.2.6 顺序控制电路

有一些机械设备安装有两个或两个以上的电动机，为了保证设备的正常工作，常常要求这些电动机按顺序进行起动，如只有在电动机 A 起动后，电动机 B 才能起动，否则机械设备工作容易出现问题。**顺序控制电路就是让多台电动机能按先后顺序工作的控制电路。**

实现顺序控制的电路很多，图 8-22 是一种典型的顺序控制电路。该电路采用了 KM1、KM2 两个接触器，KM1、KM2 的主触点属于并接关系，为了让电动机 M1、M2 能按先后顺序起动，要求 KM2 主触点只能在 KM1 主触点闭合后才能闭合。若先按下电动机 M2 起动按钮，由于 SB1 和 KM1 常开辅助触点都是断开的，KM2 线圈无法得电，KM2 主触点无法闭合，因此电动机 M2 无法在电动机 M1 前起动。

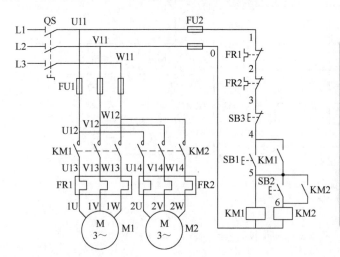

图 8-22　一种典型的顺序控制电路

8.2.7 多地控制电路

利用多地控制电路可以在多个地点控制同一台电动机的起动与停止。两地控制电路如图 8-23 所示。SB11、SB12 分别为 A 地起动和停止按钮，安装在 A 地；SB21、SB22 分别为 B 地起动和停止按钮，安装在 B 地。如果要实现两个或两个以上地点的控制，只要将各地的起动按钮并接，将停止按钮串接即可。

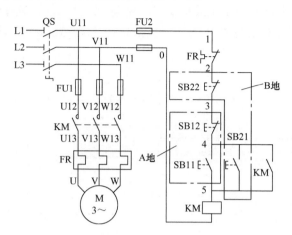

①A地起动控制。按下A地起动按钮SB11→KM线圈得电→KM主触点和常开辅助触点闭合→KM主触点闭合，电动机通电运转；KM常开辅助触点闭合，让KM线圈在SB11断开时继续得电（自锁）。
②A地停止控制。按下A地停止按钮SB12→KM线圈失电→KM主触点和常开辅助触点断开→KM主触点断开，电动机断电停转；KM常开辅助触点断开，让KM线圈在SB12复位闭合时无法得电。
③B地控制。B地与A地的起动与停止控制原理相同。

图 8-23 两地控制电路

8.2.8 星形-三角形减压起动电路

电动机在刚起动时，流过定子绕组的电流很大，为额定电流的 4~7 倍。对于容量大的电动机，若采用普通的全压起动方式，会出现起动时电流过大而使供电电源电压下降很多的现象，这样可能会影响采用同一供电电源的其他设备的正常工作。

解决上述问题的方法就是对电动机进行减压起动，待电动机完成起动过程以后再提供全压。一般规定，供电电源容量在 180kV·A 以上，电动机容量在 7kW 以下的三相异步电动机可采用直接全压起动，超出这个范围需采用减压起动方式。另外，由于减压起动时流入电动机的电流较小，电动机产生的转矩小，因此减压起动需要在轻载或空载时进行。

减压起动控制电路种类很多，下面仅介绍较常见的星形-三角形（Y-△）减压起动控制电路。

1. 星形-三角形减压起动的接线方式

三相异步电动机接线盒有 U1、U2、V1、V2、W1、W2 共 6 个接线端，如图 8-24 所示。当 U2、V2、W2 三端连接在一起时，内部绕组就构成了星形联结；当 U1 和 W2、U2 和 V1、V2 和 W1 两两连接在一起时，内部绕组就构成了三角形联结。若三相电源任意两相之间的电压是 380V，当电动机绕组接成星形时，每相绕组上的实际电压值为 $380V/\sqrt{3} = 220V$；当电动机绕组接成三角形时，每相绕组上的电压值为 380V。由于绕组接成星形时电压降低，相应流过绕组的电流也减小（约为三角形联结的 1/3）。

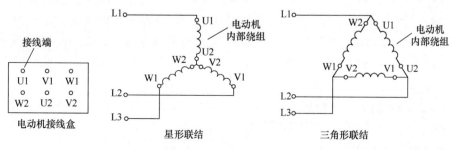

图 8-24 三相异步电动机接线盒与两种接线方式

131

星形-三角形减压起动控制电路就是在起动时将电动机的绕组接成星形，起动后再将绕组接成三角形，让电动机全压运行。当电动机绕组接成星形时，绕组上的电压低、流过的电流小，因而产生的转矩也小（约为三角形联结时的1/3），所以星形-三角形减压起动只适用于轻载或空载起动。

2. 星形-三角形减压起动电路

星形-三角形减压起动电路如图8-25所示，该电路采用时间继电器来自动控制切换。

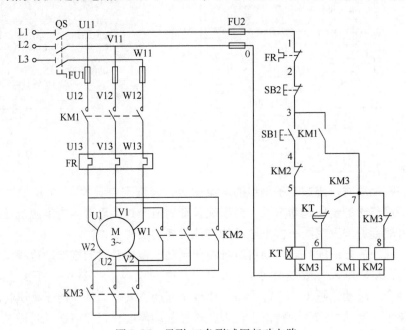

图8-25 星形-三角形减压起动电路

电路工作原理分析如下：

1）闭合电源开关QS。

2）星形减压起动控制。按下起动按钮SB1→接触器KM3线圈和时间继电器KT线圈均得电→KM3主触点闭合、KM3常开辅助触点闭合、KM3常闭辅助触点断开→KM3主触点闭合，将电动机绕组接成星形；KM3常闭辅助触点断开使KM2线圈的供电切断；KM3常开辅助触点闭合使KM1线圈得电→KM1线圈得电使KM1常开辅助触点和主触点均闭合→KM1常开辅助触点闭合使KM1线圈在SB1断开后继续得电；KM1主触点闭合使电动机U1、V1、W1端得电，电动机星形起动。

3）三角形正常运行控制。时间继电器KT线圈得电一段时间后，其延时常闭触点断开→KM3线圈失电→KM3主触点断开、KM3常开辅助触点断开、KM3常闭辅助触点闭合→KM3主触点断开，取消电动机绕组的星形联结；KM3常闭辅助触点闭合，使KM2线圈得电→KM2线圈得电使KM2常闭辅助触点断开、KM2主触点闭合→KM2常闭辅助触点断开，使KT线圈失电；KM2主触点闭合，将电动机绕组接成三角形联结，电动机以三角形联结正常运行。

4）停止控制。按下停止按钮SB2→KM1、KM2、KM3线圈均失电→KM1、KM2、KM3主触点均断开→电动机因供电被切断而停转。

5）断开电源开关QS。

8.3 单相异步电动机及控制电路

单相异步电动机是一种采用单相交流电源供电的小容量电动机。它具有供电方便、成本低廉、运行可靠、结构简单和振动噪声小等优点，广泛应用在家用电器、工业和农业等领域的中小功率设备中。

8.3.1 单相异步电动机的基本结构与原理

1. 结构

单相异步电动机种类很多，但结构基本相同，单相异步电动机的典型结构如图 8-26 所示。从图中可以看出，其结构与三相异步电动机基本相同，都是由机座、定子绕组、转子、轴承、端盖等组成。

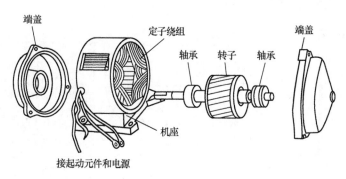

图 8-26 单相异步电动机典型结构

2. 工作原理

三相异步电动机的定子绕组有 U、V、W 三相，当三相绕组接三相交流电时会产生旋转磁场推动转子旋转。单相异步电动机在工作时接单相交流电源，所以定子应只有一相绕组，如图 8-27a 所示，而单相绕组产生的磁场不会旋转，因此转子不会产生转动。

为了解决这个问题，**单相异步电动机定子绕组通常采用两相绕组，一相绕组称为工作绕组（或主绕组），另一相称为起动绕组（或副绕组）**，如图 8-27b 所示。两相绕组在定子铁心上的位置相差 90°，并且给起动绕组串接电容，将交流电源相位改变 90°（超前移相 90°）。当单相交流电源加到定子绕组时，有 i_1 电流直接流入主

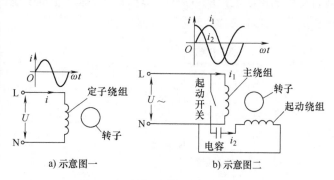

a) 示意图一 b) 示意图二

图 8-27 单相异步电动机工作原理

绕组，i_2 电流经电容超前移相 90° 后流入起动绕组，两个相位不同的电流分别流入空间位置相差 90° 的两个绕组，两个绕组就会产生旋转磁场，处于旋转磁场内的转子就会随之旋转起来。转子运转后，如果断开起动开关切断起动绕组，转子仍会继续运转，这是因为单个主绕组产生的磁场不会旋转，但由于转子已转动起来，若将已转动的转子看成不动，那么主绕组的磁场就相当于发生了旋转，因此转子会继续运转。

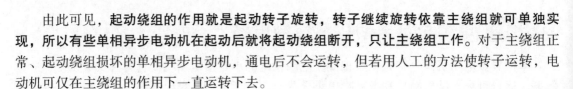

由此可见，**起动绕组的作用就是起动转子旋转，转子继续旋转依靠主绕组就可单独实现，所以有些单相异步电动机在起动后就将起动绕组断开，只让主绕组工作。**对于主绕组正常、起动绕组损坏的单相异步电动机，通电后不会运转，但若用人工的方法使转子运转，电动机可仅在主绕组的作用下一直运转下去。

8.3.2 判别起动绕组与主绕组

单相异步电动机的内部有起动绕组和主绕组（运行绕组），两个绕组在内部将一端接在一起引出一个端子，即单相异步电动机对外接线有公共端、主绕组端和起动绕组端共三个接线端子，如图 8-28 所示。在使用时，主绕组端要直接接电源，而起动绕组端要串接起动开关（有时）和电容后再接电源。由于起动绕组的匝数多、线径小，其阻值较主绕组要大一些，因此可使用万用表欧姆档来判别两个绕组。

起动绕组和主绕组的判别如图 8-28 所示。

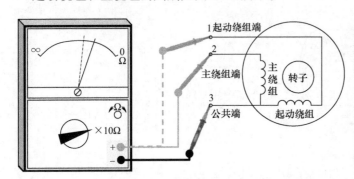

2、3 之间的为主绕组，其阻值最小，1、3 之间的为起动绕组，其阻值稍大一些，而 1、2 之间的为主绕组和起动绕组的串联，其阻值最大。

测量时万用表拨至 ×10Ω 档，先测量某两个端子之间的电阻，再保持一根表笔不动，另一根表笔转接第 3 个端子，如果两次测得的阻值接近，以阻值稍大的一次测量为准，不动的表笔所接的为公共端，另一根表笔接的为起动绕组端，剩下的则为主绕组端。

图 8-28 单相异步电动机的三个接线端子的判别

8.3.3 转向控制电路

单相异步电动机是在旋转磁场的作用下运转的，其运行方向与旋转磁场方向相同，所以只要改变旋转磁场的方向就可以改变电动机的转向。**对于单相异步电动机，只要将主绕组或起动绕组的接线反接就可以改变转向，注意不能将主绕组和起动绕组同时反接。**图 8-29 是正转接线方式和两种反转接线方式电路。

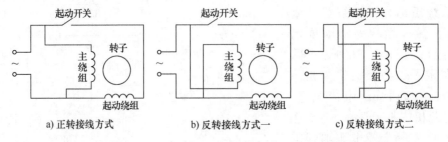

a) 正转接线方式　　　　　b) 反转接线方式一　　　　　c) 反转接线方式二

图 8-29 单相异步电动机的正转接线方式和两种反转接线方式

8.3.4 调速控制电路

单相异步电动机调速主要有变极调速和变压调速两类方法。**变极调速是指通过改变电动机定子绕组的极对数来调节转速，变压调速是指改变定子绕组的两端电压来调节转速。**在这两类方法中，变压调速最为常见，变压调速具体可分为串联电抗器调速、串联电容器调速、自耦变压器调速、抽头调速和晶闸管调速。

1. 串联电抗器调速电路

电抗器又称电感器，它对交流电有一定的阻碍。电抗器对交流电的阻碍称为电抗（也称为感抗），电抗器电感量越大，电抗越大，对交流阻碍越大，交流电通过时在电抗器上产生的压降就越大。

图 8-30 是两种较常见的串联电抗器调速电路，图中的 L 为电抗器，它有"高""中""低" 3 个接线端，A 为起动绕组，M 为主绕组，C 为电容器。

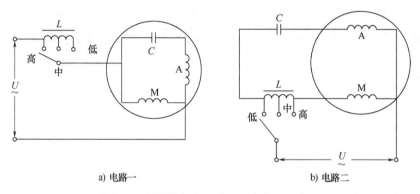

a) 电路一   b) 电路二

图 8-30 两种较常见的串联电抗器调速电路

图 8-30a 为一种形式的串联电抗器调速电路。当档位开关置于"高"时，交流电压全部加到电动机定子绕组上，定子绕组两端电压最大，产生的磁场很强，电动机转速最快；当档位开关置于"中"时，交流电压需经过电抗器部分线圈再送给电动机定子绕组，电抗器线圈会产生压降，使送到定子绕组两端的电压降低，产生的磁场变弱，电动机转速变慢。

图 8-30b 为另一种形式的串联电抗器调速电路。当档位开关置于"高"时，交流电压全部加到电动机主绕组上，电动机转速最快；当档位开关置于"低"时，交流电压需经过整个电抗器再送给电动机主绕组，主绕组两端电压很低，电动机转速很低。

上面两种串联电抗器调速电路除了可以调节单相异步电动机转速外，还可以调节起动转矩大小。图 8-30a 所示调速电路在低档时，提供给主绕组和起动绕组的电压都会降低，因此转速就变慢，起动转矩也会减小；而图 8-30b 所示调速电路在低档时，主绕组两端电压较低，而起动绕组两端电压很高，因此转速低，起动转矩却很大。

2. 串联电容器调速电路

电容器与电阻器一样，对交流电有一定的阻碍。电容器对交流电的阻碍称为容抗，电容器容量越小，容抗越大，对交流阻碍越大，交流电通过时在电容器上产生的压降就越大。串联电容器调速电路如图 8-31 所示。

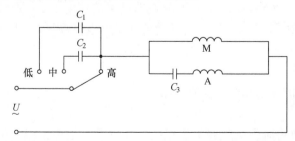

当开关置于"低"时，由于 C_1 容量很小，它对交流电源容抗大，交流电源在 C_1 上生产大的压降，加到电动机定子绕组两端的电压就很低，电动机转速很慢。当开关置于"中"时，由于电容器 C_2 的容量大于 C_1 的容量，C_2 对交流电源容抗较 C_1 小，加到电动机定子绕组两端的电压较低档时高，电动机转速较快。

图 8-31 串联电容器调速电路

3. 抽头调速电路

采用抽头调速的单相异步电动机与普通电动机不同，它的定子绕组除了有主绕组和起动绕组外，还增加了一个调速绕组。根据调速绕组与主绕组和起动绕组连接方式不同，抽头调速有 L1 形联结、L2 形联结和 T 形联结 3 种形式，这 3 种形式的抽头调速电路如图 8-32 所示。

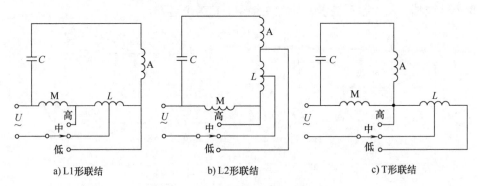

a) L1形联结   b) L2形联结   c) T形联结

图 8-32   3 种形式的抽头调速电路

图 8-32a 所示为 L1 形联结抽头调速电路。这种接法是将调速绕组与主绕组串联，并嵌在定子铁心同一槽内，与起动绕组有 90°相位差。调速绕组的线径较主绕组细，匝数可与主绕组匝数相等或是主绕组的 1 倍，调速绕组可根据调速档位数从中间引出多个抽头。当档位开关置于"低"时，全部调速绕组与主绕组串联，主绕组两端电压减小，另外调速绕组产生的磁场还会削弱主绕组磁场，电动机转速变慢。

图 8-32b 所示为 L2 形联结抽头调速电路。这种接法是将调速绕组与起动绕组串联，并嵌在同一槽内，与主绕组有 90°相位差。调速绕组的线径和匝数与 L1 形联结相同。

图 8-32c 所示为 T 形联结抽头调速电路。这种接法在电动机高速运转时，调速绕组不工作，而在低速工作时，主绕组和起动绕组的电流都会流过调速绕组，电动机有发热现象发生。

》8.4 直流电动机

直流电动机是一种采用直流电源供电的电动机。直流电动机具有起动转矩大、调速性能好和磁干扰少等优点，它不但可用在小功率设备中，还可用在大功率设备中，如大型可逆轧钢机、卷扬机、电力机车、电车等设备常用直流电动机作为动力源。

8.4.1 工作原理

直流电动机是根据通电导体在磁场中受力旋转来工作的。直流电动机的结构与工作原理如图 8-33 所示。从图中可看出，直流电动机主要由磁铁、转子绕组（又称电枢绕组）、电刷和换向器组成。电动机的换向器与转子绕组连接，换向器再与电刷接触，电动机在工作时，换向器与转子绕组同步旋转，而电刷静止不动。当直流电源通过导线、电刷、换向器为转子绕组供电时，通电的转子绕组在磁铁产生的磁场作用下会旋转起来。

直流电动机工作过程分析如下：

1）当转子绕组处于图 8-33a 所示的位置时，流过转子绕组的电流方向是电源正极→电刷 A→换向器 C→转子绕组→换向器 D→电刷 B→电源负极，根据左手定则可知，转子绕组

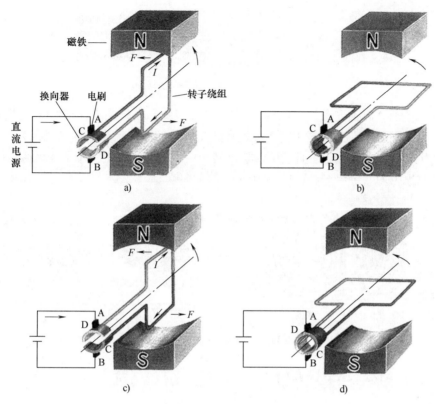

图 8-33　直流电动机结构与工作原理

上导线受到的作用力方向为左，下导线受力方向为右，于是转子绕组按逆时针方向旋转。

2）当转子绕组转至图 8-33b 所示的位置时，电刷 A 与换向器 C 脱离断开，电刷 B 与换向器 D 也脱离断开，转子绕组无电流通过，不受磁场作用力，但由于惯性作用，转子绕组会继续逆时针旋转。

3）在转子绕组由图 8-33b 位置旋转到图 8-33c 位置期间，电刷 A 与换向器 D 接触，电刷 B 与换向器 C 接触，流过转子绕组的电流方向是电源正极→电刷 A→换向器 D→转子绕组→换向器 C→电刷 B→电源负极，转子绕组上导线（即原下导线）受到的作用力方向为左，下导线（即原上导线）受力方向为右，转子绕组按逆时针方向继续旋转。

4）当转子绕组转至图 8-33d 所示的位置时，电刷 A 与换向器 D 脱离断开，电刷 B 与换向器 C 也脱离断开，转子绕组无电流通过，不受磁场作用力，由于惯性作用，转子绕组会继续逆时针旋转。

以后会不断重复上述过程，转子绕组也连续地不断旋转。**直流电动机中的换向器和电刷的作用是当转子绕组转到一定位置时能及时改变转子绕组中电流的方向，这样才能让转子绕组连续不断地运转。**

8.4.2　外形与结构

1. 外形

图 8-34 是一些常见直流电动机的实物外形。

2. 结构

直流电动机的典型结构如图 8-35 所示。从图中可以看出，直流电动机主要由前端盖、

图 8-34 常见直流电动机的实物外形

风扇、机座、转子（含换向器）、电刷装置和后端盖组成。在机座中，有的电动机安装有磁铁，如永磁直流电动机；有的电动机则安装有励磁绕组（用来产生磁场的绕组），如并励直流电动机、串励直流电动机等。直流电动机的转子中嵌有转子绕组，转子绕组通过换向器与电刷接触，直流电源通过电刷、换向器为转子绕组供电。

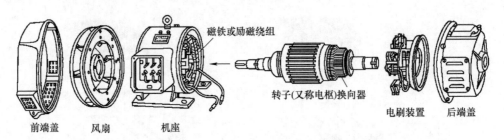

图 8-35 直流电动机的典型结构

》》8.5 无刷直流电动机

直流电动机具有起动性能和调速性能好的优点，但**普通的直流电动机工作时需要用换向器和电刷来切换电压极性，在切换过程中容易出现电火花和接触不良，会形成干扰和导致直流电动机的寿命缩短。**无刷直流电动机的出现有效解决了电火花和接触不良的问题。

8.5.1 外形

图 8-36 是一些常见的无刷直流电动机的实物外形。

图 8-36 常见无刷直流电动机的实物外形

8.5.2 结构与工作原理

普通永磁直流电动机是以永久磁铁作定子，以转子绕组作转子的一部分，在工作时除了要为旋转的转子绕组供电，还要及时改变电压极性，这些需用到电刷和换向器。电刷和换向器长期摩擦，很容易出现接触不良、电火花和电磁干扰等问题。为了解决这些问题，无刷直流电动机采用永久磁铁作为转子的一部分，通电绕组作为定子，这样就不需要电刷和换向器，不过无刷直流电动机工作时需要配套的驱动电路。

1. 工作原理

图8-37a是一种无刷直流电动机的结构和驱动电路简图。无刷直流电动机的定子绕组固定不动，而磁环转子运转。

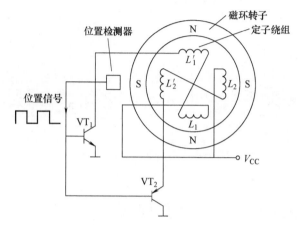

a) 结构和驱动电路简图

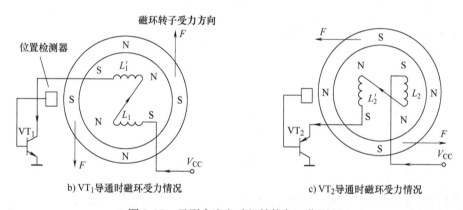

b) VT₁导通时磁环受力情况　　　　　c) VT₂导通时磁环受力情况

图8-37　无刷直流电动机结构与工作原理

无刷直流电动机位置检测器距离磁环转子很近，磁环转子的不同磁极靠近检测器时，检测器输出不同的位置信号（电信号）。这里假设S极接近位置检测器时，检测器输出高电平信号，N极接近检测器时输出低电平信号。

在起动电动机时，若磁环转子的S极恰好接近位置检测器，如图8-37b所示，检测器输出高电平信号，该信号送到晶体管VT_1、VT_2的基极，VT_1导通，VT_2截止，定子绕组L_1、L_1'有电流流过，电流途径是，电源$V_{CC} \rightarrow L_1 \rightarrow L_1' \rightarrow VT_1 \rightarrow$地。电流流过$L_1$、$L_1'$时，$L_1$产生左N右S的磁场，$L_1'$产生左S右N的磁场，这样就会出现$L_1$的左N与磁环转子的左S吸引（同时$L_1$的左N会与磁环转子的下N排斥），$L_1$的右S与磁环转子的下N吸引，$L_1'$的右N与磁环转子的右S吸引，$L_1'$的左S与磁环转子的上N吸引，由于绕组$L_1$、$L_1'$固定在定子铁心上不能运转，而磁环转子受磁场作用就逆时针转起来。

电动机运转后时，磁环转子的N极马上接近位置检测器，如图8-37c所示，检测器输出低电平信号，该信号送到晶体管VT_1、VT_2的基极，VT_1截止，VT_2导通，有电流流过L_2、L_2'，电流途径是，电源$V_{CC} \rightarrow L_2 \rightarrow L_2' \rightarrow VT_2 \rightarrow$地。$L_2$、$L_2'$绕组有电流通过产生磁场，该磁场与磁环转子磁场产生排斥和吸引，两磁场的相互作用力推动磁环转子继续旋转。

2. 结构

无刷直流电动机的结构如图 8-38 所示。

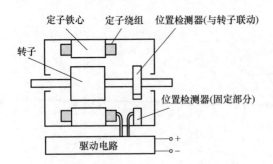

无刷直流电动机主要由定子铁心、定子绕组、位置检测器、磁铁转子和驱动电路等组成。

位置检测器包括固定和运动两部分，运动部分安装在转子轴上，与转子联动，它可以反映转子的磁极位置，固定部分通过它就可以检测出转子的位置信息。有些无刷直流电动机位置检测器无运转部分，它直接检测转子位置信息。驱动电路的功能是根据位置检测器送来的位置信号，用电子开关(如晶体管)来切换定子绕组的电源。

图 8-38　无刷直流电动机的结构

8.5.3　驱动电路

无刷直流电动机需要有相应的驱动电路才能工作。下面介绍几种常见的三相无刷直流电动机驱动电路。

1. 星形联结三相半桥驱动电路

星形联结三相半桥驱动电路如图 8-39a 所示。A、B、C 三相定子绕组有一端共同连接，构成星形联结方式。

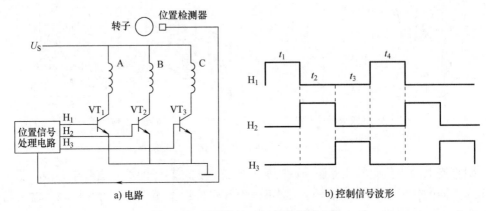

a) 电路　　　　　　　　　　b) 控制信号波形

图 8-39　星形联结三相半桥驱动电路

电路工作过程说明如下：

位置检测器靠近磁环转子产生位置信号，经位置信号处理电路处理后输出图 8-39b 所示 H_1、H_2、H_3 3 个控制信号。

在 t_1 期间，H_1 信号为高电平，H_2、H_3 信号为低电平，晶体管 VT_1 导通，有电流流过 A 相绕组，绕组产生磁场推动转子运转。

在 t_2 期间，H_2 信号为高电平，H_1、H_3 信号为低电平，晶体管 VT_2 导通，有电流流过 B 相绕组，绕组产生磁场推动转子运转。

在 t_3 期间，H_3 信号为高电平，H_1、H_2 信号为低电平，晶体管 VT_3 导通，有电流流过 C 相绕组，绕组产生磁场推动转子运转。

t_4 期间以后，电路重复上述过程，电动机连续运转起来。三相半桥驱动电路结构简单，但由于同一时刻只有一相绕组工作，电动机的效率较低，并且转子运转脉动比较大，即运转时容易时快时慢。

2. 星形联结三相桥式驱动电路

星形联结三相桥式驱动电路如图8-40所示。

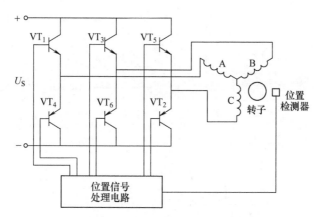

图8-40　星形联结三相桥式驱动电路

星形联结三相桥式驱动电路可以工作在两种方式：二二导通方式和三三导通方式。工作在何种方式由位置信号处理电路输出的控制信号决定。

（1）二二导通方式

二二导通方式是指在某一时刻有2个晶体管同时导通。电路中6个晶体管的导通顺序是，VT_1、$VT_2 \rightarrow VT_2$、$VT_3 \rightarrow VT_3$、$VT_4 \rightarrow VT_4$、$VT_5 \rightarrow VT_5$、$VT_6 \rightarrow VT_6$、VT_1。这6个晶体管的导通受位置信号处理电路送来的脉冲控制。下面以 VT_1、VT_2 导通为例来说明电路工作过程。

位置检测器送来的位置信号经处理电路后形成控制脉冲输出，其中高电平信号送到 VT_1 的基极，低电平信号送到 VT_2 基极，其他晶体管基极无信号，VT_1、VT_2 导通，有电流流过 A、C 相绕组，电流途径为 $U_S + \rightarrow VT_1 \rightarrow$ A 相绕组 $\rightarrow$ C 相绕组 $\rightarrow VT_2 \rightarrow U_S -$，两绕组产生磁场推动转子旋转60°。

（2）三三导通方式

三三导通方式是指在某一时刻有3个晶体管同时导通。电路中6个晶体管的导通顺序是，VT_1、VT_2、$VT_3 \rightarrow VT_2$、VT_3、$VT_4 \rightarrow VT_3$、VT_4、$VT_5 \rightarrow VT_4$、VT_5、$VT_6 \rightarrow VT_5$、VT_6、$VT_1 \rightarrow VT_6$、VT_1、VT_2。这6个晶体管的导通受位置信号处理电路送来的脉冲控制。下面以 VT_1、VT_2、VT_3 导通为例来说明电路工作过程。

位置检测器送来的位置信号经处理电路后形成控制脉冲输出，其中高电平信号送到 VT_1、VT_3 的基极，低电平送到 VT_2 基极，其他晶体管基极无信号，VT_1、VT_3、VT_2 导通，有电流流过 A、B、C 相绕组，其中 VT_1 导通流过的电流通过 A 相绕组，VT_3 导通流过的电流通过 B 相绕组，两电流汇合后流过 C 相绕组，再通过 VT_2 流到电源的负极，在任意时刻三相绕组都有电流流过，其中一相绕组电流很大（是其他绕组电流的2倍），三相绕组产生的磁场推动转子旋转60°。

三三导通方式的转矩较二二导通方式的要小，另外，如果晶体管切换时发生延迟，就可能出现直通短路，如 VT_4 开始导通时 VT_1 还未完全截止，电源通过 VT_1、VT_4 直接短路，因此星形联结三相桥式驱动电路更多采用二二导通方式。

三相无刷直流电动机除了可采用星形联结驱动电路外，还可采用图 8-41 所示的三角形联结三相桥式驱动电路。该电路与星形联结三相桥式驱动电路一样，也有二二导通方式和三三导通方式，其工作原理与星形联结三相桥式驱动电路工作原理基本相同，这里不再叙述。

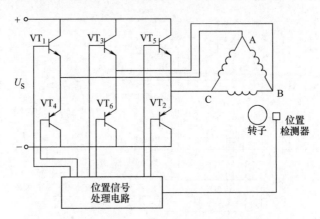

图 8-41　三角形联结三相桥式驱动电路

第9章

电工识图

电气图是一种用图形符号、线框或简化外形来表示电气系统或设备各组成部分相互关系及其连接关系的一种简图，主要用来阐述电气工作原理，描述电气产品的构造和功能，并提供产品安装和使用方法。

≫ 9.1 电气图的分类

电气图的分类方法很多，如根据应用场合不同，可分为电力系统电气图、船舶电气图、邮电通信电气图、工矿企业电气图等。按最新国家标准规定，电气信息文件可分为功能性文件（如系统图、电路图等）、位置文件（如电气平面图）、接线文件（如接线图）、项目表、说明文件和其他文件。

9.1.1 系统图

系统图又称概略图或框图，它是用符号和带注释的框来概略表示系统或分系统的基本组成、相互关系及其主要特征的一种简图。图 9-1 为某变电所的供电系统图，该图表示变电所用变压器将 10kV 电压变换成 380V 电压，再分成三条供电支路，图 9-1a 是用图形符号表示的系统图，图 9-1b 是用带文字的框表示的系统图。

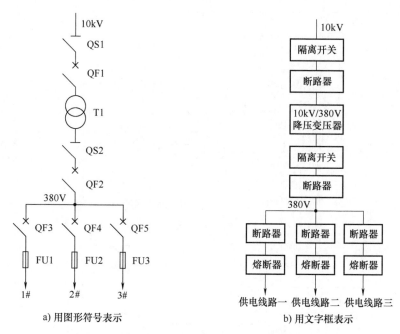

a) 用图形符号表示　　　　　b) 用文字框表示

图 9-1　某变电所的供电系统图

9.1.2 电路图

电路图是按工作顺序将图形符号从上到下、从左到右排列并连接起来，用来详细表示电路、设备或成套装置的全部组成和连接关系，而不考虑其实际位置的一种简图。通过识读电路图可以详细理解设备的工作原理、分析和计算电路特性及参数，所以这种图又称为电气原理图、电气线路图。

图 9-2 为三相异步电动机的点动控制电路，该电路由主电路和控制电路两部分构成，其中主电路由电源开关 QS、熔断器 FU1、交流接触器 KM 的 3 个主触点和电动机组成，控制电路由熔断器 FU2、按钮 SB 和接触器 KM 线圈组成。

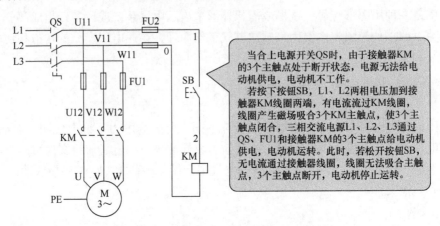

当合上电源开关 QS 时，由于接触器 KM 的 3 个主触点处于断开状态，电源无法给电动机供电，电动机不工作。

若按下按钮 SB，L1、L2 两相电压加到接触器 KM 线圈两端，有电流流过 KM 线圈，线圈产生磁场吸合 3 个 KM 主触点，使 3 个主触点闭合，三相交流电源 L1、L2、L3 通过 QS、FU1 和接触器 KM 的 3 个主触点给电动机供电，电动机运转。此时，若松开按钮 SB，无电流通过接触器线圈，线圈无法吸合主触点，3 个主触点断开，电动机停止运转。

图 9-2   三相异步电动机的点动控制电路

9.1.3　接线图

接线图是用来表示成套装置、设备或装置的连接关系，用以进行安装、接线、检查、实验和维修等的一种简图。图 9-3 是三相异步电动机的点动控制电路（见图 9-2）的接线图，

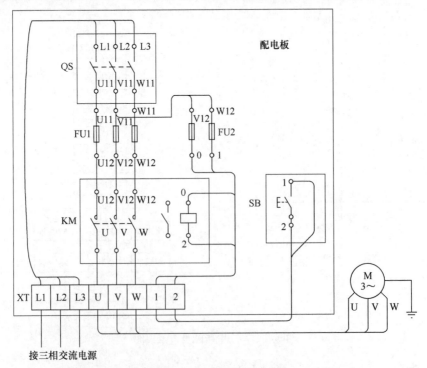

图 9-3   三相异步电动机点动控制电路的接线图

接线图中的各元件连接关系除了要与电路图一致外，还要考虑实际的元件，如接触器 KM 由线圈和触点组成，在画电路图时，接触器的线圈和触点可以画在不同位置，而在画接线图时，则要考虑到接触器是一个元件，其线圈和触点是在一起的。

9.1.4 电气平面图

电气平面图是用来表示电气工程项目的电气设备、装置和线路的平面布置图，它一般是在建筑平面图的基础上制作出来的。常见的电气平面图有电力平面图、变配电所平面图、供电线路平面图、照明平面图、弱电系统平面图、防雷和接地平面图等。

图 9-4 是某工厂车间的动力电气平面图。图中的 BLV-500（3×35-1×16）SC40-FC 表示外部接到配电箱的主电源线规格及布线方式，其含义为 BLV：布线用的塑料铝导线；500：导线绝缘耐压为 500V；3×35-1×16：3 根截面积为 35mm^2 和 1 根截面积为 16mm^2 的导线；SC40：穿直径为 40mm 的钢管；FC：沿地暗敷（导线穿入保护管后埋入地面）。图中的 $\frac{1、2}{5.5+0.16}$ 意为 1、2 号机床的电动机功率均为 5.5kW，机床安装离地 16cm。

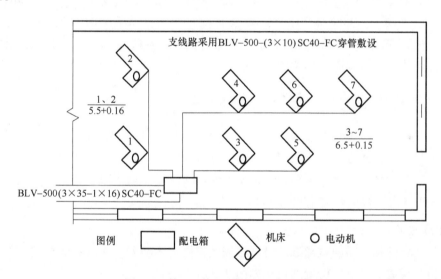

图 9-4 某工厂车间的动力电气平面图

9.1.5 设备元件和材料表

设备元件和材料表是将设备、装置、成套装置的组成元件和材料列出，并注明各元件和材料的名称、型号、规格和数量等，便于设备的安装、维护和维修，也能让读图者更好地了解各元器件和材料在装置中的作用和功能。设备元件和材料表是电气图的重要组成部分，可将它放置在图中的某一位置，如果数量较多也可单独放置在一页。表 9-1 是三相异步电动机点动控制电路（见图 9-3）的设备元件和材料表。

表 9-1　三相异步电动机点动控制电路的设备元件和材料表

符　号	名　　称	型　　号	规　　格	数　量
M	三相笼型异步电动机	Y112M—4	4kW、380V、△联结、8.8A、1440r/min	1
QS	断路器	DZ5—20/330	三极复式脱扣器、380V、20A	1
FU1	螺旋式熔断器	RL1—60/25	500V、60A、配熔体额定电流25A	3
FU2	螺旋式熔断器	RL1—15/2	500V、15A、配熔体额定电流2A	2

（续）

符　号	名　　称	型　　号	规　　格	数　量
KM	交流接触器	CJT1—20	20A、线圈电压 380V	1
SB	按钮	LA4—3H	保护式、按钮数 3（代用）	1
XT	端子板	TD—1515	15A、15 节、660V	1
	配电板		500mm×400mm×20mm	1
	主电路导线		BV 1.5mm² 和 BVR 1.5mm²（黑色）	若干
	控制电路导线		BV 1mm²（红色）	若干
	按钮导线		BVR 0.75mm²（红色）	若干
	接地导线		BVR 1.5mm²（黄绿双色）	若干
	紧固体和编码套管			若干

电气图种类很多，前面介绍了一些常见的电气图，对于一台电气设备，不同的人接触到的电气图可能不同，一般来说，生产厂家具有较齐全的设备电气图（如系统图、电路图、印制板图、设备元件和材料表等），为了技术保密或其他一些原因，厂家提供给用户的往往只有设备的系统图、接线图等形式的电气图。

》》 9.2 电气图的制图与识图规则

电气图是电气工程通用的技术语言和技术交流工具，它除了要遵守国家制定的与电气图有关的标准外，还要遵守机械制图、建筑制图等方面的有关规定，因此制图和识图人员有必要了解这些规定与标准，限于篇幅，这里主要介绍一些常用的规定与标准。

9.2.1　图纸格式、幅面尺寸和图幅分区

1. 图纸格式

电气图图纸的格式与建筑图纸、机械图纸的格式基本相同，一般由边界线、图框线、标题栏、会签栏组成。电气图图纸的格式如图 9-5 所示。

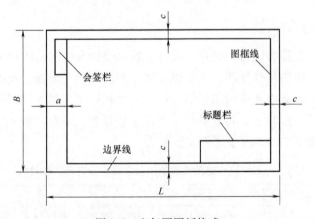

图 9-5　电气图图纸格式

电气图应绘制在图框线内，图框线与图纸边界之间要有一定的留空。标题栏相当于图纸的铭牌，是用来记录图样的名称、图号、张次、更改和有关人员签署等内容的栏目，位于图

纸的下方或右下方，目前我国尚未规定统一的标题栏格式，图 9-6 是一种较典型的标题栏格式。会签栏通常用作水、暖、建筑和工艺等相关专业设计人员会审图样时签名，如无必要，也可取消会签栏。

设计单位名称		工程名称	设计号	页张次
总工程师	主要设计人		项目名称	
设计总工程师	技　核			
专业工程师	制　图			
组长	描　图		图　号	
日期	比　例			

图 9-6　典型的标题栏格式

2. 图纸幅面尺寸

电气图图纸的幅面一般分为五种：**0 号图纸（A0）、1 号图纸（A1）、2 号图纸（A2）、3 号图纸（A3）、4 号图纸（A4）**。电气图图纸的幅面尺寸规格见表 9-2，从表中可以看出，如果图纸需要装订时，其装订侧边宽（a）留空要多一些。

表 9-2　电气图图纸的幅面尺寸规格　　　　　（单位：mm）

幅面代号	A0	A1	A2	A3	A4
宽×长（$B \times L$）	841×1189	594×841	420×594	297×420	210×297
边宽（c）	10			5	
装订侧边宽（a）	25				

3. 幅面分区

对于一些大幅面、内容复杂的电气图，为了便于确定图纸内容的位置，可对图纸进行分区。分区的方法是将图纸按长、宽方向各加以等分，分区数为偶数，每一分区的长度为 25 ~ 75mm，每个分区内竖边方向用大写字母编号，横边方向用阿拉伯数字编号，编号顺序从图纸左上角（标题栏在右下角）开始。图纸分区示例如图 9-7 所示。

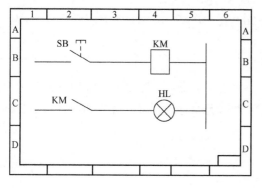

图纸分区的作用相当于在图纸上建立了一个坐标，图纸中的任何元件位置都可以用分区号来确定，如图所示，接触器 KM 线圈位置分区代号为 B4，接触器 KM 触点的分区代号为 C2。分区代号用该区域的字母和数字表示，字母在前，数字在后。

给图纸分区后，不管图样多复杂，只要给出某元件所在的分区代号，就能在图样上很快找到该元件。

图 9-7　图纸分区示例

9.2.2　图线和字体等规定

1. 图线

图线是指图中用到的各种线条。国家标准规定了八种基本图线，分别是粗实线、细实线、中实线、双折线、虚线、粗点划线、细点划线和双点划线。八种基本图线形式及应用见

表9-3。图线的宽度一般为0.25mm、0.35mm、0.5mm、0.7mm、1.0mm、1.4mm。在电气图中绘制图线时，以粗实线的宽度b为基准，其他图线宽度应按规定，以b为标准按比例（1/2、1/3）选用。

表9-3　八种基本图线形式及应用

序号	名　称	形　　式	宽　度	应 用 举 例
1	粗实线	———————	b	可见过渡线，可见轮廓线，电气图中简图主要内容用线，图框线，可见导线
2	中实线	———————	约$b/2$	土建图上门、窗等的外轮廓线
3	细实线	———————	约$b/3$	尺寸线，尺寸界线，引出线，剖面线，分界线，范围线，指引线，辅助线
4	虚线	— — — — — —	约$b/3$	不可见轮廓线，不可见过渡线，不可见导线，计划扩展内容用线，地下管道，屏蔽线
5	双折线	—————／\—————	约$b/3$	被断开部分的边界线
6	双点划线	— ·· — ·· — ·· —	约$b/3$	运动零件在极限或中间位置时的轮廓线，辅助用零件的轮廓线及其剖面线，剖视图中被剖去的前面部分的假想投影轮廓线
7	粗点划线	— · — · —	b	有特殊要求的线或表面的表示线，平面图中大型构件的轴线位置线
8	细点划线	— · — · — · —	约$b/3$	物体或建筑物的中心线，对称线，分界线，结构围框线，功能围框线

2. 字体

文字包括汉字、字母和数字，是电气图的重要组成部分。根据国家标准规定，文字必须做到字体端正、笔划清楚、排列整齐、间隔均匀。其中汉字采用国家正式公布的长仿宋体，字母可采用大写、小写、正体和斜体，数字通常采用正体。

字号（字体高度，单位为mm）可分为20号、14号、10号、7号、5号、3.5号、2.5号和1.8号八种，字宽约为字高的2/3。

3. 箭头

电气图中主要使用开口箭头和实心箭头，如图9-8所示，**开口箭头常用于表示电气连接上电气能量或电气信号的流向，实心箭头表示力、运动方向、可变性方向或指引线方向。**

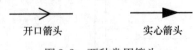

图9-8　两种常用箭头

4. 指引线

指引线用于指示注释的对象。指引线一端指向注释对象，另一端放置注释文字。电气图中使用的指引线主要有三种形式，如图9-9所示，若指引线末端需指在轮廓线内，可在指引线末端使用黑圆点，如图9-9a所示，若指引线末端需指在轮廓线上，可在指引线末端使用箭头，如图9-9b所示，若指引线末端需指在电气线路上，可在指引线末端使用斜线，如图9-9c所示。

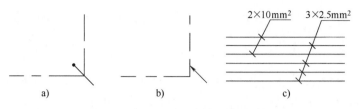

图 9-9　指引线的三种形式

5. 围框

如果电气图中有一部分是功能单元、结构单元或项目组（如电器组、接触器装置），可用围框（点划线）将这一部分围起来，围框的形状可以是不规则的。在电气图中采用围框时，围框线不应与元件符号相交（插头、插座和端子符号除外）。

在图 9-10a 的细点划线围框中为两个接触器，每个接触器都有三个触点和一个线圈，用一个围框可以使两个接触器的作用关系看起来更加清楚。如果电气图很复杂，一页图纸无法放置时，可用围框来表示电气图中的某个单元，该单元的详图可画在其他图纸上，并在图框内进行说明，如图 9-10b 所示，表示该含义的围框应用双点划线。

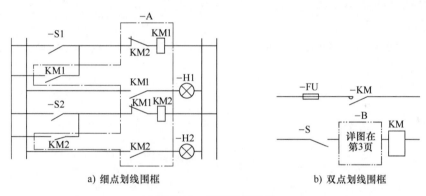

a) 细点划线围框　　　　　　　　　b) 双点划线围框

图 9-10　围框使用举例

6. 比例

电气图上画的图形大小与物体实际大小的比值称为比例。电气原理图一般不按比例绘制，而电气位置平面图等常按比例绘制或部分按比例绘制。对于采用比例绘制的电气平面图，只要在图上测出两点距离就可按比例值计算出现场两点间的实际距离。

电气图采用的比例一般为 1:10、1:20、1:50、1:100、1:200 和 1:500。

7. 尺寸

尺寸是制造、施工、加工和装配的主要依据。尺寸由尺寸线、尺寸界线、尺寸起止点（实心箭头和 45°斜短划线）和尺寸数字四个要素组成。尺寸标注如图 9-11 所示。

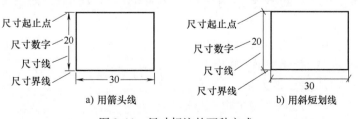

a) 用箭头线　　　　　　　　　b) 用斜短划线

图 9-11　尺寸标注的两种方式

电气图纸上的尺寸通常以 mm（毫米）为单位，除特殊情况外，图纸上一般不标注单位。

8. 注释

注释的作用是对图纸上的对象进行说明。 注释可采用两种方式：①将注释内容直接放在所要说明的对象附近，如有必要，可使用指引线；②给注释对象和内容加相同标记，再将注释内容放在图纸的别处或其他图纸。

若图中有多个注释时，应将这些注释进行编号，并按顺序放在图纸边框附近。如果是多张图，一般性注释通常放在第一张图上，其他注释则放在与其内容相关的图上。在注释时，可采用文字、图形、表格等形式，以便更好地将对象表达清楚。

▶▶ 9.3　电气图的表示方法

9.3.1　电气连接线的表示方法

电气连接线简称导线，用作连接电气元件和设备，其功能是传输电能或传递电信号。

1. 导线的一般表示方法

（1）导线的符号

导线的符号如图 9-12 所示，一般符号可表示任何形式的导线，母线是指在供配电系统中使用的粗导线。

图 9-12　导线的符号

（2）多根导线的表示

在表示多根导线时，可用多根单导线符号组合在一起表示，也可用单线来表示多根导线，如图 9-13 所示，如果导线数量少，可直接在单线上划多根 45° 短划线，若导线根数很多，通常在单线上划一根短划线，并在旁边标注导线根数。

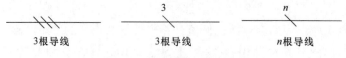

图 9-13　多根导线的表示举例

（3）导线特征的表示

导线的特征主要有导线材料、截面积、电压、频率等，导线的特征一般直接标在导线旁边，也可在导线上画 45° 短划线来指定该导线特征， 如图 9-14 所示。在图 9-14a 中，3N-50Hz380V 表示有 3 根相线、1 根中性线、导线电源频率和电压分别为 50Hz 和 380V，$3 \times 10 + 1 \times 4$ 表示 3 根相线的截面积为 $10mm^2$、1 根中性线的截面积为 $4mm^2$。在图 9-14b 中，BLV-3×6-PC25-FC 表示有 3 根铝芯塑料绝缘导线、导线的截面积为 $6mm^2$，用

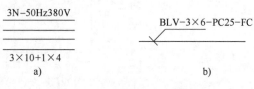

图 9-14　导线特征表示举例

管径为25mm塑料电线管（PC）埋地暗敷（FC）。

（4）导线换位的表示

在某些情况下需要导线相序变换、极性反向和导线的交换，可采用图9-15所示方法来表示，图中表示L1和L3相线互换。

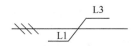

图9-15 导线换位表示举例

2. 导线连接点的表示方法

导线连接点有T形和十字形，对于T形连接点，可加黑圆点，也可不加，如图9-16a所示，对于十字形连接点，如果交叉导线电气上不连接，交叉处不加黑圆点，如图9-16b所示，如果交叉导线电气上有连接关系，交叉处应加黑圆点，如图9-16c所示，导线应避免在交叉点改变方向，应跨过交叉点再改变方向，如图9-16d所示。

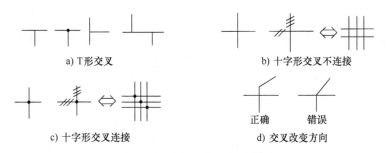

图9-16 导线连接点表示举例

3. 导线连接关系的表示方法

导线的连接关系有连续表示法和中断表示法。

（1）导线连接的连续表示法

表示多根导线连接时，既可采用多线形式，也可采用单线形式，如图9-17所示，采用单线形式表示导线连接可使电气图看起来简单清晰。常见的导线单线连接表示形式如图9-18所示。

图9-17 导线连接的多线与单线形式

（2）导线连接的中断表示法

如果导线需要穿越众多的图形符号，或者一张图纸上的导线要连接到另一张图纸上，这些情况下可采用中断方式来表示导线连接。导线连接的中断表示如图9-19所示，图a采用在导线中断处加相同的标记来表示导线连接关系，图b采用在导线中断处加连接目标的标记来表示导线连接关系。

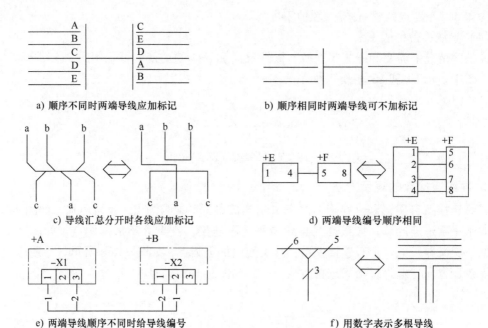

a) 顺序不同时两端导线应加标记

b) 顺序相同时两端导线可不加标记

c) 导线汇总分开时各线应加标记

d) 两端导线编号顺序相同

e) 两端导线顺序不同时给导线编号

f) 用数字表示多根导线

图 9-18　常见的导线单线连接表示形式

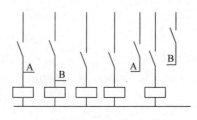

a) 在导线中断处加相同的标记

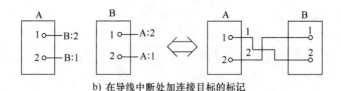

b) 在导线中断处加连接目标的标记

图 9-19　导线连接的中断表示示例

9.3.2　电气元件的表示方法

1. 复合型电气元件的表示方法

有些电气元件只有一个完整的图形符号（如电阻器），有些电气元件由多个部分组成（如接触器由线圈和触点组成），这类电气元件称为复合型电气元件，其不同部分使用不同图形符号表示。**对于复合型电气元件，在电气图中可采用集中方式表示、半集中方式表示或分开方式表示。**

（1）电气元件的集中方式表示

集中方式表示是指将电气元件的全部图形符号集中绘制在一起，用直虚线（机械连接符号）将全部图形符号连接起来。电气元件的集中方式表示如图 9-20a 所示，简单电路图中的电气元件适合用集中方式表示。

（2）电气元件的半集中方式表示

半集中方式表示是指将电气元件的全部图形符号分散绘制，用虚线将全部图形符号连接起来。电气元件的半集中方式表示如图9-20b所示。

（3）电气元件的分开方式表示

分开方式表示是指将电气元件的全部图形符号分散绘制，各图形符号都用相同的项目代号表示。与半集中表示相比，电气元件采用分开方式绘制可以减少电气图上的图线（虚线），且更灵活，但由于未用虚线连接，识图时容易遗漏电气元件的某个部分。电气元件的分开表示如图9-20c所示。

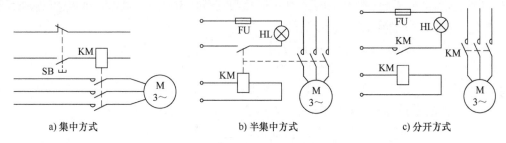

a) 集中方式　　　　　　　　b) 半集中方式　　　　　　　c) 分开方式

图9-20　复合型电气元件的表示方法

2. 电气元件状态的表示

在绘制电气元件图形符号时，其状态均按"正常状态"表示，即元件未受外力作用、未通电时的状态。例如：

1）继电器、接触器应处于非通电状态，其触点状态也应处于线圈未通电时对应的状态。

2）断路器、隔离开关和负荷开关应处于断开状态。

3）带零位的手动控制开关应处于零位置，不带零位的手动控制开关应在图中规定位置。

4）机械操作开关（如行程开关）的状态由机械部件的位置决定，可在开关附近或别处标注开关状态与机械部件位置之间的关系。

5）压力继电器、温度继电器应处于常压和常温时的状态。

6）事故、报警、备用等开关或继电器的触点应处于设备正常使用的位置，如有特定位置，应在图中加以说明。

7）复合型开闭元件（如组合开关）的各组成部分必须表示在相互一致的位置上，而不管电路的工作状态。

3. 电气元件触点的绘制规律

对于电类继电器、接触器、开关、按钮等电气元件的触点，在同一电路中，在加电或受力后各触点符号的动作方向应绘成一致，其绘制规律为"左开右闭，下开上闭"。当触点符号垂直放置时，动触点在静触点左侧为常开触点（又称动合触点），动触点在静触点右侧为常闭触点（又称动断触点），如图9-21a所示。当触点符号水平放置时，动触点在静触点下方为常开触点，动触点在静触点上方为常闭触点，如图9-21b所示。

4. 电气元件标注的表示

电气元件的标注包括项目代号、技术数据和注释说明等。

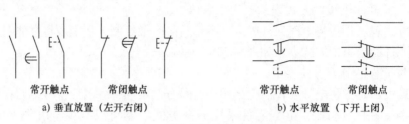

常开触点　　　常闭触点　　　　　　　常开触点　　　　常闭触点
a) 垂直放置（左开右闭）　　　　　　　b) 水平放置（下开上闭）

图 9-21　一般电气元件触点的绘制规律

（1）项目代号的表示

项目代号是区分不同项目的标记，如电阻项目代号用 R 表示，多个不同电阻分别用 R1、R2…表示。项目代号一般表示规律如下：

1）项目代号的标注位置尽量靠近图形符号。

2）当元件水平布局时，项目代号一般应标在元件图形符号上方，如图 9-22a 中的 VD、R，当元件垂直布局时，项目代号一般标在图形符号左方，如图 9-22a 中的 C1、C2。

3）对围框的项目代号应标注在其上方或右方，如图 9-22b 中的 U1。

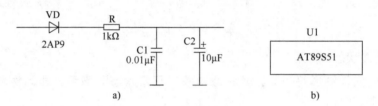

图 9-22　电气元件的项目代号和技术数据表示例图

（2）技术数据的表示

元件的技术数据主要包括元件型号、规格、工作条件、额定值等。技术数据一般表示规律如下：

1）技术数据的标注位置尽量靠近图形符号。

2）当元件水平布局时，技术数据一般应标在元件图形符号下方，如图 9-22a 中的 2AP9、$1k\Omega$，当元件垂直布局时，技术数据一般标在项目代号的下方或右方，如图 9-22a 中的 $0.01\mu F$、$10\mu F$。

3）对于像集成电路、仪表等方框符号或简化外形符号，技术数据可标在符号内，如图 9-22b 中的 AT89S51。

（3）注释说明的表示

元件的注释说明可采用两种方式：①将注释内容直接放在所要说明的元件附近，如图 9-23 所示，如有必要，注释时可使用指引线；②给注释对象和内容加相同标记，再将注释内容放在图纸的别处或其他图纸。

若图中有多个注释时，应将这些注释进行编号，并按顺序放在图纸边框附近。如果是多张图，一般性注释通常放在第一张图上，其他注释则放在与其内容相关的图上。在注释时，可采用文字、图形、表格等形式，以便更好地将对象表达清楚。

5. 电气元件接线端子的表示

元件的接线端子有固定端子和可拆换端子，端子的图形符号如图 9-24 所示。

为了区分不同的接线端子，需要对端子进行编号。**接线端子编号一般表示规律如下：**

图 9-23　元件注释说明示例　　　图 9-24　端子的图形符号

1） 单个元件的两个端子用连续数字表示，若有中间端子，则用逐增数字表示，如图 9-25a 所示。

2） 对于由多个相同元件组成元件组，其端子采用在数字前加字母来区分组内不同元件，如图 9-25b 所示。

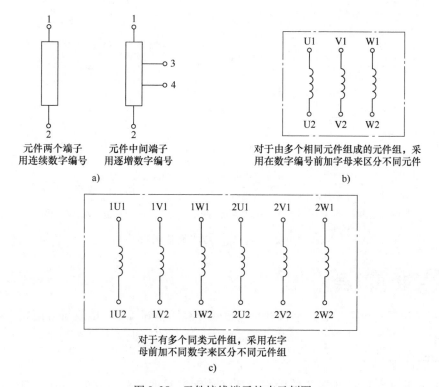

图 9-25　元件接线端子的表示例图

3） 对于有多个同类元件组，其端子采用在字母前加数字来区分不同元件组，如图 9-25c 所示。

9.3.3　电气线路的表示方法

电气线路的表示通常有多线表示法、单线表示法和混合表示法。

1. 多线表示法

多线表示法是将电路的所有元件和连接线都绘制出来的表示方法。图 9-26a 是用多线表示法表示电动机正、反转控制的主电路。

2. 单线表示法

单线表示法是将电路中的多根导线和多个相同图形符号用一根导线和一个图形符号来表示的方法。图 9-26b 是用单线表示法表示的电动机正反转控制的主电路。单线表示法适用于三相电路和多线基本对称电路，不对称部分应在图中说明，如图 9-26b 中在接触器 KM2 触点前加了 L1、L3 导线互换标记。

3. 混合表示法

混合表示法是在电路中同时采用单线表示法和多线表示法。在使用混合表示法时，对于三相和基本对称的电路部分可采用单线表示，对于非对称和要求精确描述的电路应采用多线表示法。图 9-26c 是用混合表示法绘制的电动机星形-三角形切换主电路。

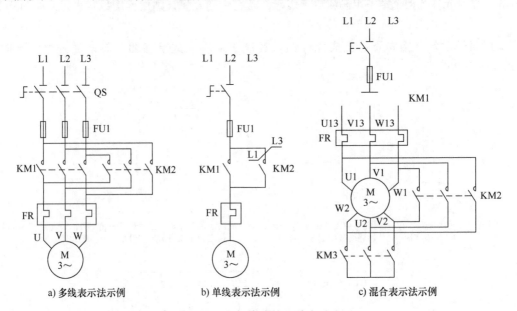

a) 多线表示法示例   b) 单线表示法示例   c) 混合表示法示例

图 9-26   电气线路的 3 种表示法

▶▶ 9.4 ⎮ 电气符号

电气符号包括图形符号、文字符号、项目代号和回路标号等。电气符号由国家标准统一决定，只有了解电气符号含义、构成和表示方法，才能正确识读电气图。

9.4.1 图形符号

图形符号是表示设备或概念的图形、标记或字符等的总称。它通常用于图样或其他文件，是构成电气图的基本单元，是电工技术文件中的"象形文字"，是电气工程"语言"的"词汇"和"单词"，正确、熟练地掌握绘制和识别各种电气图形符号是识读电气图的基本功。

1. 图形符号的组成

图形符号通常由基本符号、一般符号、符号要素和限定符号四部分组成。

1）基本符号。 基本符号用来说明电路的某些特征，不表示单独的元件或设备。例如"N"表中性线，"＋"、"－"分别代表正、负极。

2）符号要素。 符号要素是具有确定含义的简单图形，它必须和其他图形符号组合在一起才能构成完整的符号。例如电子管类元件有管壳、阳极、阴极和栅极四个要素符号,如图9-27a 所示,这四个要素可以组合成电子管类的二极管、三极管和四极管等,如图9-27b 所示。

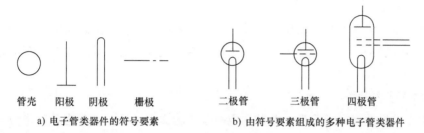

图9-27 符号要素及组合举例

3)一般符号。一般符号用来表示一类产品或此类产品特征,其图形往往比较简单。图9-28 列出了一些常见的一般符号。

4)限定符号。限定符号是一种附加在其他图形符号上的符号,用来表示附加信息(如可变性、方向等)。限定符号一般不能单独使用,使用限定符号可使得图形符号可表示更多种类的产品。一些限定符号的应用如图9-29 所示。

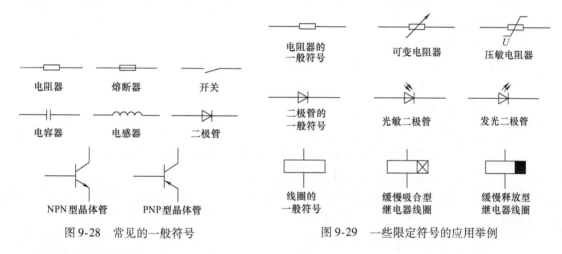

图9-28 常见的一般符号   图9-29 一些限定符号的应用举例

2. 图形符号的分类

根据表示的对象和用途不同,图形符号可分为两类:电气简图用图形符号和电气设备用图形符号。电气简图用图形符号是指用在电气图样上的符号,而电气设备用图形符号是指在实际电气设备或电气部件上使用的符号。

(1)电气简图用图形符号

电气简图用图形符号是指用在电气图样上的符号。电气图形符号种类很多,国家标准GB/T 4728.1 ~ .13—2005、2008 将电气简图用图形符号分为 11 类:①导体和连接件;②基本无源元件;③半导体管和电子管;④电能的发生与转换;⑤开关、控制和保护器件;⑥测量仪表、灯和信号器件;⑦电信:交换和外围设备;⑧电信:传输;⑨建筑安装平面布置图;⑩二进制逻辑件;⑪模拟件。

(2)电气设备用图形符号

电气设备用图形符号主要标注在实际电气设备或电气部件上,用于识别、限定、说明、命令、警告和指示等。国家标准 GB/T 5465.1—2009 将电气设备用图形符号分为 8 类:①通用符号；②音视频设备符号；③电话和电信符号；④海事导航符号；⑤家用电器符号；⑥医用设备符号；⑦安全符号；⑧其他符号。

9.4.2 文字符号

文字符号用于表示元件、装置和电气设备的类别名称、功能、状态及特征，一般标在元件、装置和电气设备符号之上或附近。电气系统中的文字符号分为基本文字符号和辅助文字符号。

1. 基本文字符号

基本文字符号主要表示元件、装置和电气设备的类别名称，它分为单字母符号和双字母符号。

（1）单字母符号

单字母符号用于将元件、装置和电气设备分成 **20** 多个大类，每个大类用一个大写字母表示（**I、O、J 字母未用**），例如 R 表示电阻器类，M 表示电动机类。

（2）双字母符号

双字母符号是由表示大类的单字母符号之后增加一个字母组成。例如 R 表示电阻器类，RP 表示电阻器类中的电位器，H 表示信号器件类，HL 表示信号器件类的指示灯，HA 表示信号器件类的声响指示灯。

2. 辅助文字符号

辅助文字符号主要表示元件、装置和电气设备的功能、状态、特征及位置等。例如 ON、OFF 分别表示闭合、断开，PE 表示保护接地，ST、STP 分别表示起动、停止。

3. 文字符号使用注意事项

在使用文字符号时，要注意以下事项：

1）电气系统中的文字符号不适用于各类电气产品的命名和型号编制。

2）文字符号的字母应采用正体大写格式。

3）一般情况下基本文字符号优先使用单字母符号，如果希望表示得更详细，可使用双字母符号。

第10章

家装电工技能

家装电工主要是进行室内配电线路的安装，具体包括照明光源的安装、导线的选择与安装、插座与开关的安装及配电箱的安装等。室内配电线路安装好后，在室内可以获得照明，可以通过插座为各种家用电器供电，在电器出现过载和人体触电时能实现自动保护，另外还能对室内的用电量进行记录等。

》》 10.1 | 照明光源

10.1.1 白炽灯

1. 结构与原理

白炽灯是一种最常用的照明光源，它有卡口式和螺口式两种，如图 10-1 所示。

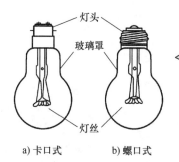

> 白炽灯内的灯丝为钨丝，当通电后钨丝温度升高到 2200~3300℃ 而发出强光，当灯丝温度太高时，会使钨丝蒸发过快而降低寿命，且蒸发后的钨沉积在玻璃壳内壁上，使壳内壁发黑而影响亮度，为此通常在 60W 以上的白炽灯玻璃壳内充有适量的惰性气体（氮、氩、氪等），这样可以减少钨丝的蒸发。
> 在选用白炽灯时，注意其额定电压要与所接电源电压一致。若电源电压偏高，如电压偏高10%，其发光效率会提高17%，但寿命会缩短到原来的28%；若电源电压偏低，其发光效率会降低，但寿命会延长。

图 10-1　白炽灯

2. 安装注意事项

在安装白炽灯时，要注意以下事项：

1）白炽灯座安装高度通常应在 2m 以上，环境差的场所应达 2.5m 以上。

2）照明开关的安装高度不应低于 1.3m。

3）对于螺口灯座，应将灯座的螺旋铜圈极与市电的零线（或称中性线）相连，相线与灯座中心铜极连接。

3. 开关控制灯的电路

白炽灯的常用开关控制灯的线路如图 10-2 所示，在实际接线时，导线的接头尽量安排在灯座和开关内部的接线端子上，这样做不但可减少电路连接的接头数，在电路出现故障时查找也比较容易。

10.1.2 荧光灯

1. 类型

荧光灯是一种利用气体放电而发光的光源。荧光灯具有光线柔和、发光效率高和寿命长等特点。根据外形不同，荧光灯可分为直管型、环型和紧凑型等，如图 10-3 所示。

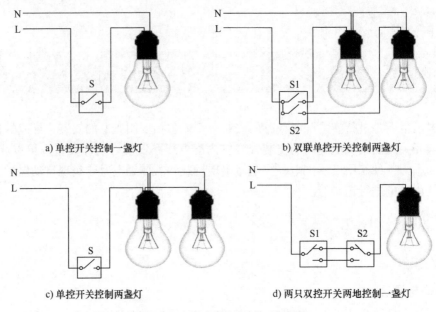

a) 单控开关控制一盏灯   b) 双联单控开关控制两盏灯

c) 单控开关控制两盏灯   d) 两只双控开关两地控制一盏灯

图 10-2   常用开关控制灯的线路

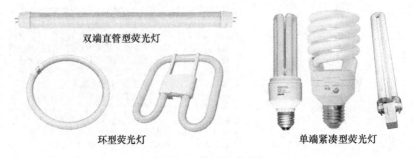

双端直管型荧光灯

环型荧光灯   单端紧凑型荧光灯

图 10-3   常见的荧光灯

2. 电路与工作原理

    荧光灯工作时需要高压使气体放电来激发荧光粉发光，该高压由镇流器提供，镇流器有电感式和电子式两种，下面以图 10-4 所示的电感式镇流器荧光灯来说明荧光灯的工作原理。

    当闭合开关 S 时，220V 电压通过开关 S、镇流器和灯管的灯丝加到辉光启动器两端。由于辉光启动器内部的动、静触片距离很近，两触片间的电压使中间的气体电离发出辉光，辉光的热量使动触片弯曲与静触片接通，于是电路中有电流通过，其途径是，相线→开关→镇流器→右灯丝→辉光启动器→左灯丝→零线，该电流流过灯管两端灯丝，灯丝温度升高。当灯丝温度升高到 850 ~ 900℃时，荧

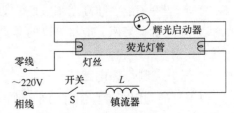

图 10-4   电感式镇流器荧光灯的
电路与工作原理

光管内的汞蒸发就变成气体。与此同时，由于辉光启动器动、静触片的接触而使辉光消失，动触片无辉光加热又恢复原样，从而使得动、静触片又断开，电路被突然切断，流过镇流器（实际是一个电感）的电流突然减小，镇流器两端马上产生很高的反峰电压，该电压与 220V

电压叠加送到灯管的两灯丝之间（即两灯丝间的电压为220V加上镇流器上的高压），使灯管内部两灯丝间的汞蒸气电离，同时发出紫外线，紫外线激发灯管壁上的荧光粉发光。

灯管内的汞蒸气电离后，汞蒸气变成导电的气体，它一方面发出紫外线激发荧光粉发光，另一方面使两灯丝电气连通。两灯丝通过电离的汞蒸气接通后，它们之间的电压下降（100V以下），辉光启动器两端的电压也下降，无法产生辉光，内部动、静触片处于断开状态，这时取下辉光启动器，灯管照样发光。

10.1.3 LED灯

LED（Light Emitting Diode，发光二极管），是一种可将电能转化为光的半导体器件。LED的核心是一个半导体晶片，晶片接出正、负两个电极，然后将整个晶片用透明的环氧树脂封装起来，当给正、负电极加上合适的电压，有电流流过晶片时，晶片就会发出光线。

1. 外形

单个LED发出的光线是有限的，为了能用作照明光源，一般将多个LED串联或并联起来做成LED灯。为了适用于各个场合，工厂生产出来的LED灯外形非常丰富，常见的LED灯如图10-5所示。

图10-5 常见的LED灯

2. 结构

不管LED灯外形如何不同，电路都是由LED电源模块和LED灯珠两部分组成，如图10-6所示。市面上的LED灯主要有单色和三色两种，其电路结构如图10-7所示。

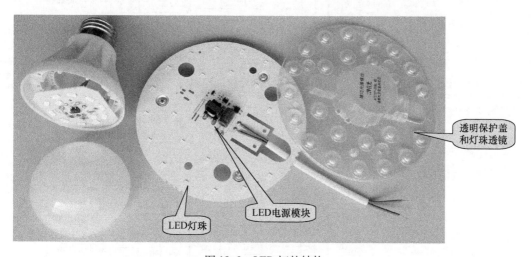

透明保护盖
和灯珠透镜

LED灯珠

LED电源模块

图10-6 LED灯的结构

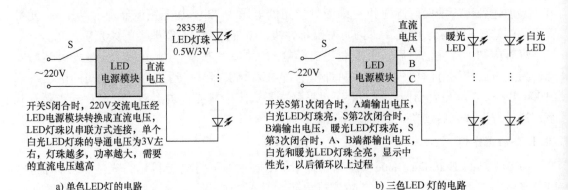

开关S闭合时，220V交流电压经
LED电源模块转换成直流电压，
LED灯珠以串联方式连接，单个
白光LED灯珠的导通电压为3V左
右，灯珠越多，功率越大，需要
的直流电压越高

a) 单色LED灯的电路

开关S第1次闭合时，A端输出电压，
白光LED灯珠亮，S第2次闭合时，
B端输出电压，暖光LED灯珠亮，S
第3次闭合时，A、B端都输出电压，
白光和暖光LED灯珠全亮，显示中
性光，以后循环以上过程

b) 三色LED 灯的电路

图 10-7　单色和三色 LED 灯的电路结构

》》 10.2 　室内配电布线

在室内配电布线的一般过程是，先根据室内情况和用户需要设计出配电方案，然后在室
内进行布线（即安装导线），再安装开关和插座，最后安装配电箱。

10.2.1 　了解整幢楼房的配电系统结构

在设计用户室内配电方案前，有必要先了解一下用户所在楼房的整体配电结构，图 10-8
是一幢 8 层共 16 个用户的配电系统图。楼电能表用于计量整幢楼的用电量，断路器用于接
通或切断整幢楼的用电，整幢楼的每户都安装有电能表，用于计量每户的用电量，为了便于
管理，这些电能表一般集中安装在一起管理（如安装在楼梯间或地下车库），用户可到电能
表集中区查看电量。电能表的输出端接至室内配电箱，用户可根据需要，在室内配电箱安装
多个断路器、漏电保护器等配电电器。

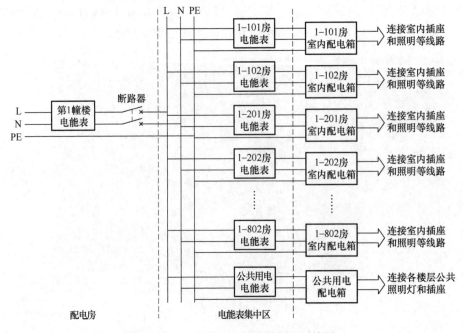

图 10-8　一幢 8 层 16 用户的配电系统图

10.2.2 室内配电原则

现在的住宅用电器越来越多，为了避免某一电器出现问题影响其他或整个电器的工作，需要在配电箱中将入户电源进行分配，以提供给不同的电器使用。不管采用哪种配电方式，在配电时应尽量遵循基本原则。

住宅配电的基本原则如下：

1）一个线路支路的容量应尽量在 **1.5kW** 以下，如果单个用电器的功率在 **1kW** 以上，建议单独设为一个支路。

2）照明、插座尽量分成不同的线路支路。当插座线路连接的电气设备出现故障时，只会使该支路的电源中断，不会影响照明线路的工作，因此可以在有照明的情况下对插座线路进行检修，如果照明线路出现故障，可在插座线路接上临时照明灯具，对插座线路进行检查。

3）照明可分成几个线路支路。当一个照明线路出现故障时，不会影响其他的照明线路工作，在配电时，可按不同的房间搭配分成两三个照明线路。

4）对于大功率用电器（如空调、电热水器、电磁灶等），尽量一个电器分配一个线路支路，并且线路应选用截面积大的导线。如果多台大功率电器合用一个线路，当它们同时使用时，导线会因流过的电流很大而易发热，即使导线不会马上烧坏，长期使用也会降低导线的绝缘性能。与截面积小的导线相比，截面积大的导线的电阻更小，截面积大的导线对电能损耗更小，不易发热，使用寿命更长。

5）潮湿环境（如浴室）的插座和照明灯具的线路支路必须采取接地保护措施。一般的插座可采用两极、三极普通插座，而潮湿环境需要用防溅三极插座，其使用的灯具如有金属外壳，则要求外壳必须接地（与 PE 线连接）。

10.2.3 配电布线

配电布线是指将导线从配电箱引到室内各个用电处（主要是灯具或插座）。布线分为明装布线和暗装布线，这里以常用的线槽式明装布线为例进行说明。

线槽布线是一种较常用的住宅配电布线方式，它是将绝缘导线放在绝缘槽板（塑料或木质）内进行布线，由于导线有槽板的保护，因此绝缘性能和安全性较好。塑料槽板布线用于干燥场合做永久性明线敷设，或用于简易建筑或永久性建筑的附加线路。

布线使用的线槽类型很多，其中使用最广泛的为 PVC 电线槽布线，其外形如图 10-9 所示，方形电线槽截面积较大，可以容纳更多导线，半圆形电线槽虽然截面积要小一些，因其外形特点，用于地面布线时不易绊断。

图 10-9 PVC 电线槽

1. 布线定位

在线槽布线定位时，要注意以下几点：

1）先确定各处的开关、插座和灯具的位置，再确定线槽的走向。插座采用明装时距离地面一般为 1.3～1.8m，采用暗装时距离地面一般为 0.3～0.5m，普通开关安装高度一般为 1.3～1.5m，开关距离门框约为 20cm，拉线开关安装高度为 2～3m。

2）线槽一般沿建筑物墙、柱、顶的边角处布置，要横平竖直，尽量避开不易打孔的混凝梁、柱。

3）线槽一般不要紧靠墙角，应隔一定的距离，紧靠墙角不易施工。

4）在弹（画）线定位时，如图 10-10 所示，横线弹在槽上沿，纵线弹在槽中央位置，这样安装好线槽后就可将定位线遮拦住，使墙面干净整洁。

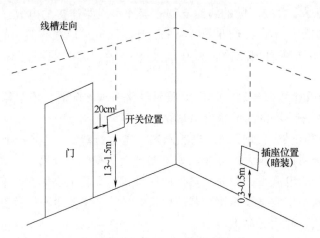

图 10-10　在墙壁上画线定位

2. 线槽的安装

线槽的安装如图 10-11 所示，先用钉子将电线槽的槽板固定在墙壁上，再在槽板内铺入导线，然后给槽板压上盖板即可。

在安装线槽时，应注意以下几个要点：

1）在安装线槽时，内部钉子之间相隔距离不要大于 50cm，如图 10-12a 所示。

2）在线槽连接安装时，线槽之间可以直角拼接安装，也可切割成 45°拼接安装，钉子与拼接中心点距离不大于 5cm，如图 10-12b 所示。

3）线槽在拐角处采用 45°拼接，钉子与拼接中心点距离不大于 5cm，如图 10-12c 所示。

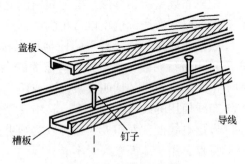

图 10-11　线槽的安装

4）线槽在 T 字形拼接时，可在主干线槽旁边切出一个凹三角形口，分支线槽切成凸三角形，再将分支线槽的三角形凸头插入主干线槽的凹三角形口，如图 10-12d 所示。

5）线槽在十字形拼接时，可将四个线槽头部端切成凸三角形，再拼接在一起，如图 10-12e 所示。

6）线槽在与接线盒（如插座、开关底盒）连接时，应将两者紧密无缝隙地连接在一起，如图 10-12f 所示。

3. 用配件安装线槽

为了让线槽布线更为美观和方便，可采用配件来连接线槽。一些配件在线槽布线的安装

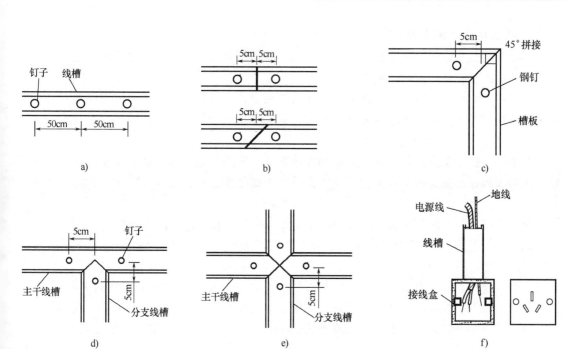

图 10-12　线槽安装要点

位置如图 10-13 所示，要注意的是，该图仅用来说明各配件在线槽布线时的安装位置，并不代表实际的布线。

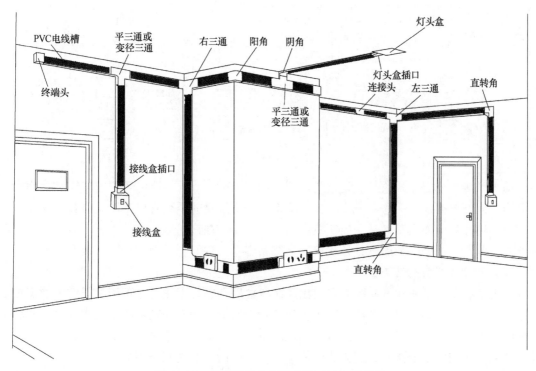

图 10-13　线槽配件在线槽布线时的安装位置

4. 线槽布线的配电方式

在线管暗装布线时，由于线管被隐藏起来，故将配电分成多个支路并不影响室内整洁美观，而采用线槽明装布线时，如果也将配电分成多个支路，在墙壁上明装敷设大量的线槽，不但不美观，而且比较碍事。为适合明装布线的特点，线槽布线常采用区域配电方式。配电线路的连接方式主要有：①单主干接多分支方式；②双主干接多分支方式；③多分支方式。

（1）单主干接多分支方式

单主干接多分支方式是一种低成本的配电方式，它是从配电箱引出一路主干线，该主干线依次走线到各厅室，每个厅室都用接线盒从主干线处接出一路分支线，由分支线路为本厅室配电。

单主干接多分支的配电方式如图 10-14 所示，从配电箱引出一路主干线（采用与入户线相同截面积的导线），根据住宅的结构，并按走线最短原则，主干线从配电箱出来后，先后依次经过餐厅、厨房、过道、卫生间、主卧室、客房、书房、客厅和阳台，在餐厅、厨房等合适的主干线经过的位置安装接线盒，从接线盒中接出分支线路，在分支线路上安装插座、开关和灯具。主干线在接线盒穿盒而过，接线时不要截断主干线，只要剥掉主干线部分绝缘层，分支线与主干线采用 T 形接线。在给带门的房室内引入分支线路时，可在墙壁上钻孔，然后给导线加保护管进行穿墙。

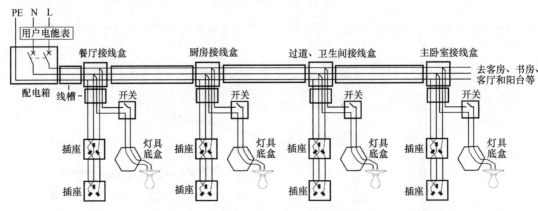

图 10-14　单主干接多分支的配电方式

单主干接多分支方式的某房间走线与接线如图 10-15 所示。该房间的插座线和照明线通过穿墙孔接外部接线盒中的主干线，在房间内，照明线路的零线直接去照明灯具，相线先进入开关，经开关后去照明灯具，插座线先到一个插座，在该插座的底盒中，将线路中分作两个分支，分别去接另两个插座，导线接头是线路容易出现问题的地方，不要放在线槽中。

（2）双主干接多分支方式

双主干接多分支方式是从配电箱引出照明和插座两路主干线，这两路主干线依次走线到各厅室，每个厅室都用接线盒从两路主干线分别接出照明和插座支路线，为本厅室照明和插座配电。由于双主干接多分支配电方式要从配电箱引出两路主干线，同时配电箱内需要两个控制开关，故较单主干接多分支方式的成本要高，但由于照明和插座分别供电，当一路出现故障时可暂时使用另一路供电。

双主干接多分支的配电方式如图 10-16 所示，该方式的某房间走线和接线与图 10-15 是一样的。

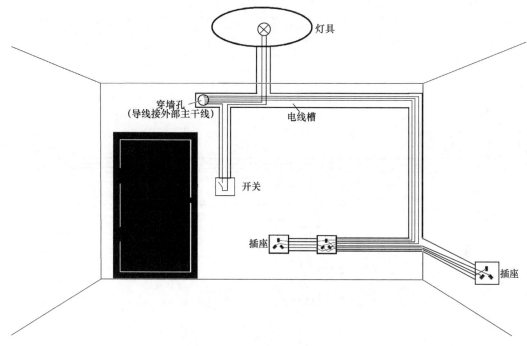

图 10-15　某房间的走线与接线

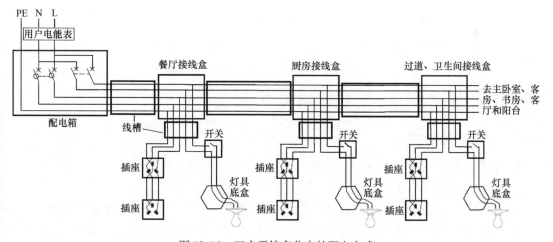

图 10-16　双主干接多分支的配电方式

（3）多分支方式

多分支方式是根据各厅室的位置和用电功率，划分为多个区域，从配电箱引出多路分支线路，分别供给不同区域。为了不影响房间美观，线槽明装布线通常使用单路线槽，而单路线槽不能容纳很多导线（在线槽明装布线时，导线总截面积不能超过线槽截面积的60%），故在确定分支线路的个数时，应考虑线槽与导线的截面积。

多分支的配电方式如图 10-17 所示，它将一户住宅用电分为三个区域，在配电箱中将用电分作三条分支线路，分别用开关控制各支路供电的通断，三条支路共9根导线通过单路线槽引出，当分支线路1到达用电区域一的合适位置时，将分支线路1从线槽中引到该区域的接线盒，在接线盒再接成三路分支，分别供给餐厅、厨房和过道，当分支线路2到达用电区域二的合适位置时，将分支线路 2 从线槽中引到该区域的接线盒，在接线盒中接成三路分支，分别供给主卧室、书房和客房，当分支线路 3 到达用电区域三的合适位置时，将分支线路 3 从线槽中引到该区域的接线盒，在接线盒接成三路分支，分别供给卫生间、客厅和阳台。

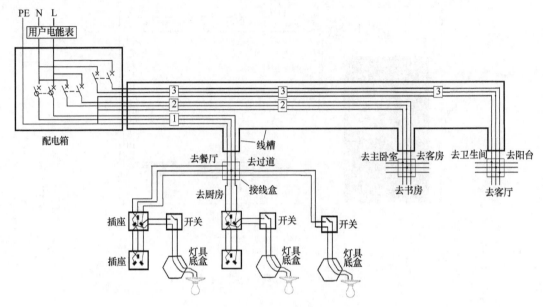

图 10-17　多分支的配电方式

由于线槽中导线的数量较多，为了方便区别分支线路，可每隔一段距离用标签对各分支线路作上标记。

≫ 10.3　开关、插座和配电箱的安装

10.3.1　开关的安装

1. 暗装开关的拆卸与安装

（1）暗装开关的拆卸

拆卸是安装的逆过程，在安装暗装开关前，先了解一下如何拆卸已安装的暗装开关。单联暗装开关的拆卸如图 10-18 所示，先用一字螺丝刀插入开关面板的缺口，用力撬下开关面板，再撬下开关盖板，然后旋出固定螺钉，就可以拆下开关主体。

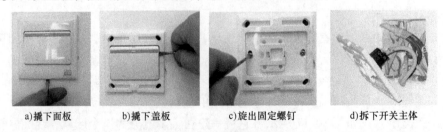

a)撬下面板　　　　b)撬下盖板　　　　c)旋出固定螺钉　　　　d)拆下开关主体

图 10-18　单联暗装开关的拆卸

（2）暗装开关的安装

由于暗装开关是安装在暗盒上的，在安装暗装开关时，要求暗盒（又称安装盒或底盒）

已嵌入墙内并已穿线，如图 10-19 所示，暗装开关的安装如图 10-20 所示，先从暗盒中拉出导线，接在开关的接线端上，然后用螺钉将开关主体固定在暗盒上，再依次装好盖板和面板即可。

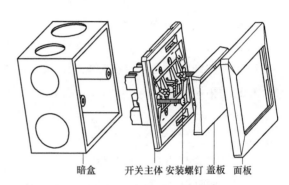

暗盒　开关主体 安装螺钉 盖板　面板

图 10-19　已埋入墙壁并穿好线的暗盒　　　　图 10-20　暗装开关的安装

2. 明装开关的安装

明装开关直接安装在建筑物表面。明装开关有分体式和一体式两种类型。

分体式明装开关如图 10-21 所示，分体式明装开关采用明盒与开关组合。在安装分体式明装开关时，先用电钻在墙壁上钻孔，接着往孔内敲入膨胀管（胀塞），然后将螺钉穿过明盒的底孔并旋入膨胀管，将明盒固定在墙壁上，再从侧孔将导线穿入底盒并与开关的接线端连接，最后用螺钉将开关固定在明盒上。明装与暗装所用的开关是一样的，但底盒不同，由于暗装底盒嵌入墙壁，底部无需螺钉固定孔，如图 10-22 所示。

图 10-21　分体式明装开关（明盒＋开关）　　　　图 10-22　暗盒（底部无螺钉孔）

一体式明装开关如图 10-23 所示，在安装时先要撬开面板盖，才能看见开关的固定孔，用螺钉将开关固定在墙壁上，再将导线引入开关并接好线，然后合上面板盖即可。

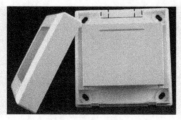

图 10-23　一体式明装开关

3. 开关的安装要点

开关的安装要点如下：

1）开关的安装位置为距地约 1.4m，距门口约 0.2m 处为宜。

2）为避免水汽进入开关而影响开关寿命或导致电气事故，卫生间的开关最好安装在卫生间门外，若必须安装在卫生间内，应给开关加装防水盒。

3）开敞式阳台的开关最好安装在室内，若必须安装在阳台，应给开关加装防水盒。

4）在接线时，必须要将相线接开关，相线经开关后再去接灯具，零线直接接灯具。

10.3.2 插座的安装

插座种类很多，常用的基本类型有三孔、四孔、五孔插座和三相四线插座，还有带开关插座。

1. 暗装插座的拆卸与安装

暗装插座的拆卸方法与暗装开关是一样的，暗装插座的拆卸如图 10-24 所示。

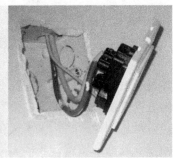

图 10-24　暗装插座的拆卸

暗装插座的安装与暗装开关也是一样的，先从暗盒中拉出导线，按极性规定将导线与插座相应的接线端连接，然后用螺钉将插座主体固定在暗盒上，再盖好面板即可。

2. 明装插座的安装

与明装开关一样，明装插座也有分体式和一体式两种类型。

分体式明装插座如图 10-25 所示，分体式明装插座采用明盒与插座组合，明装与暗装所用的插座是一样的。安装分体式明装插座与安装分体式明装开关一样，将明盒固定在墙壁上，再从侧孔将导线穿入底盒并与插座的接线端连接，最后用螺钉将插座固定在明盒上。

图 10-25　分体式明装插座（明盒 + 插座）

一体式明装插座如图 10-26 所示，在安装时先要撬开面板盖，可以看见插座的螺钉孔和接线端，用螺钉将插座固定在墙壁上，并接好线，然后合上面板盖即可。

图 10-26 一体式明装插座

10.3.3 开关插座的安装位置与注意事项

1. 安装位置

开关插座的安装位置如图 10-27 所示。

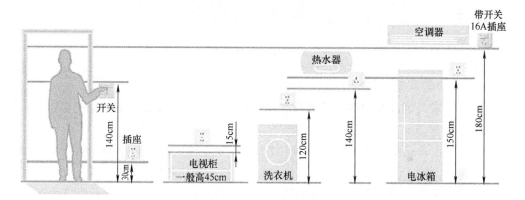

图 10-27 开关插座的安装位置

2. 安装注意事项

在安装插座时，要注意以下事项：

1）在选择插座时，要注意插座的电压和电流规格，住宅用插座电压通常规格为 220V，电流等级有 10A、16A、25A 等，插座所接的负载功率越大，要求插座电流等级越大。

2）如果需要在潮湿的环境（如卫生间和开敞式阳台）安装插座，应给插座安装防水盒。

3）在接线时，插座的插孔一定要按规定与相应极性的导线连接。插座的接线极性规律如图 10-28 所示。**单相两孔插座的左极接 N 线（零线），右极接 L 线（相线）；单相三孔插座的左极接 N 线，右极接 L 线，中间极接 E 线（地线）；三相四线插座的左极接 L3 线（相线 3），右极接 L1 线（相线 1），上极接 E 线，下极接 L2 线（相线 2）。**

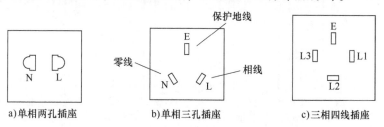

图 10-28 插座的接线极性规律

10.3.4 配电箱的安装

1. 配电箱的外形与结构

家用配电箱种类很多，图 10-29 是一个已经安装了配电电器并接线的配电箱（未安装前盖）。

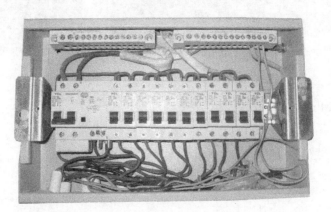

图 10-29 一个已经安装配电电器并接线的配电箱

2. 配电电器的安装与接线

在配电箱中安装的配电电器主要有断路器和漏电保护器，在安装这些配电电器时，需要将它们固定在配电箱内部的导轨上，再给配电电器接线。

图 10-30 是配电箱线路原理图，图 10-31 是与之对应的配电箱的配电电器接线示意图。三根入户线（L、N、PE）进入配电箱，其中 L、N 线接到总断路器的输入端。而 PE 线直接接到地线公共接线柱（所有接线柱都是相通的），总断路器输出端的 L 线接到 3 个漏电保护器的 L 端和 5 个单极断路器的输入端，总断路器输出端的 N 线接到 3 个漏电保护器的 N 端和零线公共接线柱。在输出端，每个漏电保护器的 2 根输出线（L、N）和 1 根由地线公共接线柱引来的 PE 线组成一个分支线路，而单极断路器的 1 根输出线（L）和 1 根由零线公共接线柱引来的 N 线，再加上 1 根由地线公共接线柱引来的 PE 线组成一个分支线路，由于照明线路一般不需地线，故该分支线路未使用 PE 线。

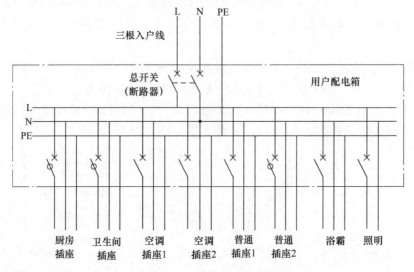

图 10-30 配电箱线路原理图

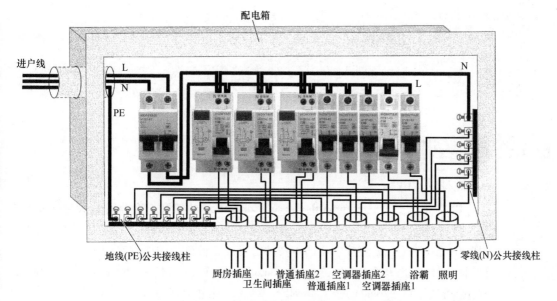

图 10-31　配电箱的配电电器接线示意图

　　在安装住宅配电箱时，当箱体高度小于 **60cm** 时，箱体下端距离地面宜为 **1.5m**，箱体高度大于 **60cm** 时，箱体上端距离地面不宜大于 **2.2m**。

　　在配电箱接线时，对导线颜色也有规定：相线应为黄、绿或红色，单相线可选择其中一种颜色，零线（中性线）应为浅蓝色，保护地线应为绿、黄双色导线。

第11章

PLC基础与入门实战

>> 11.1 认识 PLC

11.1.1 两种类型的 PLC

扫一扫看视频

PLC 是英文 **Programmable Logic Controller** 的缩写，意为可编程序逻辑控制器，是一种专为工业应用而设计的控制器。世界上第一台 PLC 于 1969 年由美国数字设备公司（DEC）研制成功，随着技术的发展，PLC 的功能越来越强大，不仅限于逻辑控制，因此美国电气制造协会（NEMA）于 1980 年对它进行重命名，称为可编程序控制器（Programmable Controller，PC），但由于其缩写 PC 容易与个人计算机（Personal Computer，PC）的缩写混淆，故人们仍习惯将 PLC 当作可编程序控制器的缩写。

按硬件的结构形式不同，PLC 可分为整体式和模块式，如图 11-1 所示。

整体式PLC又称箱式PLC，其外形像一个方形的箱体，这种PLC的CPU、存储器、I/O接口电路等都安装在一个箱体内。
整体式PLC的结构简单、体积小、价格低。小型PLC一般采用整体式结构。

a) 整体式PLC

模块式PLC又称组合式PLC，它有一个总线基板，基板上有很多总线插槽，其中由CPU、存储器和电源构成的一个模块通常固定安装在某个插槽中，其他功能模块可随意安装在其他不同的插槽内。
模块式PLC配置灵活，可通过增减模块来组成不同规模的系统，安装维修方便，但价格较贵。大、中型PLC一般采用模块式结构。

b) 模块式PLC

图 11-1　两种类型的 PLC

11.1.2　PLC 控制与继电器控制的比较

扫一扫看视频

PLC 控制是在继电器控制基础上发展起来的，为了更好地了解 PLC 控制方式，下面以电动机正转控制为例对两种控制系统进行比较。

1. 继电器正转控制

图 11-2 是一种常见的继电器正转控制电路，可以对电动机进行正转和停转控制，图 a 为控制电路，图 b 为主电路。

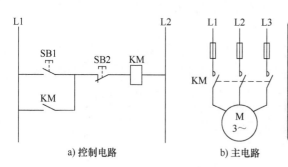

> 按下起动按钮SB1，接触器KM线圈得电，主电路中的KM主触点闭合，电动机得电运转，与此同时，控制电路中的KM常开自锁触点也闭合，锁定KM线圈得电(即SB1断开后KM线圈仍可通过自锁触点得电)。
>
> 按下停止按钮SB2，接触器KM线圈失电，KM主触点断开，电动机失电停转，同时KM常开自锁触点也断开，解除自锁(即SB2闭合后KM线圈无法得电)。

图 11-2　继电器正转控制电路

2. PLC 正转控制

图 11-3 是 PLC 正转控制电路，可以实现与图 11-2 所示的继电器正转控制电路相同的功能。PLC 正转控制电路也可分为主电路和控制电路两部分，PLC 与外接的输入、输出设备构成控制电路，主电路与继电器正转控制主电路相同。

在组建 PLC 控制系统时，除了要进行硬件接线外，还要为 PLC 编写控制程序，并将程序从计算机通过专用电缆传送给 PLC。PLC 正转控制电路的硬件接线如图 11-3 所示，PLC 输入端子连接 SB1（起动）、SB2（停止）和电源，输出端子连接接触器线圈 KM 和电源，PLC 本身也通过 L、N 端子获得供电。

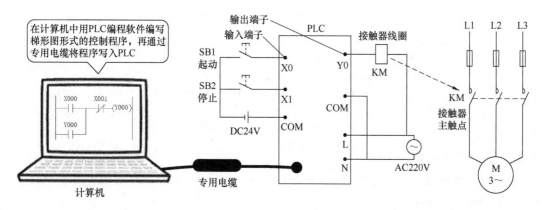

图 11-3　PLC 正转控制电路

PLC 正转控制电路工作过程如下：

按下起动按钮 SB1，有电流流过 X0 端子（电流途径：DC24V 正端→COM 端子→COM、X0 端子之间的内部电路→X0 端子→闭合的 SB1→DC24V 负端），PLC 内部程序运行，运行结果使 Y0、COM 端子之间的内部触点闭合，有电流流过接触器线圈（电流途径：AC220V 一端→接触器线圈→Y0 端子→Y0、COM 端子之间的内部触点→COM 端子→AC220V 另一端），接触器 KM 线圈得电，主电路中的 KM 主触点闭合，电动机运转，松开 SB1 后，X0 端子无电流流过，PLC 内部程序维持 Y0、COM 端子之间的内部触点闭合，让 KM 线圈继续得电（自锁）。

按下停止按钮 SB2，有电流流过 X1 端子（电流途径：DC24V 正端→COM 端子→COM、X1 端子之间的内部电路→X1 端子→闭合的 SB2→DC24V 负端），PLC 内部程序运行，运行结果使 Y0、COM 端子之间的内部触点断开，无电流流过接触器 KM 线圈，线圈失电，主电路中的 KM 主触点断开，电动机停转，松开 SB2 后，内部程序让 Y0、COM 端子之间的内部触点维持断开状态。

当 X0、X1 端子输入信号（即输入端子有电流流过）时，PLC 输出端会输出何种控制是由写入 PLC 的内部程序决定的，比如可通过修改 PLC 程序将 SB1 用作停转控制，将 SB2 用作起动控制。

≫ 11.2 PLC 的组成与工作原理

11.2.1 PLC 的组成框图

PLC 种类很多，但结构大同小异，典型的 PLC 控制系统组成框图如图 11-4 所示。

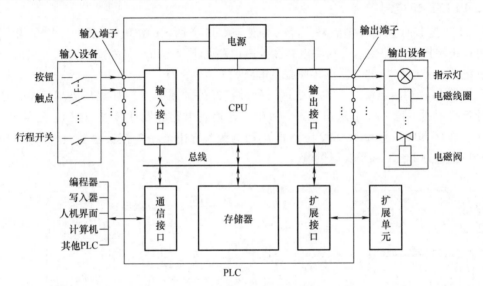

图 11-4 典型的 PLC 控制系统组成方框图

11.2.2 PLC 的输入接口电路

输入接口电路是输入设备与 PLC 内部电路之间的连接电路，用于将输入设备的状态或产生的信号传送给 PLC 内部电路。

PLC 的输入接口电路分为开关量（又称数字量）输入接口电路和模拟量输入接口电路，开关量输入接口电路用于接收开关通断信号，模拟量输入接口电路用于接收模拟量信号。模拟量输入接口电路采用 A-D 转换电路，将模拟量信号转换成数字量信号。开关量输入接口电路采用的电路形式较多，根据使用电源不同，可分为内部直流输入接口电路、外部交流输入接口电路和外部交/直流输入接口电路。三种类型的开关量输入接口电路如图 11-5 所示。

11.2.3 PLC 的输出接口电路

输出接口电路是 PLC 内部电路与输出设备之间的连接电路，用于将 PLC 内部电路产生的信号传送给输出设备。

扫一扫看视频

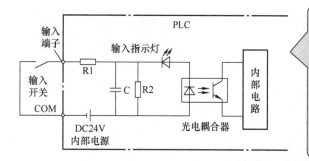

该类型的输入接口电路的电源由PLC内部直流电源提供。当输入开关闭合时，有电流流过光电耦合器和输入指示灯(电流途径是，DC24V右正→光电耦合器的发光二极管→输入指示灯→R1→输入端子→输入开关→COM端子→DC24V左负)，光电耦合器的光电晶体管受光导通，将输入开关状态传送给内部电路，由于光电耦合器内部是通过光线传递信号，故可以将外部电路与内部电路有效隔离，输入指示灯点亮用于指示输入端子有输入。输入端子有电流流过时称作输入为ON(或称输入为1)。

R2、C为滤波电路，用于滤除输入端子窜入的干扰信号，R1为限流电阻。

a) 内部直流输入接口电路

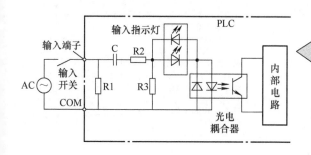

该类型的输入接口电路的电源由外部的交流电源提供。为了适应交流电源的正负变化，接口电路采用了双向发光二极管型光电耦合器和双向发光二极管指示灯。

当输入开关闭合时，若交流电源AC极性为上正下负，有电流流过光电耦合器和指示灯(电流途径是，AC电源上正→输入开关→输入端子→C、R2元件→左正右负发光二极管指示灯→光电耦合器的上正下负发光二极管→COM端子→AC电源的下负)，当交流电源AC极性变为上负下正时，也有电流流过光电耦合器和指示灯(电流途径是，AC电源下正→COM端子→光电耦合器的下正上负发光二极管→右正左负发光二极管指示灯→R2、C元件→输入端子→输入开关→AC电源的上负)，光电耦合器导通，将输入开关状态传送给内部电路。

b) 外部交流输入接口电路

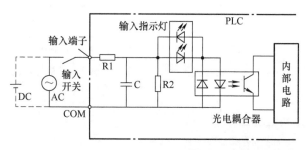

该类型的输入接口电路的电源由外部的直流或交流电源提供。输入开关闭合后，不管外部是直流电源还是交流电源，均有电流流过光电耦合器。

c) 外部交/直流输入接口电路

图11-5　三种类型的开关量输入接口电路

PLC 的输出接口电路也分为开关量输出接口电路和模拟量输出接口电路。模拟量输出接口电路采用 D－A 转换电路，将数字量信号转换成模拟量信号。**开关量输出接口电路主要有三种类型：继电器输出接口电路、晶体管输出接口电路和双向晶闸管输出接口电路。三种类型开关量输出接口电路如图11-6所示。**

11.2.4　PLC 的工作方式

PLC 是一种由程序控制运行的设备，其工作方式与微型计算机不同，微型计算机运行到结束指令 END 时，程序运行结束。**PLC 运行程序时，会按顺序依次逐条执行存储器中的程序指令，当执行完最后的指令后，并不会马上停止，而是又重新开始再次执行存储器中的程序，如此周而复始，PLC 的这种工作方式称为循环扫描方式。**PLC 的工作过程如图11-7所示。

PLC 有两个工作模式：RUN（运行）模式和 STOP（停止）模式。当 PLC 处于 RUN 模式时，系统会执行用户程序，当 PLC 处于 STOP 模式时，系统不执行用户程序。PLC 正常

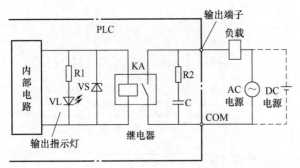

当PLC内部电路输出为ON(也称输出为1)时，内部电路会输出电流流过继电器KA线圈，继电器KA常开触点闭合，负载有电流流过(电流途径：电源一端→负载→输出端子→内部闭合的KA触点→COM端子→电源另一端)。

由于继电器触点无极性之分，故继电器输出接口电路可驱动交流或直流负载(即负载电路可采用直流电源或交流电源供电)，但触点开闭速度慢，其响应时间长，动作频率低。

a) 继电器输出接口电路

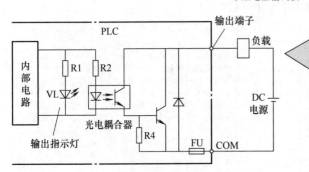

采用光电耦合器与晶体管配合使用。当PLC内部电路输出为ON时，内部电路会输出电流流过光电耦合器的发光二极管，光电晶体管受光导通，为晶体管基极提供电流，晶体管也导通，负载有电流流过(电流途径：DC电源上正→负载→输出端子→导通的晶体管→COM端子→电源下负)。

由于晶体管有极性之分，故晶体管输出接口电路只可驱动直流负载(即负载电路只能使用直流电源供电)。晶体管输出接口电路是依靠晶体管导通和截止实现开闭的，开闭速度快，动作频率高，适合输出脉冲信号。

b) 晶体管输出接口电路

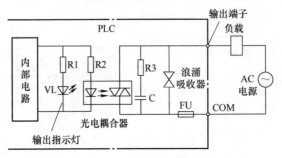

采用双向晶闸管型光电耦合器，在受光照射时，光电耦合器内部的双向晶闸管可以双向导通。

双向晶闸管输出接口电路的响应速度快，动作频率高，用于驱动交流负载。

c) 晶闸管输出接口电路

图 11-6 三种类型开关量输出接口电路

工作时应处于 RUN 模式，而在下载和修改程序时，应让 PLC 处于 STOP 模式。PLC 的两种工作模式可通过面板上的开关进行切换。

PLC 工作在 RUN 模式时，执行输入采样、处理用户程序和输出刷新所需的时间称为扫描周期，一般为 1 ~ 100ms。扫描周期与用户程序的长短、指令的种类和 CPU 执行指令的速度有很大的关系。

11.2.5 实例说明 PLC 程序控制电气电路的工作过程

PLC 的用户程序执行过程很复杂，下面以 PLC 正转控制电路为例进行说明。图 11-8 是 PLC 正转控制电路与内部用户程序，为了便于说明，图中画出了 PLC 内部等效图。

图 11-8 中的 X0（也可用 X000 表示）、X1、X2 称为输入继电器，它由线圈和触点两部分组成，由于线圈与触点都是等效而来，故又称为软件线圈和软件触点，Y0（也可用 Y000 表示）称为输出继电器，它也包括线圈和触点。PLC 内部中间部分为用户程序（梯形图程序），程序形式与继电器控制电路相似，两端相当于电源线，中间为触点和线圈。

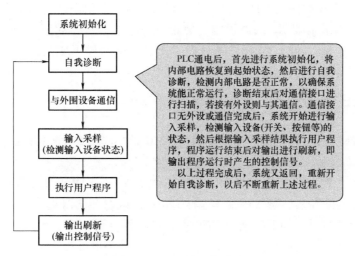

图 11-7 PLC 的工作过程

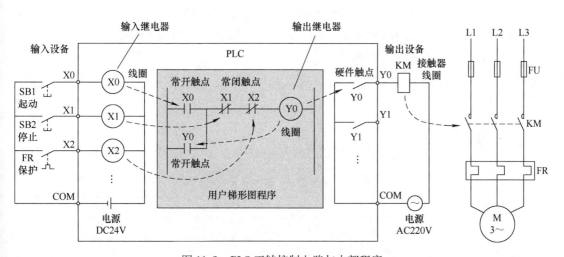

图 11-8 PLC 正转控制电路与内部程序

PLC 正转控制电路软硬件工作过程：

当按下起动按钮 SB1 时，输入继电器 X0 线圈得电（电流途径：DC24V 正端→X0 线圈→X0 端子→SB1→COM 端子→24V 负端），X0 线圈得电会使用户程序中的 X0 常开触点（软件触点）闭合，输出继电器 Y0 线圈得电（电流途径：左等效电源线→已闭合的 X0 常开触点→X1 常闭触点→Y0 线圈→右等效电源线），Y0 线圈得电一方面使用户程序中的 Y0 常开自锁触点闭合，对 Y0 线圈供电进行锁定，另一方面使输出端的 Y0 硬件常开触点闭合（Y0 硬件触点又称物理触点，实际是继电器的触点或晶体管），接触器 KM 线圈得电（电流途径：AC220V 一端→KM 线圈→Y0 端子→内部 Y0 硬件触点→COM 端子→AC220V 另一端），主电路中的接触器 KM 主触点闭合，电动机得电运转。

当按下停止按钮 SB2 时，输入继电器 X1 线圈得电，它使用户程序中的 X1 常闭触点断开，输出继电器 Y0 线圈失电，一方面使用户程序中的 Y0 常开自锁触点断开，解除自锁，另一方面使输出端的 Y0 硬件常开触点断开，接触器 KM 线圈失电，KM 主触点断开，电动机失电停转。

若电动机在运行过程中长时间电流过大，热继电器 FR 动作，使 PLC 的 X2 端子外接的 FR 触点闭合，输入继电器 X2 线圈得电，使用户程序中的 X2 常闭触点断开，输出继电器 Y0 线圈马上失电，输出端的 Y0 硬件常开触点断开，接触器 KM 线圈失电，KM 主触点闭合，电动机失电停转，从而避免电动机长时间过电流运行。

11.3　三菱 FX3U 系列 PLC 介绍

三菱 FX3U 是 FX3 三代机中的高端机型，FX3U 是二代机 FX2N 的升级机型。三菱 FX3U 系列 PLC 的特性如下：

1）支持的指令数：基本指令 29 条，步进指令 2 条，应用指令 218 条。

2）程序容量 64000 步，可使用带程序传送功能的闪存存储器盒。

3）支持软元件数量：辅助继电器 7680 点，定时器（计时器）512 点，计数器 235 点，数据寄存器 8000 点，扩展寄存器 32768 点，扩展文件寄存器 32768 点（只有安装存储器盒时可以使用）。

三菱 FX3U 系列 PLC 的控制规模为 16 ~ 256 点（基本单元：16/32/48/64/80/128 点，连接扩展 I/O 时最多可使用 256 点）；使用 CC - Link 远程 I/O 时为 384 点。

11.3.1　面板及组成部件

三菱 FX3U 基本单元面板外形如图 11-9a 所示，面板组成部件如图 11-9b 所示。

11.3.2　规格概要

三菱 FX3U 基本单元规格概要见表 11-1。

表 11-1　三菱 FX3U 基本单元规格概要

项目		规格概要
电源、输入输出	电源规格	AC 电源型：AC100 ~ 240V，50/60Hz DC 电源型：DC24V
	消耗电量	AC 电源型：30W（16M），35W（32M），40W（48M），45W（64M），50W（80M），65W（128M） DC 电源型：25W（16M），30W（32M），35W（48M），40W（64M），45W（80M）
	冲击电流	AC 电源型：最大 30A，5ms 以下/AC100V；最大 45A，5ms 以下/AC200V
	24V 供给电源	AC 电源 DC 输入型：400mA 以下（16M，32M），600mA 以下（48M，64M，80M，128M）
	输入规格	DC 输入型：DC24V，5/7mA（无电压触点或漏型输入时：NPN 开路集电极晶体管；源型输入时：PNP 开路集电极晶体管） AC 输入型：AC100 ~ 120V 电压输入
	输出规格	继电器输出型：2A/1 点，8A/4 点 COM，8A/8 点 COM AC250V（取得 CE、UL/cUL 认证时为 240V），DC30V 以下 双向晶闸管型：0.3A/1 点，0.8A/4 点 COM AC85 ~ 242V 晶体管输出型：0.5A/1 点，0.8A/4 点，1.6A/8 点 COM DC5 ~ 30V
	输入输出扩展	可连续 FX$_{2N}$ 系列用扩展设备
内置通信端口		RS-422

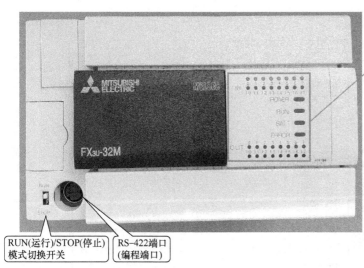

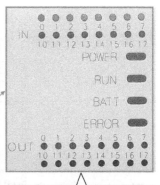

IN：X0～X7、X10～X17输入指示灯，当某输入端有信号输入时，相应的指示灯亮
OUT：Y0～Y7、Y10～Y17输出指示灯，当某输出端有信号输出时，相应的指示灯亮
POWER：电源指示灯
RUN：程序运行指示灯
BATT：电池耗尽指示灯
ERROR：CPU出错指示灯

RUN(运行)/STOP(停止)
模式切换开关

RS-422端口
(编程端口)

a) 面板一(未拆保护盖)

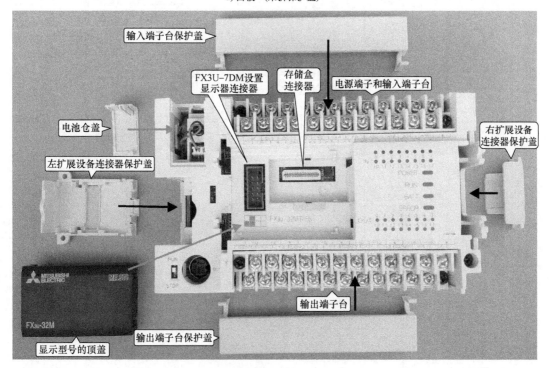

输入端子台保护盖

FX3U-7DM设置
显示器连接器

存储盒
连接器

电源端子和输入端子台

电池仓盖

右扩展设备
连接器保护盖

左扩展设备连接器保护盖

显示型号的顶盖

输出端子台保护盖

输出端子台

b) 面板二(拆下各种保护盖)

图11-9　三菱FX3U–32M型PLC面板组成部件及名称

》》11.4　PLC 入门实战

11.4.1　PLC控制双灯先后点亮的硬件电路及说明

三菱FX3U–MT/ES型PLC控制双灯先后点亮的硬件电路如图11-10所示。

扫一扫看视频

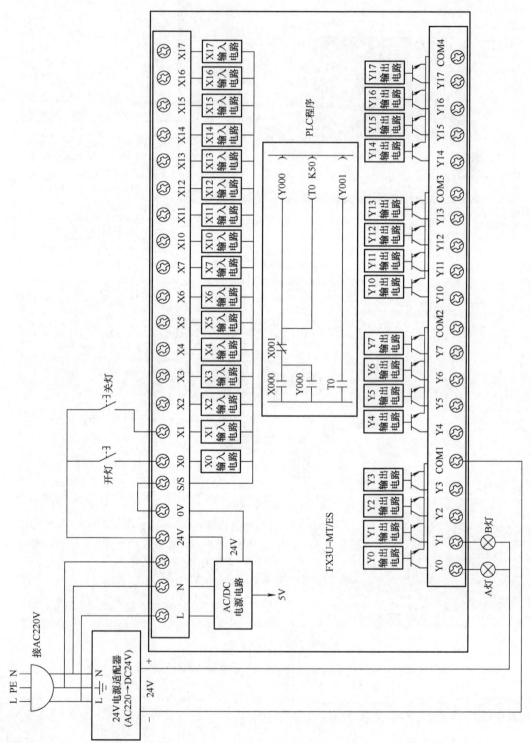

图 11-10 三菱 FX3U-MT/ES 型 PLC 控制双灯先后点亮的硬件电路

1. 电源、输入端和输出端接线

（1）电源接线

220V 交流电源的 L、N、PE 线分作两路：一路分别接到 24V 电源适配器的 L、N、接地端，电源适配器将 220V 交流电压转换成 24V 直流电压输出；另一路分别接到 PLC 的 L、N、接地端，220V 电源经 PLC 内部 AC/DC 电源电路转换成 24V 直流电压和 5V 直流电压，24V 电压从 PLC 的 24V、0V 端子往外输出，5V 电压则供给 PLC 内部其他电路使用。

（2）输入端接线

PLC 输入端连接开灯、关灯两个按钮，这两个按钮一端连接在一起并接到 PLC 的 24V 端子，开灯按钮的另一端接到 X0 端子，关灯按钮另一端接到 X1 端子，另外需要将 PLC 的 S/S 端子（输入公共端）与 0V 端子用导线直接连接在一起。

（3）输出端接线

PLC 输出端连接 A 灯、B 灯，这两个灯的工作电压为 24V，由于 PLC 为晶体管输出类型，故输出端电源必须为直流电源。在接线时，A 灯和 B 灯一端连接在一起并接到电源适配器输出的 24V 电压正端，A 灯另一端接到 Y0 端子，B 灯另一端接到 Y1 端子，电源适配器输出的 24V 电压负端接到 PLC 的 COM1 端子（Y0～Y3 的公共端）。

2. PLC 控制双灯先后点亮系统的硬、软件工作过程

PLC 控制双灯先后点亮系统实现的功能是，当按下开灯按钮时，A 灯点亮，5s 后 B 灯再点亮，按下关灯按钮时，A、B 灯同时熄灭。

PLC 控制双灯先后点亮系统的硬、软件工作过程如下：

当按下开灯按钮时，有电流流过内部的 X0 输入电路（电流途径：24V 端子→开灯按钮→X0 端子→X0 输入电路→S/S 端子→0V 端子），使内部 PLC 程序中的 X000 常开触点闭合，Y000 线圈和 T0 定时器同时得电。Y000 线圈得电一方面使 Y000 常开自锁触点闭合，锁定 Y000 线圈得电，另一方面让 Y0 输出电路输出控制信号，控制晶体管导通，有电流流过 Y0 端子外接的 A 灯（电流途径：24V 电源适配器的 24V 正端→A 灯→Y0 端→内部导通的晶体管→COM1 端→24V 电源适配器的 24V 负端），A 灯点亮。在程序中的 Y000 线圈得电时，T0 定时器同时也得电，T0 进行 5s 计时，5s 后 T0 定时器动作，T0 常开触点闭合，Y001 线圈得电，让 Y1 输出电路输出控制信号，控制晶体管导通，有电流流过 Y1 端子外接的 B 灯（电流途径：24V 电源适配器的 24V 正端→B 灯→Y1 端→内部导通的晶体管→COM1 端→24V 电源适配器的 24V 负端），B 灯也点亮。

当按下关灯按钮时，有电流流过内部的 X1 输入电路（电流途径：24V 端子→关灯按钮→X1 端子→X1 输入电路→S/S 端子→0V 端子），使内部 PLC 程序中的 X001 常闭触点断开，Y000 线圈和 T0 定时器同时失电。Y000 线圈失电一方面让 Y000 常开自锁触点断开，另一方面让 Y0 输出电路停止输出控制信号，晶体管截止（不导通），无电流流过 Y0 端子外接的 A 灯，A 灯熄灭。T0 定时器失电会使 T0 常开触点断开，Y001 线圈失电，Y1 端子内部的晶体管截止，B 灯也熄灭。

11.4.2 DC24V 电源适配器与 PLC 的电源接线

PLC 供电电源有两种类型：DC24V（24V 直流电源）和 AC220V（220V 交流电源）。对于采用 220V 交流供电的 PLC，一般内置 AC220V 转 DC24V 的电源电路，对于采用 DC24V 供电的 PLC，可以在外部连接 24V 电源适配器，由其将 AC220V 转换成 DC24V 后再提供给 PLC。

1. DC24V 电源适配器介绍

DC24V 电源适配器的功能是将 220V（或 110V）交流电压转换成 24V 的直流电压输出。图 11-11 是一种常用的 DC24V 电源适配器。

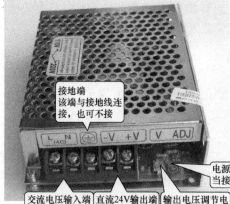

接地端
该端与接地线连接，也可不接

电源指示灯
当接通输入电压时，指示灯亮

交流电压输入端
L端：接相线
N端：接零线

直流24V输出端
－V：电源负端
＋V：电源正端

输出电压调节电位器，可以调节输出电压大小

电源适配器的L、N端为交流电压输入端，L端接相线，N端接零线，接地端与接地线(与大地连接的导线)连接，若电源适配器出现漏电使外壳带电，外壳的漏电可以通过接地端和接地线流入大地，这样接触外壳时不会发生触电，当然接地端不接地线，电源适配器仍会正常工作。－V、＋V端为24V直流电压输出端，－V端为电源负端，＋V端为电源正端。

电源适配器上有一个输出电压调节电位器，可以调节输出电压，让输出电压在24V左右变化，在使用时应将输出电压调到24V。电源指示灯用于指示电源适配器是否已接通电源。

a) 接线端、调压电位器和电源指示灯

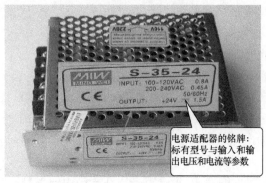

在电源适配器上一般会有一个铭牌(标签)，在铭牌上会标注型号、额定输入和输出电压和电流参数，从铭牌可以看出，该电源适配器输入端可接100～120V的交流电压，也可以接200～240V的交流电压，输出电压为24V，输出电流最大为1.5A。

电源适配器的铭牌：标有型号与输入和输出电压和电流等参数

b) 铭牌

图 11-11　一种常用的 DC24V 电源适配器

2. 三线电源线及插头、插座说明

图 11-12 是常见的三线电源线、插头和插座，其导线的颜色、插头和插座的极性都有规定标准。

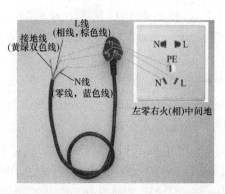

L线
(相线，棕色线)

接地线
(黄绿双色线)

N线
零线，蓝色线)

左零右火(相)中间地

L线(即相线，俗称火线)可以使用红、黄、绿或棕色导线，N线(即零线)使用蓝色线，PE线(即接地线)使用黄绿双色线，插头的插片和插座的插孔极性规定具体如图所示，接线时要按标准进行。

图 11-12　常见的三线电源线的颜色及插头、插座极性标准

3. PLC 的电源接线

在 PLC 下载程序和工作时都需要连接电源，三菱 FX3U – MT/ES 型 PLC 没有采用 DC24V 供电，而是采用 220V 交流电源直接供电，其供电接线如图 11-13 所示。

扫一扫看视频

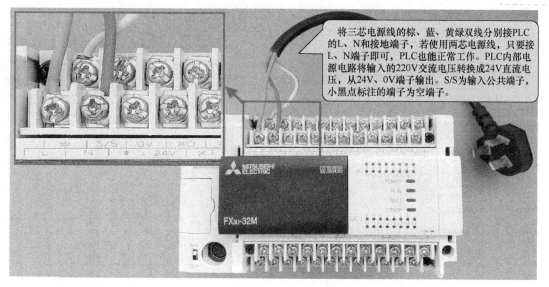

> 将三芯电源线的棕、蓝、黄绿双线分别接PLC的L、N和接地端子，若使用两芯电源线，只要接L、N端子即可，PLC也能正常工作。PLC内部电源电路将输入的220V交流电压转换成24V直流电压，从24V、0V端子输出。S/S为输入公共端子，小黑点标注的端子为空端子。

图 11-13　PLC 的电源接线

11.4.3　编程电缆（下载线）及驱动程序的安装

1. 编程电缆

扫一扫看视频

在计算机中用 PLC 编程软件编写好程序后，如果要将其传送到 PLC，须用编程电缆（又称下载线）将计算机与 PLC 连接起来。三菱 FX 系列 PLC 常用的编程电缆有 FX-232 型和 FX-USB 型，其外形如图 11-14 所示，一些旧计算机有 COM 端口（又称串口，RS-232 端口），可使用 FX-232 型编程电缆，无 COM 端口的计算机可使用 FX-USB 型编程电缆。

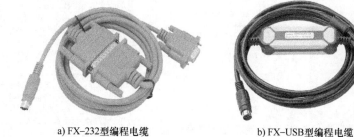

a) FX-232型编程电缆　　　　　b) FX-USB型编程电缆

图 11-14　三菱 FX 系列 PLC 常用的编程电缆

2. 驱动程序的安装

用 FX – USB 型编程电缆将计算机和 PLC 连接起来后，计算机还不能识别该电缆，需要在计算机中安装此编程电缆的驱动程序。

FX – USB 型编程电缆驱动程序的安装过程如图 11-15 所示。打开编程电缆配套驱动程序的文件夹，如图 11-15a 所示，文件夹中有一个"HL – 340. EXE"可执行文件，双击该文件，弹出图 11-15b 所示的对话框，单击"INSTALL（安装）"按钮，即开始安装驱动程序，单击"UNINSTALL（卸载）"按钮，可以卸载先前已安装的驱动程序，驱动安装成功后，会弹出安装成功对话框，如图 11-15c 所示。

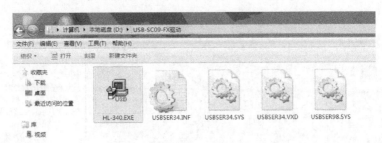

a) 打开驱动程序文件夹，执行"HL-340.EXE"文件

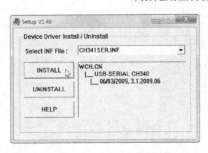

b) 单击"INSTALL"按钮开始安装驱动程序

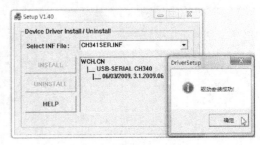

c) 驱动安装成功

图 11-15　FX-USB 型编程电缆驱动程序的安装

3. 查看计算机连接编程电缆的端口号

编程电缆的驱动程序成功安装后，在计算机的"设备管理器"中可查看到计算机与编程电缆连接的端口号，如图 11-16 所示。

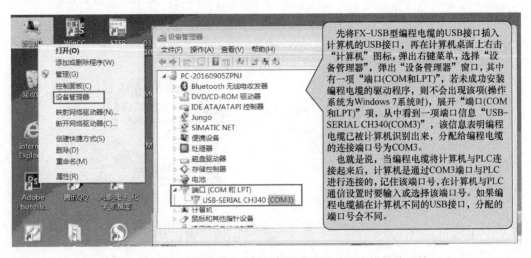

图 11-16　在设备管理器中查看计算机分配给编程电缆的端口号

11.4.4　编写程序并下载到 PLC

1. 用编程软件编写程序

三菱 FX1、FX2、FX3 系列 PLC 可使用三菱 GX Developer 软件编写程序。用 GX Developer

软件编写的控制双灯先后点亮的 PLC 程序如图 11-17 所示。

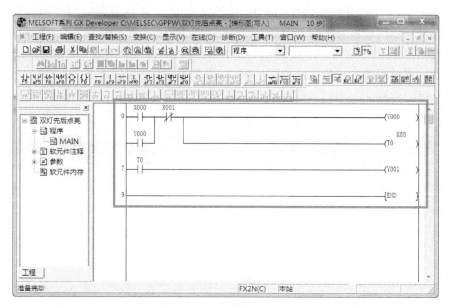

图 11-17　用 GX Developer 软件编写的控制双灯先后点亮的 PLC 程序

2. 用编程电缆连接 PLC 与计算机

在将计算机中编写好的 PLC 程序下载到 PLC 前，需要用编程电缆将计算机与
PLC 连接起来，如图 11-18 所示。在连接时，将 FX - USB 型编程电缆一端的 USB
接口插入计算机的 USB 接口，另一端的 9 针圆口插入 PLC 的 RS-422 接口，再给
PLC 接通电源，PLC 面板上的 POWER（电源）指示灯亮。

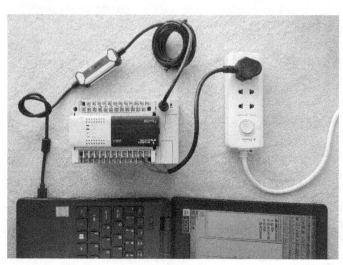

图 11-18　用编程电缆连接 PLC 与计算机

3. 通信设置

用编程电缆将计算机与 PLC 连接起来后，除了要在计算机中安装编程电缆的
驱动程序外，还需要在 GX Developer 软件中进行通信设置，这样两者才能建立通
信连接。

在 GX Developer 软件中进行通信设置如图 11-19 所示。在 GX Developer 软件中执行菜单命令"在线"→"传输设置",如图 11-19a 所示,弹出"传输设置"对话框,如图 11-19b 所示,在该对话框内双击左上角的"串行 USB"项,弹出"PC I/F 串口详细设置"对话框,在此对话框中选中"RS-232C"项,COM 端口选择 COM3(须与在设备管理器中查看到的端口号一致,否则无法建立通信连接),传输速度设为 19.2kbps,然后单击"确认"按钮关闭当前的对话框,回到上一个对话框("传输设置"对话框),再单击对话框"确认"按钮即完成通信设置。

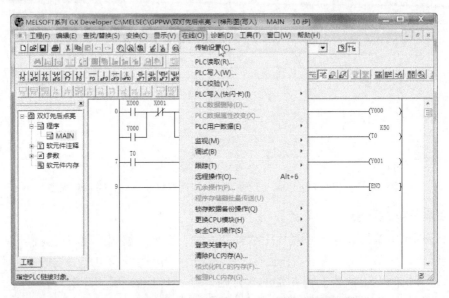

a) 在 GX Developer 软件中执行菜单命令"在线"→"传输设置"

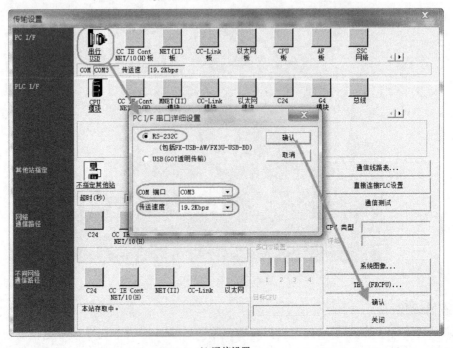

b) 通信设置

图 11-19　在 GX Developer 软件中进行通信设置

4. 将程序下载到 PLC

在用编程电缆将计算机与 PLC 连接起来并进行通信设置后，就可以在 GX Developer 软件中将编写好的 PLC 程序（或打开先前已编写好的 PLC 程序）下载到（又称写入）PLC。

在 GX Developer 软件中将程序下载到 PLC 的操作过程如图 11-20 所示。在 GX Developer 软件中执行菜单命令"在线"→"PLC 写入"，若弹出图 11-20a 所示的对话框，表明计算机与 PLC 之间未用编程电缆连接，或者通信设置错误，如果计算机与 PLC 连接正常，会弹出"PLC 写入"对话框，如图 11-20b 所示，在该对话框中展开"程序"项，选中"MAIN（主程序）"，然后单击"执行"按钮，弹出询问是否执行写入对话框，单击"是"按钮，又弹出一个对话框，如图 11-20c 所示，询问是否远程让 PLC 进入 STOP 模式（PLC 在 STOP 模式时才能被写入程序，若 PLC 的 RUN/STOP 开关已处于 STOP 位置，则不会出现该对话框），单击"是"按钮，GX Developer 软件开始通过编程电缆往 PLC 写入程序，图 11-20d 为程序写入进度条，程序写入完成后，会弹出一个对话框，如图 11-20e 所示，询问是否远程让 PLC 进入 RUN 模式，单击"是"按钮，弹出程序写入完成对话框（见图 11-20f），单击"确定"按钮，完成 PLC 程序的写入。

a) 对话框提示计算机与PLC连接不正常
（未连接或通信设置错误）

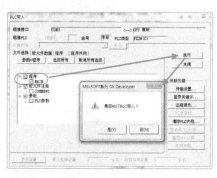

b) 选择要写入PLC的内容并单击"执行"按钮后
弹出询问对话框

c) 单击"是"按钮可远程让PLC进入STOP模式

d) 程序写入进度条

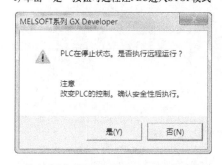

e) 单击"是"按钮可远程让PLC进入RUN模式

f) 程序写入完成对话框

图 11-20　在 GX Developer 软件下载程序到 PLC 的操作过程

11.4.5 实物接线

图 11-21 为 PLC 控制双灯先后点亮系统的实物接线全图。图 11-22 为接线细节图，图 11-22a 为电源适配器接线，图 11-22b 左图为输出端的 A 灯、B 灯接线，右图为 PLC 电源和输入端的开灯、关灯按钮接线。在实物接线时，可对照图 11-10 所示硬件电路图进行。

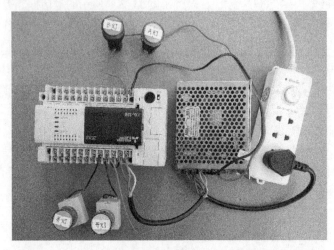

图 11-21　PLC 控制双灯先后点亮系统的实物接线（全图）

扫一扫看视频

a) 电源适配器的接线

b) 输出端、输入端和电源端的接线

图 11-22　PLC 控制双灯先后点亮系统的实物接线（细节图）

11.4.6　实际通电操作测试

PLC 控制双灯先后点亮系统的硬件接线完成，程序也已经下载到 PLC 后，就可以给系统通电，观察系统能否正常运行，并进行各种操作测试，观察能否达到控制要求，如果不正常，应检查硬件接线和编写的程序是否正确，若程序不正确，用编程软件改正后重新下载到 PLC，再进行测试。PLC 控制双灯先后点亮系统的通电测试过程见表 11-2。

扫一扫看视频

表 11-2　PLC 控制双灯先后点亮系统的通电测试过程

序号	操作说明	操作图
1	按下电源插座上的开关，220V 交流电压送到 24V 电源适配器和 PLC，电源适配器工作，输出 24V 直流电压（输出指示灯亮），PLC 获得供电后，面板上的"POW-ER（电源）"指示灯亮，由于 RUN/STOP 模式切换开关处于 RUN 位置，故"RUN"指示灯也亮	
2	按下开灯按钮，PLC 面板上的 X0 端指示灯亮，表示 X0 端有输入，内部程序运行，面板上的 Y0 端指示灯变亮，表示 Y0 端有输出，Y0 端外接的 A 灯变亮	
3	5s 后，PLC 面板上的 Y1 端指示灯变亮，表示 Y1 端有输出，Y1 端外接的 B 灯也变亮	
4	按下关灯按钮，PLC 面板上的 X1 端指示灯亮，表示 X1 端有输入，内部程序运行，面板上的 Y0、Y1 端指示灯均熄灭，表示 Y0、Y1 端无输出，Y0、Y1 端外接的 A 灯和 B 灯均熄灭	

（续）

序号	操作说明	操作图
5	将 RUN/STOP 开关拨至 STOP 位置，再按下开灯按钮，虽然面板上的 X0 端指示灯亮，但由于 PLC 内部程序已停止运行，故 Y0、Y1 端均无输出，A、B 灯都不会亮	

第12章

PLC编程软件的安装与使用

三菱 FX 系列 PLC 的编程软件有 FXGP_WIN-C、GX Developer 和 GX Work 三种。FXGP_WIN-C 软件体积小巧、操作简单，但只能对 FX2N 及以下档次的 PLC 编程，无法对 FX3 系列的 PLC 编程，仅支持 32 位操作系统，建议初级用户使用。GX Developer 软件体积大、功能全，不但可对 FX 全系列 PLC 进行编程，还可对中大型 PLC（早期的 A 系列和现在的 Q 系列）编程，建议初、中级用户使用。GX Work 软件可对 FX 系列、L 系列和 Q 系列 PLC 进行编程，与 GX Developer 软件相比，除了外观和一些小细节上的区别外，最大的区别是 GX Work 支持结构化编程（类似于西门子中大型 S7-300/400 PLC 的 STEP 7 编程软件），建议中、高级用户使用。

≫ 12.1 编程软件的安装

为了使软件安装能顺利进行，在安装 GX Developer 软件前，建议暂时先关掉计算机的安全防护软件。软件安装时先安装软件环境，再安装 GX Developer 编程软件。

12.1.1 安装软件环境

在安装时，先将 GX Developer 安装文件夹（如果是一个 GX Developer 压缩文件，则先要解压）复制到某盘符的根目录下（如 D 盘的根目录下），再打开 GX Developer 文件夹，文件夹中包含有三个文件夹，如图 12-1a 所示，打开其中的 SW8D5C-GPPW-C 文件夹，再打开该文件夹中的 EnvMEL 文件夹，找到"SETUP. EXE"文件，如图 12-1b 所示，并双击它，就开始安装 MELSOFT 环境软件。

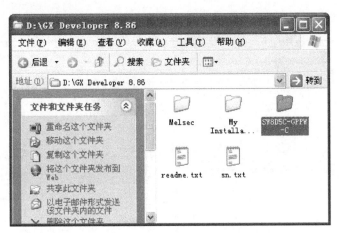

扫一扫看视频

a）打开SW8D5C-GPPW-C文件夹

图 12-1 安装 GX Developer 软件的环境

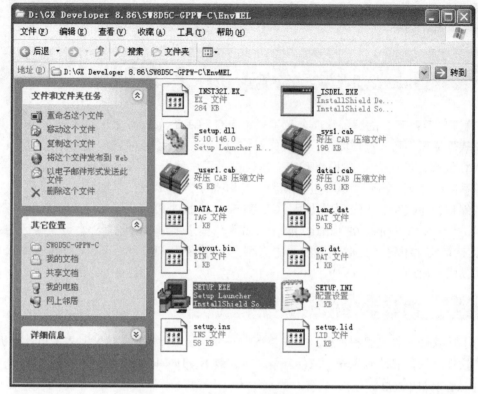

b）双击SETUP.EXE文件

图 12-1　安装 GX Developer 软件的环境（续）

12.1.2　安装 GX Developer 编程软件

软件环境安装完成后，就可以开始安装 GX Developer 软件了。GX Developer 软件的安装过程见表 12-1。

表 12-1　GX Developer 软件的安装过程说明

序号	操作说明	操作图
1	打开 SW8D5C-GP-PW-C 文件夹，在该文件夹中找到 SET-UP. EXE 文件，双击该文件即开始 GX Developer 软件的安装	

（续）

序号	操作说明	操作图
2	在"用户信息"对话框中，输入姓名和公司名，单击"下一个"按钮	
3	在"输入产品序列号"对话框中，输入产品序列号，单击"下一个"按钮	
4	在"选择部件"对话框中，勾选"结构化文本（ST）语言编程功能"，单击"下一个"按钮	

（续）

序号	操作说明	操作图
5	在"选择部件"对话框中，不选"监视专用GX De-veloper"，单击"下一个"按钮	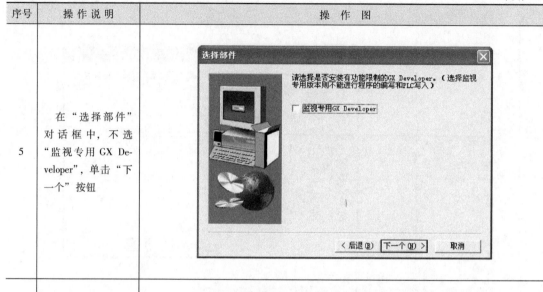
6	在"选择部件"对话框中，将两项全部选中，单击"下一个"按钮	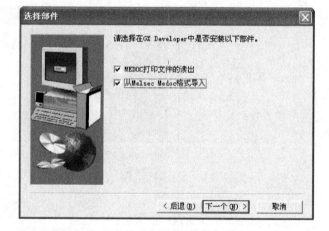
7	在"选择目标位置"对话框中，选择软件的安装路径，这里保持默认路径，单击"下一个"按钮，即开始正式安装GX Developer	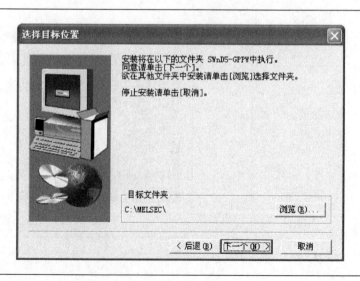

（续）

序号	操作说明	操 作 图
8	软件安装完成后，会出现右图所示的安装完成提示，单击"确定"按钮即完成软件的安装	

12.1.3　软件的启动与窗口及工具说明

1. 软件的启动

单击计算机桌面左下角"开始"按钮，在弹出的菜单中执行"程序→MELSOFT 应用程序→GX Developer"，如图 12-2a 所示，即可启动 GX Developer 软件，启动后的软件窗口如图 12-2b 所示。

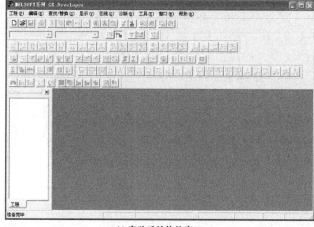

a) 从开始菜单启动

b) 启动后的软件窗口

图 12-2　GX Developer 软件的启动

2. 软件窗口说明

GX Developer 启动后不能马上编写程序，还需要新建一个工程，再在工程中编写程序。新建工程后（新建工程的操作方法在后面介绍），GX Developer 窗口会发生一些变化，如图 12-3 所示。

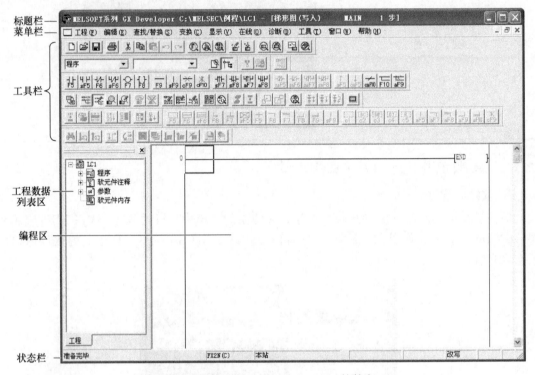

图 12-3 新建工程后的 GX Developer 软件窗口

1）标题栏：主要显示工程名称及保存位置。

2）菜单栏：有 10 个菜单项，通过执行这些菜单项下的菜单命令，可完成软件绝大部分功能。

3）工具栏：提供了软件操作的快捷按钮，有些按钮处于灰色状态，表示它们在当前操作环境下不可使用。由于工具栏中的工具条较多，占用了软件窗口较大范围，可将一些不常用的工具条隐藏起来，操作方法是执行菜单命令"显示→工具条"，弹出工具条对话框，如图 12-4所示，单击对话框中工具条名称前的圆圈，使之变成空心圆，则这些工具条将隐藏起来，如果仅想隐藏某工具条中的某个工具按钮，可先选中对话框中的某工具条，如选中"标准"工具条，再单击"定制"按钮，又弹出一个对话框，如图 12-5 所示，显示该工具条中所有的工具按钮，在该对话框中取消某工具按钮，如取消"打印"工具按钮，确定后，软件窗口的标准工具条中将不会显示打印按钮，如果软件窗口的工具条排列混乱，可在

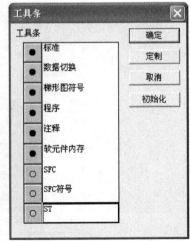

图 12-4 取消某些工具条
在软件窗口的显示

图12-4所示的工具条对话框中单击"初始化"按钮，软件窗口所有的工具条将会重新排列，恢复到初始位置。

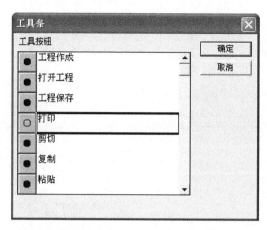

图12-5 取消某工具条中的某些工具按钮在软件窗口的显示

4）工程数据列表区：以树状结构显示工程的各项内容（如程序、软元件注释、参数等）。当双击列表区的某项内容时，右方的编程区将切换到该内容编辑状态。如果要隐藏工程数据列表区，可单击该区域右上角的×，或者执行菜单命令"显示→工程数据列表"。

5）编程区：用于编写程序，可以用梯形图或指令表编写程序，当前处于梯形图编程状态，如果要切换到指令表编程状态，可执行菜单命令"显示→列表显示"。如果编程区的梯形图符号和文字偏大或偏小，可执行菜单命令"显示→放大/缩小"，弹出图12-6所示的对话框，在其中选择显示倍率。

6）状态栏：用于显示软件当前的一些状态，如鼠标所指工具的功能提示、PLC类型和读写状态等。如果要隐藏状态栏，可执行菜单命令"显示→状态条"。

3. 梯形图工具说明

工具栏中的工具很多，将鼠标移到某工具按钮上，鼠标下方会出现该按钮功能说明，如图12-7所示。

图12-6 编程区显示倍率设置

图12-7 鼠标停在工具按钮上时会显示该按钮功能说明

梯形图工具条的各工具按钮说明如图12-8所示。工具按钮下部的字符表示该工具的快捷操作方式，常开触点工具按钮下部标有F5，表示按下键盘上的F5键可以在编程区插入一个常开触点，sF5表示Shift键+F5键（即同时按下Shift键和F5键，也可先按下Shift键后再按F5键），cF10表示Ctrl键+F10键，aF7表示Alt键+F7键，saF7表示Shift键+Alt键+F7键。

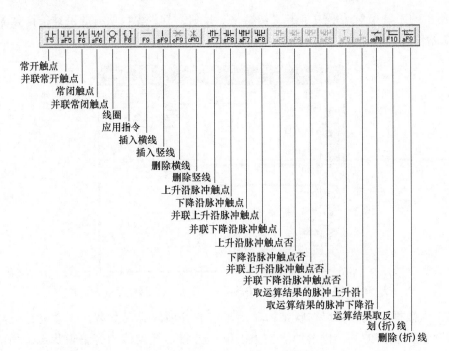

常开触点
并联常开触点
常闭触点
并联常闭触点
线圈
应用指令
插入横线
插入竖线
删除横线
删除竖线
上升沿脉冲触点
下降沿脉冲触点
并联上升沿脉冲触点
并联下降沿脉冲触点
上升沿脉冲触点否
下降沿脉冲触点否
并联上升沿脉冲触点否
并联下降沿脉冲触点否
取运算结果的脉冲上升沿
取运算结果的脉冲下降沿
运算结果取反
划（折）线
删除（折）线

图 12-8　梯形图工具条的各工具按钮说明

》》12. 2　编程软件的使用

12. 2. 1　创建新工程

　　GX Developer 软件启动后不能马上编写程序，还需要创建新工程，再在创建的工程中编写程序。

扫一扫看视频

　　创建新工程有三种方法，一是单击工具栏中的 □ 按钮，二是执行菜单命令"工程→创建新工程"，三是按 Ctrl 键 + N 键，均会弹出创建新工程对话框，在对话框中先选择 PLC 系列，如图 12-9a 所示，再选择 PLC 类型，如图 12-9b 所示，从对话框中可以看出，GX Developer 软件可以对所有的 FX 系列 PLC 进行编程，创建新工程时选择的 PLC 类型要与实际的 PLC 一致，否则程序编写后无法写入

PLC 或写入出错。

　　由于 FX3S（FX3SA）系列 PLC 推出时间较晚，在 GX Developer 软件的 PLC 类型栏中没有该系列的 PLC 供选择，可选择"FX3G"来替代。在较新版本的 GX Work2 编程软件中，其 PLC 类型栏中有 FX3S（FX3SA）系列的 PLC 供选择。

　　PLC 系列和 PLC 类型选好后，单击"确定"按钮即可创建一个未命名的新工程，工程名可在保存时再填写。如果希望在创建工程时就设定工程名，可在创建新工程对话框中选中"设置工程名"，如图 12-9c 所示，再在下方输入工程保存路径和工程名，也可以单击"浏览"按钮，弹出图 12-9d 所示的对话框，在该对话框中直接选择工程的保存路径并输入新工程名称，这样就可以创建一个新工程。新建工程后的软件窗口如图 12-3 所示。

12. 2. 2　编写梯形图程序

　　在编写程序时，在工程数据列表区展开"程序"项，并双击其中的"MAIN（主程

a) 选择PLC系列

b) 选择PLC类型

c) 直接输入工程保存路径和工程名

d) 用浏览方式选择工程保存路径并输入工程名

图 12-9　创建新工程

序)"，将右方编程区切换到主程序编程（编程区默认处于主程序编程状态），再单击工具栏
中的 （写入模式）按钮，或执行菜单命令"编辑→写入模式"，也可按键盘上的 F2 键，
让编程区处于写入状态，如图 12-10 所示，如果 （监视模式）按钮或 （读出模式）按
钮被按下，在编程区将无法编写和修改程序，只能查看程序。

图 12-10　在编程时需将软件设成写入模式

下面以编写图 12-11 所示的程序为例来说明如何在 GX Developer 软件中编写梯形图程序。梯形图程序的编写过程见表 12-2。

图 12-11　待编写的梯形图程序

表 12-2　图 12-11 所示梯形图程序的编写过程说明

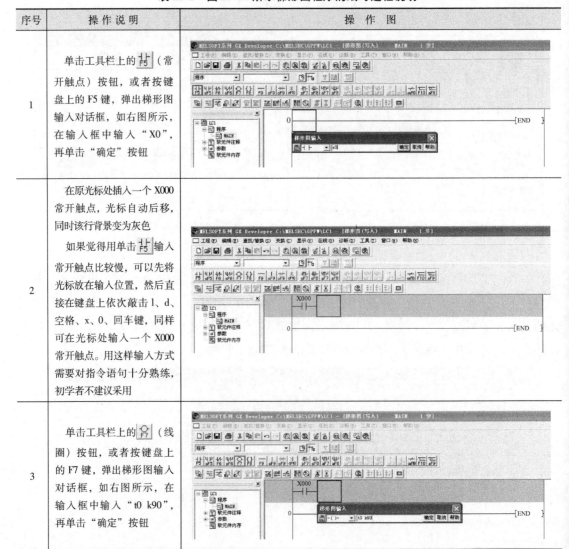

序号	操 作 说 明	操 作 图
1	单击工具栏上的 F5（常开触点）按钮，或者按键盘上的 F5 键，弹出梯形图输入对话框，如右图所示，在输入框中输入 "X0"，再单击 "确定" 按钮	
2	在原光标处插入一个 X000 常开触点，光标自动后移，同时该行背景变为灰色 如果觉得用单击 F5 输入常开触点比较慢，可以先将光标放在输入位置，然后直接在键盘上依次敲击 1、d、空格、x、0、回车键，同样可在光标处输入一个 X000 常开触点。用这样输入方式需要对指令语句十分熟练，初学者不建议采用	
3	单击工具栏上的 F7（线圈）按钮，或者按键盘上的 F7 键，弹出梯形图输入对话框，如右图所示，在输入框中输入 "t0 k90"，再单击 "确定" 按钮	

（续）

序号	操 作 说 明	操 作 图
4	在编程区输入一个 T0 定时器线圈，定时时间为 $90 \times 100ms = 9s$（T0 ~ T199 为 100ms 定时器），由于线圈与右母线之间不能再输入指令，故光标自动跳到下一行 在光标处单击鼠标右键，弹出右键菜单，选择"行插入"命令	
5	在原光标位置上方插入一空行，同时光标自动移到该空行	
6	单击工具栏上的（并联常开触点）按钮，也可同时按键盘上的 Shift 键和 F5 键，弹出梯形图输入对话框，如右图所示，在输入框中输入"y0"，再单击"确定"按钮	
7	在原光标处输入一个 Y000 并联常开触点，光标自动后移	
8	单击工具栏上的（常闭触点）按钮，或者按键盘上 F6 键，弹出梯形图输入对话框，如右图所示，在输入框中输入"x1"，再单击"确定"按钮	

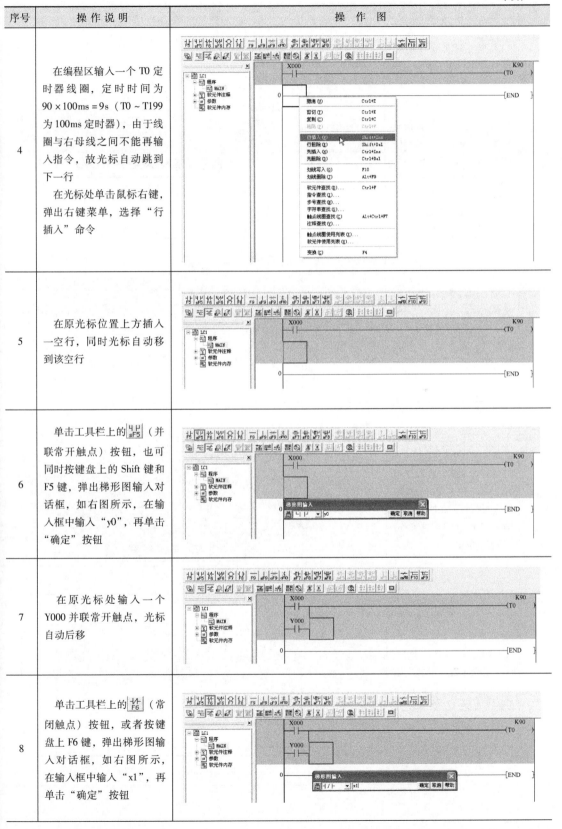

(续)

序号	操作说明	操作图
9	在原光标处输入一个 X001 常闭触点，光标自动后移 再单击工具栏上的 (线圈) 按钮，或者按键盘上的 F7 键，弹出梯形图输入对话框，如右图所示，在输入框中输入"y0"，再单击"确定"按钮，即可输入一个 Y000 线圈	
10	用上述同样的方法，在编程区输入一个 T0 常开触点、一个 Y001 线圈和一个 X001 常开触点	
11	单击工具栏上的 (应用指令) 按钮，或者按键盘上的 F8 键，弹出梯形图输入对话框，在输入框中输入"rst t0"，再单击"确定"按钮	
12	在编程区输入一个应用指令"RST T0"，该指令功能是将定时器 T0 复位	

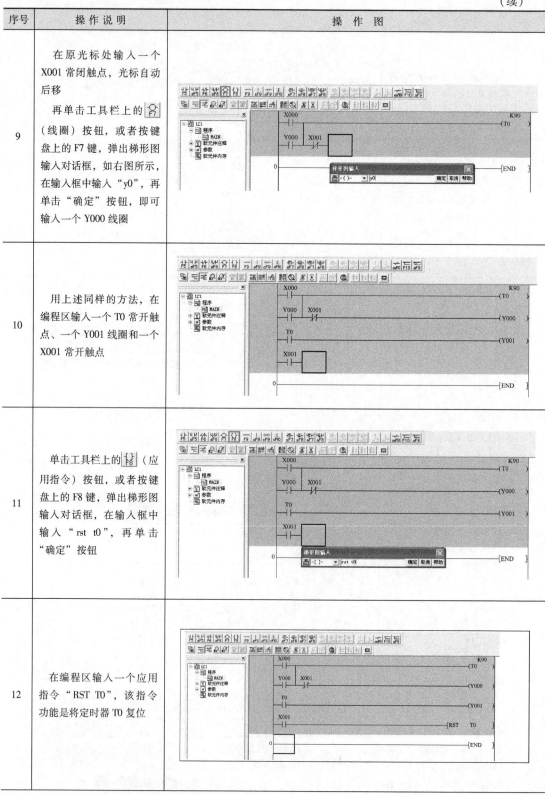

（续）

序号	操作说明	操作图
13	在编程区单击鼠标右键，会弹出的右键菜单，如右图所示，选择其中的"变换"命令，也可以直接单击工具栏上的 ▣（程序变换/编译）按钮，软件会对编写的程序进行变换。如果程序未变换，将不能保存，也不能写入 PLC 按键盘上的 F4 键或执行菜单命令"变换→变换"，同样可对程序进行变换（编译）操作 如果程序存在一些错误，变换操作将不能进行，变换时光标将停在出错位置	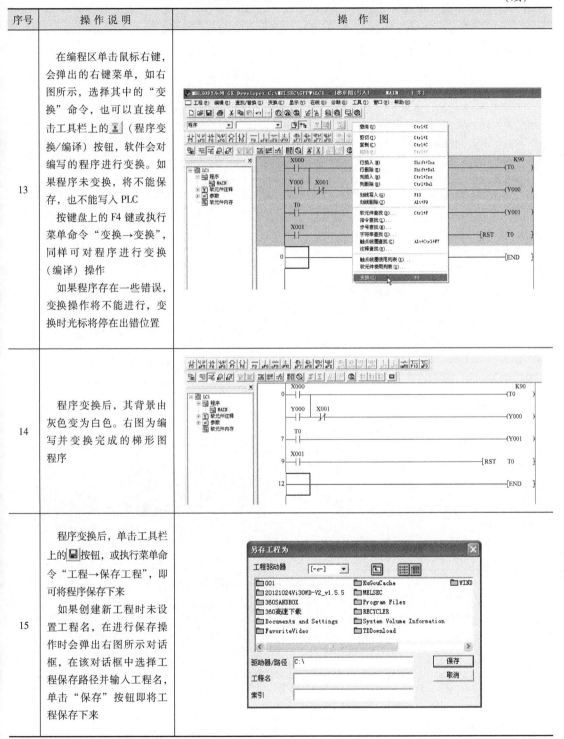
14	程序变换后，其背景由灰色变为白色。右图为编写并变换完成的梯形图程序	
15	程序变换后，单击工具栏上的 ▣ 按钮，或执行菜单命令"工程→保存工程"，即可将程序保存下来 如果创建新工程时未设置工程名，在进行保存操作时会弹出右图所示对话框，在该对话框中选择工程保存路径并输入工程名，单击"保存"按钮即将工程保存下来	

12.2.3 梯形图的编辑

1. 画线和删除线的操作

在梯形图中可以画直线和折线，不能画斜线。画线和删除线的操作说明见表12-3。

表 12-3　画线和删除线的操作说明

操 作 说 明	操 作 图
画横线：单击工具栏上的 $\boxed{\text{F9}}$ 按钮，弹出"横线输入"对话框，单击"确定"按钮即在光标处画了一条横线，不断单击"确定"按钮，则不断往右方画横线，单击"取消"按钮，退出画横线	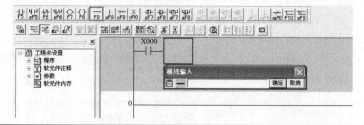
删除横线：单击工具栏上的 $\boxed{\text{cF9}}$ 按钮，弹出"横线删除"对话框，单击"确定"按钮即将光标处的横线删除，也可直接按键盘上的 Delete 键将光标处的横线删除	
画竖线：单击工具栏上的 $\boxed{\text{sF9}}$ 按钮，弹出"竖线输入"对话框，单击"确定"按钮即在光标处左方往下画了一条竖线，不断单击"确定"按钮，则不断往下方画竖线，单击"取消"按钮，退出画竖线	
删除竖线：单击工具栏上的 $\boxed{\text{cF10}}$ 按钮，弹出"竖线删除"对话框，单击"确定"按钮即将光标左方的竖线删除	
画折线：单击工具栏上的 $\boxed{\text{F10}}$ 按钮，将光标移到待画折线的起点处，按下鼠标左键拖出一条折线，松开左键即画出一条折线	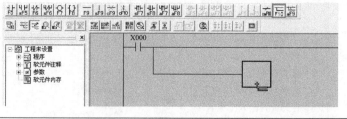
删除折线：单击工具栏上的 $\boxed{\text{aF9}}$ 按钮，将光标移到折线的起点处，按下鼠标左键拖出一条空白折线，松开左键即将一段折线删除	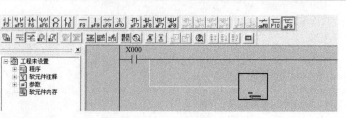

2. 删除操作

一些常用的删除操作说明见表12-4。

表 12-4 一些常用的删除操作说明

操 作 说 明	操 作 图
删除某个对象：用光标选中某个对象，按键盘上的 Delete 键即可删除该对象	
行删除：将光标定位在要删除的某行上，再单击鼠标右键，在弹出的右键菜单中选择"行删除"，光标所在的整个行内容会被删除，下一行内容会上移填补被删除的行	
列删除：将光标定位在要删除的某列上，再单击鼠标右键，在弹出的右键菜单中选择"列删除"，光标所在0~7梯级的列内容会被删除，即右图中的 X000 和 Y000 触点会被删除，而 T0 触点不会删除	
删除一个区域内的对象：将光标先移到要删除区域的左上角，然后按下键盘上的 Shift 键不放，再将光标移到该区域的右下角并单击，该区域内的所有对象会被选中，按键盘上的 Delete 键即可删除该区域内的所有对象 也可以采用按下鼠标左键，从左上角拖到右下角来选中某区域，再执行删除操作	

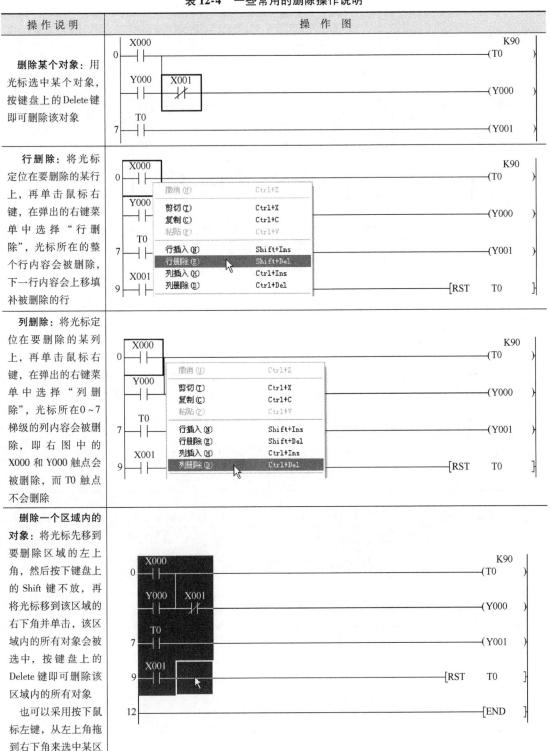

3. 插入操作

一些常用的插入操作说明见表12-5。

表 12-5　一些常用的插入操作说明

操作说明	操作图
插入某个对象: 用光标选中某个对象, 按键盘上的 Insert 键, 软件窗口下方状态栏中的"改写"变为"插入", 这时若输入一个 X3 触点, 它会被插到 T0 触点的左方, 如果在软件处于改写状态时进行这样的操作, 会将 T0 触点改成 X3 触点	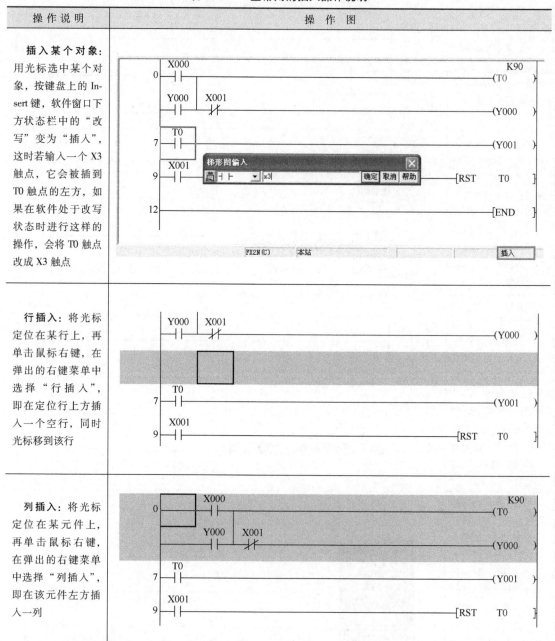
行插入: 将光标定位在某行上, 再单击鼠标右键, 在弹出的右键菜单中选择"行插入", 即在定位行上方插入一个空行, 同时光标移到该行	
列插入: 将光标定位在某元件上, 再单击鼠标右键, 在弹出的右键菜单中选择"列插入", 即在该元件左方插入一列	

第13章

PLC指令说明与应用实例

>> **13.1** PLC 指令说明

13.1.1 逻辑取及驱动指令

1. 指令名称及说明

逻辑取及驱动指令名称及功能如下：

指令名称（助记符）	功 能	对象软元件
LD	取指令，其功能是将常开触点与左母线连接	X、Y、M、S、T、C、D□.b
LDI	取反指令，其功能是将常闭触点与左母线连接	X、Y、M、S、T、C、D□.b
OUT	线圈驱动指令，其功能是将输出继电器、辅助继电器、定时器或计数器线圈与右母线连接	Y、M、S、T、C、D□.b

2. 使用举例

LD、LDI、OUT 使用如图 13-1 所示，其中图 a 为梯形图，图 b 为对应的指令表语句。

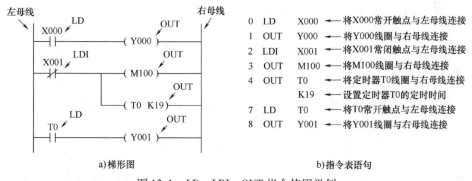

a)梯形图   b)指令表语句

图 13-1　LD、LDI、OUT 指令使用举例

13.1.2 触点串联指令

1. 指令名称及说明

触点串联指令名称及功能如下：

指令名称（助记符）	功 能	对象软元件
AND	常开触点串联指令（又称与指令），其功能是将常开触点与上一个触点串联（注：该指令不能让常开触点与左母线串接）	X、Y、M、S、T、C、D□.b
ANI	常闭触点串联指令（又称与非指令），其功能是将常闭触点与上一个触点串联（注：该指令不能让常闭触点与左母线串接）	X、Y、M、S、T、C、D□.b

2. 使用举例

AND、ANI 说明如图 13-2 所示。

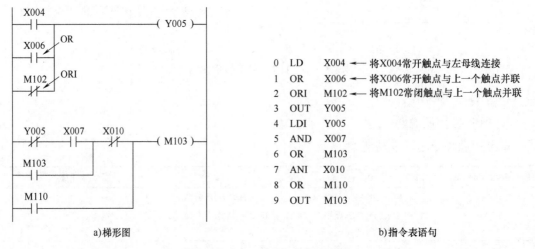

0 LD X002	
1 AND X000	← 将X000常开触点与X002触点串联
2 OUT Y003	
3 LD Y003	
4 ANI X003	← 将X003常闭触点与Y003触点串联
5 OUT M101	
6 AND T1	← 将T1常开触点与X003触点串联
7 OUT Y004	

a)梯形图   b)指令表语句

图 13-2　AND、ANI 指令使用举例

13.1.3　触点并联指令

1. 指令名称及说明

触点并联指令名称及功能如下：

指令名称（助记符）	功　能	对象软元件
OR	常开触点并联指令（又称或指令），其功能是将常开触点与上一个触点并联	X、Y、M、S、T、C、D□. b
ORI	常闭触点并联指令（又称或非指令），其功能是将常闭触点与上一个触点并联	X、Y、M、S、T、C、D□. b

2. 使用举例

OR、ORI 说明如图 13-3 所示。

0 LD X004	← 将X004常开触点与左母线连接
1 OR X006	← 将X006常开触点与上一个触点并联
2 ORI M102	← 将M102常闭触点与上一个触点并联
3 OUT Y005	
4 LDI Y005	
5 AND X007	
6 OR M103	
7 ANI X010	
8 OR M110	
9 OUT M103	

a)梯形图   b)指令表语句

图 13-3　OR、ORI 指令使用举例

13.1.4 边沿检测指令

边沿检测指令的功能是在上升沿或下降沿时接通一个扫描周期。它分为上升沿检测指令（LDP、ANDP、ORP）和下降沿检测指令（LDF、ANDF、ORF）。

1. 上升沿检测指令

LDP、ANDP、ORP 为上升沿检测指令，当有关元件进行 OFF→ON 变化时（上升沿），这些指令可以为目标元件接通一个扫描周期时间，目标元件可以是输入继电器 X、输出继电器 Y、辅助继电器 M、状态继电器 S、定时器 T 和计数器。

（1）指令名称及说明

上升沿检测指令名称及功能如下：

指令名称（助记符）	功　能	对象软元件
LDP	上升沿取指令，其功能是将上升沿检测触点与左母线连接	X、Y、M、S、T、C、D□. b
ANDP	上升沿触点串联指令，其功能是将上升沿检测触点与上一个元件串联	X、Y、M、S、T、C、D□. b
ORP	上升沿触点并联指令，其功能是将上升沿检测触点与上一个元件并联	X、Y、M、S、T、C、D□. b

（2）使用举例

LDP、ANDP、ORP 指令使用如图 13-4 所示。

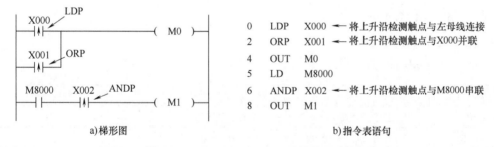

a)梯形图　　　　　　　　　　　　　b)指令表语句

图 13-4　LDP、ANDP、ORP 指令使用举例

上升沿检测指令在上升沿到来时可以为目标元件接通一个扫描周期时间，如图 13-5 所示，当触点 X010 的状态由 OFF 转为 ON，触点接通一个扫描周期，即继电器线圈 M6 会通电一个扫描周期时间，然后 M6 失电，直到下一次 X010 由 OFF 变为 ON。

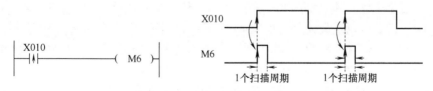

图 13-5　上升沿检测触点使用说明

2. 下降沿检测指令

LDF、ANDF、ORF 为下降沿检测指令，当有关元件进行 ON→OFF 变化时（下降沿），这些指令可以为目标元件接通一个扫描周期时间。

（1）指令名称及说明

下降沿检测指令名称及功能如下：

指令名称（助记符）	功 能	对象软元件
LDF	下降沿取指令，其功能是将下降沿检测触点与左母线连接	X、Y、M、S、T、C、D□.b
ANDF	下降沿触点串联指令，其功能是将下降沿触点与上一个元件串联	X、Y、M、S、T、C、D□.b
ORF	下降沿触点并联指令，其功能是将下降沿触点与上一个元件并联	X、Y、M、S、T、C、D□.b

（2）使用举例

LDF、ANDF、ORF 指令使用如图 13-6 所示。

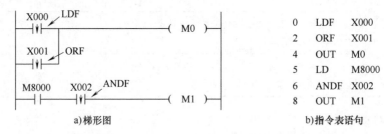

a）梯形图　　　　　　　　　　b）指令表语句

图 13-6　LDF、ANDF、ORF 指令使用举例

13.1.5　主控和主控复位指令

1. 指令名称及说明

主控和主控复位指令名称及功能如下：

指令名称（助记符）	功 能	对象软元件
MC	主控指令，其功能是启动一个主控电路块工作	Y、M
MCR	主控复位指令，其功能是结束一个主控电路块的运行	无

2. 使用举例

MC、MCR 指令使用如图 13-7 所示。如果 X001 常开触点处于断开，MC 指令不执行，MC 到 MCR 之间的程序不会执行，即 0 梯级程序执行后会执行 12 梯级程序，如果 X001 触点闭合，MC 指令执行，MC 到 MCR 之间的程序会从上往下执行。

MC、MCR 指令可以嵌套使用，如图 13-8 所示，当 X001 触点闭合、X003 触点断开时，X001 触点闭合使"MC N0 M100"指令执行，N0 级电路块被启动，由于 X003 触点断开使嵌在 N0 级内的"MC N1 M101"指令无法执行，故 N1 级电路块不会执行。

如果 MC 主控指令嵌套使用，其嵌套层数允许最多 8 层（N0～N7），通常按顺序从小到大使用，MC 指令的操作元件通常为输出继电器 Y 或辅助继电器 M，但不能是特殊继电器。MCR 主控复位指令的使用次数（N0～N7）必须与 MC 的次数相同，在按由小到大顺序多次使用 MC 指令时，必须按由大到小相反的次数使用 MCR 返回。

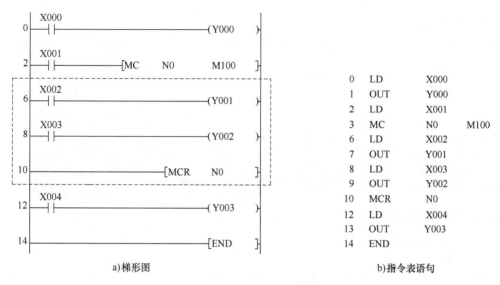

a)梯形图　　　　　　　　　　　　　　b)指令表语句

图 13-7　MC、MCR 指令使用举例

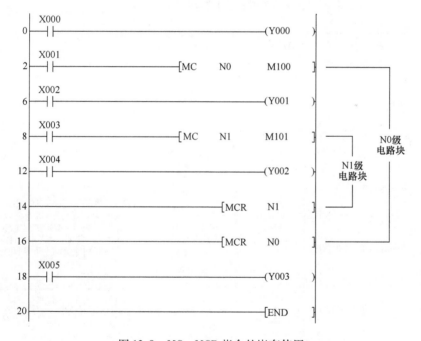

图 13-8　MC、MCR 指令的嵌套使用

13.1.6　取反指令

1. 指令名称及说明

取反指令名称及功能如下：

指令名称（助记符）	功　　能	对象软元件
INV	取反指令，其功能是将该指令前的运算结果取反	无

2. 使用举例

INV 指令使用如图 13-9 所示。在绘制梯形图时，取反指令用斜线表示，当 X000 断开时，相当于 X000 = OFF，取反变为 ON（相当于 X000 闭合），继电器线圈 Y000 得电。

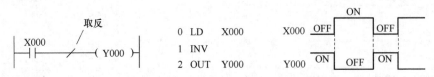

图 13-9　INV 指令使用举例

13.1.7　置位与复位指令

1. 指令名称及说明

置位与复位指令名称及功能如下：

指令名称（助记符）	功　能	对象软元件
SET	置位指令，其功能是对操作元件进行置位，使其动作保持	Y、M、S、D□.b
RST	复位指令，其功能是对操作元件进行复位，取消动作保持	Y、M、S、T、C、D、R、V、Z、D□.b

2. 使用举例

SET、RST 指令的使用如图 13-10 所示。

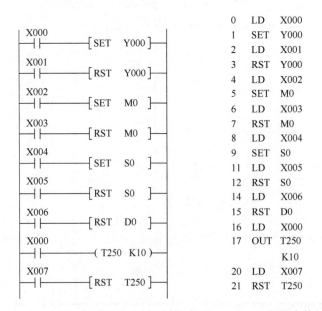

```
0  LD   X000
1  SET  Y000
2  LD   X001
3  RST  Y000
4  LD   X002
5  SET  M0
6  LD   X003
7  RST  M0
8  LD   X004
9  SET  S0
11 LD   X005
12 RST  S0
14 LD   X006
15 RST  D0
16 LD   X000
17 OUT  T250
        K10
20 LD   X007
21 RST  T250
```

当常开触点X000闭合后，Y000线圈被置位，开始动作，X000断开后，Y000线圈仍维持动作（通电）状态，当常开触点X001闭合后，Y000线圈被复位，动作取消，X001断开后，Y000线圈维持动作取消（失电）状态。

对于同一元件，SET、RST指令可反复使用，顺序也可随意，但最后执行者有效。

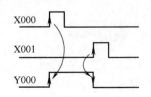

图 13-10　SET、RST 指令使用举例

13.1.8　结果边沿检测指令

MEP、MEF 指令是三菱 FX3 系列 PLC 三代机新增的指令。

1. 指令名称及说明

结果边沿检测指令名称及功能如下：

指令名称（助记符）	功　　能	对象软元件
MEP	结果上升沿检测指令，当该指令之前的运算结果出现上升沿时，指令为 ON（导通状态），前方运算结果无上升沿时，指令为 OFF（非导通状态）	无
MEF	结果下降沿检测指令，当该指令之前的运算结果出现下降沿时，指令为 ON（导通状态），前方运算结果无下降沿时，指令为 OFF（非导通状态）	无

2. 使用举例

MEP 指令使用如图 13-11 所示。当 X000 触点处于闭合、X001 触点由断开转为闭合时，MEP 指令前方送来一个上升沿，指令导通，"SET M0"执行，将辅助继电器 M0 置 1。

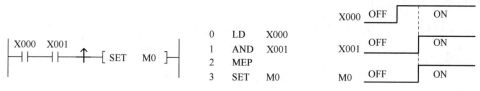

图 13-11　MEP 指令使用举例

MEF 指令使用如图 13-12 所示。当 X001 触点处于闭合、X000 触点由闭合转为断开时，MEF 指令前方送来一个下降沿，指令导通，"SET M0"执行，将辅助继电器 M0 置 1。

图 13-12　MEF 指令使用举例

13.1.9　脉冲微分输出指令

1. 指令名称及说明

脉冲微分输出指令名称及功能如下：

指令名称（助记符）	功　　能	对象软元件
PLS	上升沿脉冲微分输出指令，其功能是当检测到输入脉冲上升沿来时，使操作元件得电一个扫描周期	Y、M
PLF	下降沿脉冲微分输出指令，其功能是当检测到输入脉冲下降沿来时，使操作元件得电一个扫描周期	Y、M

2. 使用举例

PLS、PLF 指令使用如图 13-13 所示。

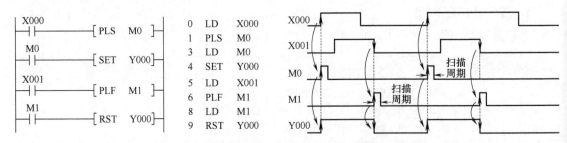

图 13-13　PLS、PLF 指令使用举例

在图 13-13 中，当常开触点 X000 闭合时，一个上升沿脉冲加到 [PLS M0]，指令执行，M0 线圈得电一个扫描周期，M0 常开触点闭合，[SET Y000] 指令执行，将 Y000 线圈置位（即让 Y000 线圈得电）；当常开触点 X001 由闭合转为断开时，一个脉冲下降沿加给 [PLF M1]，指令执行，M1 线圈得电一个扫描周期，M1 常开触点闭合，[RST Y000] 指令执行，将 Y000 线圈复位（即让 Y000 线圈失电）。

13. 1. 10　程序结束指令

1. 指令名称及说明

程序结束指令名称及功能如下：

指令名称（助记符）	功　　能	对象软元件
END	程序结束指令，当一个程序结束后，需要在结束位置用 END 指令	无

2. 使用举例

END 指令使用如图 13-14 所示。

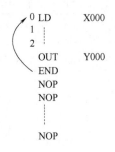

当系统运行到END指令处时，END后面的程序将不会执行，系统会由END处自动返回，开始下一个扫描周期，如果不在程序结束处使用END指令，系统会一直运行到最后的程序步，延长程序的执行周期。

另外，使用END指令也方便调试程序。当编写很长的程序时，如果调试时发现程序出错，为了发现程序出错位置，可以从前往后每隔一段程序插入一个END指令，再进行调试，系统执行到第一个END指令会返回，如果发现程序出错，表明出错位置应在第一个END指令之前，若第一段程序正常，可删除一个END指令，再用同样的方法调试后面的程序。

图 13-14　END 指令使用举例

》》13. 2　PLC 基本控制电路与梯形图

13. 2. 1　起动、自锁和停止控制的 PLC 电路与梯形图

起动、自锁和停止控制是 PLC 最基本的控制功能。起动、自锁和停止控制可采用驱动指令（OUT），也可以采用置位指令（SET、RST）来实现。

1. 采用线圈驱动指令实现起动、自锁和停止控制

线圈驱动指令（OUT）的功能是将输出线圈与右母线连接，它是一种很常用的指令。

用线圈驱动指令实现起动、自锁和停止控制的 PLC 电路和梯形图如图 13-15 所示。

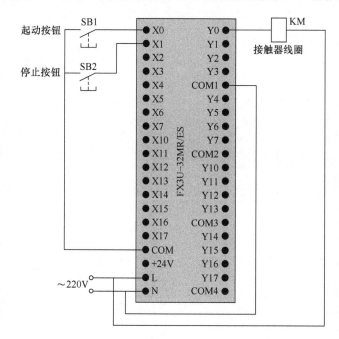

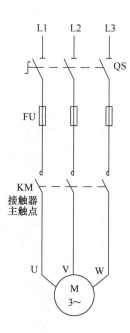

a) PLC接线图

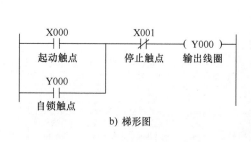

b) 梯形图

> 　　当按下PLC外接的起动按钮SB1时，梯形图程序中的起动触点X000闭合，输出线圈Y000得电，输出端子Y0内部硬触点闭合，Y0端子与COM端子之间内部接通，接触器线圈KM得电，主电路中的KM主触点闭合，电动机得电起动。
> 　　输出线圈Y000得电后，除了会使Y000、COM端子之间的硬触点闭合外，还会使自锁触点Y000闭合，在起动触点X000断开后，依靠自锁触点闭合可使线圈Y000继续得电，电动机就会继续运转，从而实现自锁控制功能。
> 　　当按下PLC外接的停止按钮SB2时，梯形图程序中的停止触点X001断开，输出线圈Y000失电，Y0、COM端子之间的内部硬触点断开，接触器线圈KM失电，主电路中的KM主触点断开，电动机失电停转。

图 13-15　采用线圈驱动指令实现起动、自锁和停止控制的 PLC 电路与梯形图

2. 采用置位复位指令实现起动、自锁和停止控制

采用置位复位指令 SET、RST 实现起动、自锁和停止控制的梯形图如图 13-16 所示，其 PLC 接线图与图 13-15a 所示电路是一样的。

> 　　当按下PLC外接的起动按钮SB1时，梯形图中的起动触点X000闭合，[SET Y000]指令执行，指令执行结果将输出继电器线圈Y000置1，相当于线圈Y000得电，使Y0、COM端子之间的内部硬触点接通，接触器线圈KM得电，主电路中的KM主触点闭合，电动机得电起动。
> 　　线圈Y000置位后，松开起动按钮SB1、起动触点X000断开，但线圈Y000仍保持"1"态，即仍维持得电状态，电动机就会继续运转，从而实现自锁控制功能。
> 　　当按下停止按钮SB2时，梯形图程序中的停止触点X001闭合，[RST Y000]指令被执行，指令执行结果将输出线圈Y000复位，相当于线圈Y000失电，Y0、COM端子之间的内部触点断开，接触器线圈KM失电，主电路中的KM主触点断开，电动机失电停转。

图 13-16　采用置位复位指令实现起动、自锁和停止控制的梯形图

采用置位复位指令与线圈驱动都可以实现起动、自锁和停止控制，两者的 PLC 接线都相同，仅给 PLC 编写输入的梯形图程序不同。

13.2.2 正、反转联锁控制的 PLC 电路与梯形图

正、反转联锁控制的 PLC 电路与梯形图如图 13-17 所示。

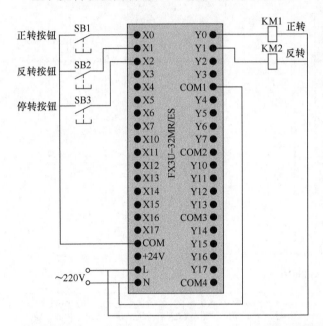
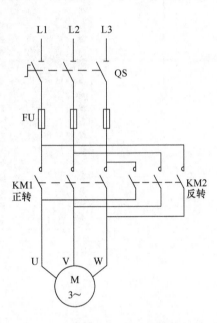

a) PLC接线图

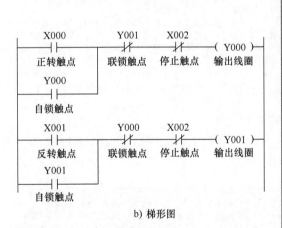

b) 梯形图

1) 正转联锁控制。按下正转按钮SB1→梯形图程序中的正转触点X000闭合→线圈Y000得电→Y000自锁触点闭合，Y000联锁触点断开，Y0端子与COM端子间的内部硬触点闭合→Y000自锁触点闭合，使线圈Y000在X000触点断开后仍可得电；Y000联锁触点断开，使线圈Y001即使在X001触点闭合(误操作SB2引起)时也无法得电，实现联锁控制；Y0端子与COM端子间的内部硬触点闭合，接触器KM1线圈得电，主电路中的KM1主触点闭合，电动机得电正转。

2) 反转联锁控制。按下反转按钮SB2→梯形图程序中的反转触点X001闭合→线圈Y001得电→Y001自锁触点闭合，Y001联锁触点断开，Y1端子与COM端子间的内部硬触点闭合→Y001自锁触点闭合，使线圈Y001在X001触点断开后继续得电；Y001联锁触点断开，使线圈Y000即使在X000触点闭合(误操作SB1引起)时也无法得电，实现联锁控制；Y1端子与COM端子间的内部硬触点闭合，接触器KM2线圈得电，主电路中的KM2主触点闭合，电动机得电反转。

3) 停转控制。按下停止按钮SB3→梯形图程序中的两个停止触点X002均断开→线圈Y000、Y001均失电→接触器KM1、KM2线圈均失电→主电路中的KM1、KM2主触点均断开，电动机失电停转。

图 13-17　正、反转联锁控制的 PLC 电路与梯形图

13.2.3 多地控制的 PLC 电路与梯形图

多地控制的 PLC 电路与梯形图如图 13-18 所示，其中图 b 为单人多地控制梯形图，图 c 为多人多地控制梯形图。

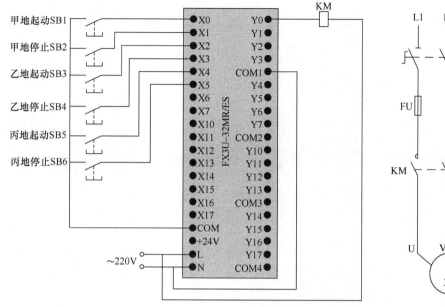

a) PLC接线图

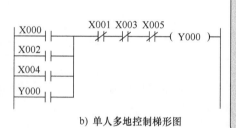

b) 单人多地控制梯形图

甲地起动控制：在甲地按下起动按钮SB1时→X000常开触点闭合→线圈Y000得电→Y000常开自锁触点闭合，Y0端子内部硬触点闭合→Y000常开自锁触点闭合锁定Y000线圈供电，Y0端子内部硬触点闭合使接触器线圈KM得电→主电路中的KM主触点闭合，电动机得电运转。

甲地停止控制：在甲地按下停止按钮SB2时→X001常闭触点断开→线圈Y000失电→Y000常开自锁触点断开，Y0端子内部硬触点断开→接触器线圈KM失电→主电路中的KM主触点断开，电动机失电停转。

乙地和丙地的起/停控制与甲地控制相同，利用该梯形图可以实现在任何一地进行起/停控制，也可以在一地进行起动，在另一地控制停止。

起动控制：在甲、乙、丙三地同时按下按钮SB1、SB3、SB5→线圈Y000得电→Y000常开自锁触点闭合，Y0端子的内部硬触点闭合→Y000线圈供电锁定，接触器线圈KM得电→主电路中的KM主触点闭合，电动机得电运转。

停止控制：在甲、乙、丙三地按下SB2、SB4、SB6中的某个停止按钮时→线圈Y000失电→Y000常开自锁触点断开，Y0端子内部硬触点断开→Y000常开自锁触点断开使Y000线圈供电切断，Y0端子的内部硬触点断开使接触器线圈KM失电→主电路中的KM主触点断开，电动机失电停转。

该梯形图可以实现多人在多地同时按下起动按钮才能起动功能，在任意一地都可以进行停止控制。

c) 多人多地控制梯形图

图 13-18　多地控制的 PLC 电路与梯形图

13.2.4 定时控制的 PLC 电路与梯形图

定时控制方式很多，下面介绍两种典型的定时控制的 PLC 电路与梯形图。

1. 延时起动定时运行控制的 PLC 电路与梯形图

延时起动定时运行控制的 PLC 电路与梯形图如图 13-19 所示，它可以实现的功能是，按下起动按钮 3s 后，电动机起动运行，运行 5s 后自动停止。

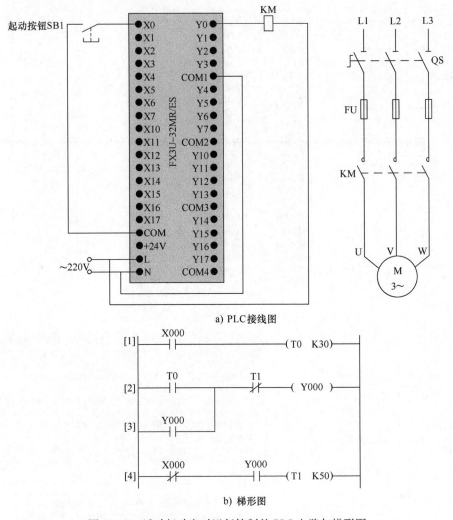

a) PLC接线图

b) 梯形图

图 13-19　延时起动定时运行控制的 PLC 电路与梯形图

PLC 电路与梯形图说明如下：

按下起动按钮SB1→ [4] X000常闭触点断开

[1] X000常开触点闭合→定时器T0开始3s计时→3s后，[2]T0常开触点闭合

→[2]Y000线圈得电→ [3] Y000自锁触点闭合，锁定Y000线圈得电

Y0端子内硬触点闭合→接触器KM线圈得电→电动机运转

[4] Y000常开触点闭合→由于SB1已断开，故[4] X000触点闭合→定时器T1开始5s计时

5s后，[2] T1常闭触点断开→[2] Y000线圈失电→Y0端子内硬触点断开→KM线圈失电→电动机停转

2. 多定时器组合控制的 PLC 电路与梯形图

图 13-20 是一种典型的多定时器组合控制的 PLC 电路与梯形图，它可以实现的功能是，按下起动按钮后电动机 B 马上运行，30s 后电动机 A 开始运行，70s 后电动机 B 停转，100s 后电动机 A 停转。

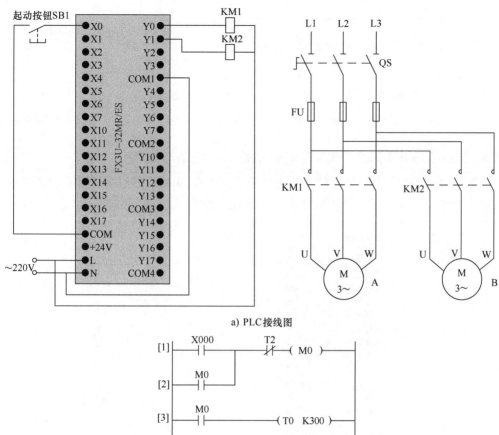

a) PLC接线图

b) 梯形图

图 13-20　一种典型的多定时器组合控制的 PLC 电路与梯形图

PLC 电路与梯形图说明如下：

按下起动按钮SB1→X000常开触点闭合→辅助继电器M0线圈得电

[2] M0自锁触点闭合→锁定M0线圈供电
[7] M0常开触点闭合→Y001线圈得电→Y1端子内硬触点闭合→接触器KM2线圈得电→电动机B运转
[3] M0常开触点闭合→定时器T0开始30s计时

30s后→定时器T0动作→
[6] T0常开触点闭合→Y000线圈得电→KM1线圈得电→电动机A起动运行
[4] T0常开触点闭合→定时器T1开始40s计时

40s后,定时器T1动作→
[7] T1常闭触点断开→Y001线圈失电→KM2线圈失电→电动机B停转
[5] T1常开触点闭合→定时器T2开始30s计时

→30s后,定时器T2动作→[1]T2常闭触点断开→M0线圈失电 ⎰ [2] M0自锁触点断开→解除M0线圈供电
⎱ [7] M0常开触点断开
[3] M0常开触点断开→定时器T0复位

[6] T0常开触点断开→Y000线圈失电→KM1线圈失电→电动机A停转

[4] T0常开触点断开→定时器T1复位→[5]T1常开触点断开→定时器T2复位→[1] T2常闭触点恢复闭合

13.2.5 定时器与计数器组合延长定时控制的 PLC 电路与梯形图

三菱 FX 系列 PLC 的最大定时时间为 3276.7s（约 54min），采用定时器和计数器可以延长定时时间。定时器与计数器组合延长定时控制的 PLC 电路与梯形图如图 13-21 所示。

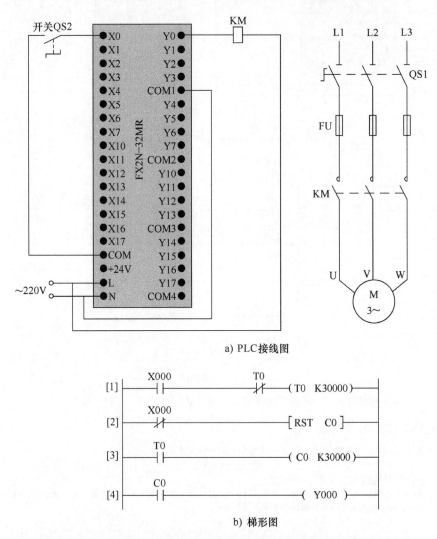

a) PLC接线图

b) 梯形图

图 13-21　定时器与计数器组合延长定时控制的 PLC 电路与梯形图

PLC 电路与梯形图说明如下：

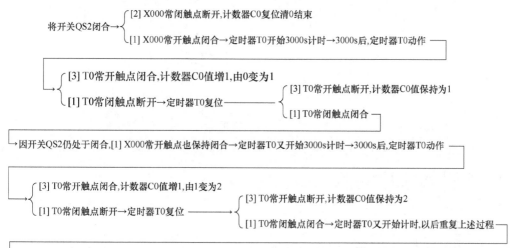

图 13-21 中的定时器 T0 定时单位为 0.1s（100ms），它与计数器 C0 组合使用后，其定时时间 $T = 30000 \times 0.1s \times 30000 = 90000000s = 25000h$。若需重新定时，可将开关 QS2 断开，让〔2〕X000 常闭触点闭合，让"RST C0"指令执行，对计数器 C0 进行复位，然后再闭合 QS2，则会重新开始 250000h 定时。

13.2.6 多重输出控制的 PLC 电路与梯形图

多重输出控制的 PLC 电路与梯形图如图 13-22 所示。

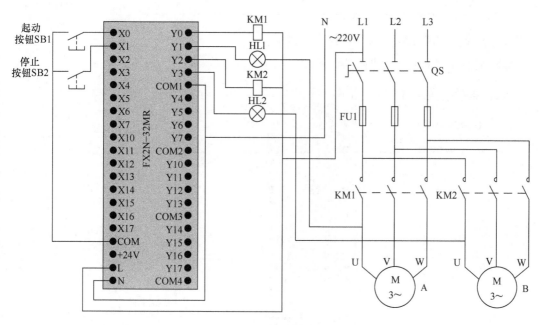

a) PLC接线图

图 13-22 多重输出控制的 PLC 电路与梯形图

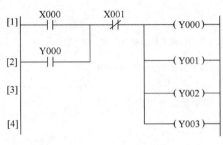

b) 梯形图

图 13-22　多重输出控制的 PLC 电路与梯形图（续）

PLC 电路与梯形图说明如下：

1. 起动控制

按下起动按钮SB1→X000常开触点闭合

Y000自锁触点闭合,锁定输出线圈Y000~Y003供电
Y000线圈得电→Y0端子内硬触点闭合→KM1线圈得电→KM1主触点闭合 ——→HL1灯得电点亮，指示电动机A得电
Y001线圈得电→Y1端子内硬触点闭合
Y002线圈得电→Y2端子内硬触点闭合→KM2线圈得电→KM2主触点闭合 ——→HL2灯得电点亮，指示电动机B得电
Y003线圈得电→Y3端子内硬触点闭合

2. 停止控制

按下停止按钮SB2→X001常闭触点断开

Y000自锁触点断开,解除输出线圈Y000~Y003供电
Y000线圈失电→Y0端子内硬触点断开→KM1线圈失电→KM1主触点断开 ——→HL1灯失电熄亮，指示电动机A失电
Y001线圈失电→Y1端子内硬触点断开
Y002线圈失电→Y2端子内硬触点断开→KM2线圈失电→KM2主触点断开 ——→HL2灯失电熄灭，指示电动机B失电
Y003线圈失电→Y3端子内硬触点断开

13.2.7　过载报警控制的 PLC 电路与梯形图

过载报警控制的 PLC 电路与梯形图如图 13-23 所示。

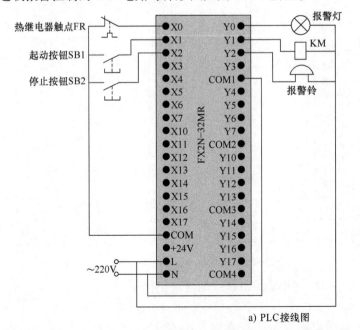

a) PLC接线图

图 13-23　过载报警控制的 PLC 电路与梯形图

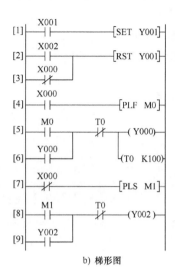

b) 梯形图

图 13-23　过载报警控制的 PLC 电路与梯形图（续）

PLC 电路与梯形图说明如下：

1. 起动控制

按下起动按钮 SB1→［1］X001 常开触点闭合→［SET Y001］指令执行→Y001 线圈被置位，即 Y001 线圈得电→Y1 端子内部硬触点闭合→接触器 KM 线圈得电→KM 主触点闭合→电动机得电运转。

2. 停止控制

按下停止按钮 SB2→［2］X002 常开触点闭合→［RST Y001］指令执行→Y001 线圈被复位，即 Y001 线圈失电→Y1 端子内部硬触点断开→接触器 KM 线圈失电→KM 主触点断开→电动机失电停转。

3. 过载保护及报警控制

在正常工作时，FR过载保护触点闭合→
{
［3］X000常闭触点断开，指令[RST Y001]无法执行
［4］X000常开触点闭合，指令[PLF M0]无法执行
［7］X000常闭触点断开，指令[PLS M1]无法执行
}

当电动机过载运行时，热继电器FR发热元件动作，其常闭触点FR断开

[3] X000常闭触点闭合→执行指令[RST Y001→Y001线圈失电→Y1端子内硬触点断开→KM线圈失电→KM主触点断开→电动机失电停转

[4] X000常开触点由闭合转为断开，产生一个脉冲下降沿→指令[PLF M0]执行，M0线圈得电一个扫描周期→[5]M0常开触点闭合→Y000线圈得电，定时器T0开始10s计时→Y000线圈得电一方面使[6]Y000自锁触点闭合来锁定供电，另一方面使报警灯通电点亮

[7] X000常闭触点由断开转为闭合，产生一个脉冲上升沿→指令[PLS M1]执行，M1线圈得电一个扫描周期→[8]M1常开触点闭合→Y002线圈得电→Y002线圈得电一方面使[9]Y002自锁触点闭合来锁定供电，另一面使报警铃通电发声

→10s后，定时器T0动作
{
[8]T0常闭触点断开→Y002线圈失电→报警铃失电，停止报警声
[5]T0常闭触点断开→定时器T0复位，同时Y000线圈失电→报警灯失电熄灭
}

13.2.8 闪烁控制的 PLC 电路与梯形图

闪烁控制的 PLC 电路与梯形图如图 13-24 所示。

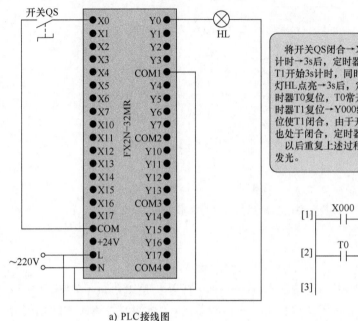

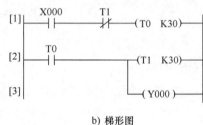

将开关QS闭合→X000常开触点闭合→定时器T0开始3s计时→3s后，定时器T0动作，T0常开触点闭合→定时器T1开始3s计时，同时Y000得电，Y0端子内部硬触点闭合，灯HL点亮→3s后，定时器T1动作，T1常闭触点断开→定时器T0复位，T0常开触点断开→Y000线圈失电，同时定时器T1复位→Y000线圈失电使灯HL熄灭；定时器T1复位使T1闭合，由于开关QS仍处于闭合，X000常开触点也处于闭合，定时器T0又重新开始3s计时。

以后重复上述过程，灯HL保持3s亮、3s灭的频率闪烁发光。

a) PLC接线图　　　　　　　　　　b) 梯形图

图 13-24　闪烁控制的 PLC 电路与梯形图

》》13.3　PLC 控制喷泉的开发实例

13.3.1 控制要求

系统要求用两个按钮来控制 A、B、C 三组喷头工作（通过控制三组喷头的电动机来实现），三组喷头排列如图 13-25 所示。系统控制要求具体如下：

当按下起动按钮后，A 组喷头先喷 5s 后停止，然后 B、C 组喷头同时喷，5s 后，B 组喷头停止，C 组喷头继续喷 5s 再停止，而后 A、B 组喷头喷 7s，C 组喷头在这 7s 的前 2s 内停止，后 5s 内喷水，接着 A、B、C 三组喷头同时停止 3s，以后重复前述过程。按下停止按钮后，三组喷头同时停止喷水。

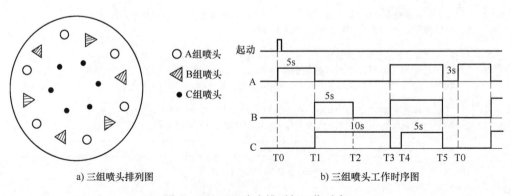

a) 三组喷头排列图　　　　　　b) 三组喷头工作时序图

图 13-25　三组喷头排列与工作时序

13.3.2 PLC用到的I/O端子与连接的输入/输出设备

喷泉控制需用到的输入/输出设备和对应的 PLC 端子见表 13-1。

表 13-1 PLC用到的I/O端子与连接的输入/输出设备

输 入			输 出		
输入设备	对应PLC端子	功能说明	输出设备	对应PLC端子	功能说明
SB1	X000	起动控制	KM1 线圈	Y000	驱动 A 组电动机工作
SB2	X001	停止控制	KM2 线圈	Y001	驱动 B 组电动机工作
			KM3 线圈	Y002	驱动 C 组电动机工作

13.3.3 PLC 控制电路

图 13-26 为喷泉的 PLC 控制电路。

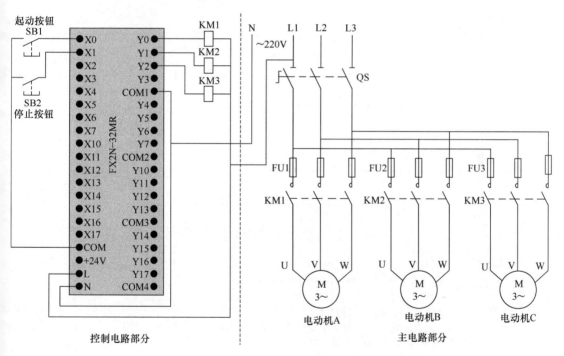

图 13-26 喷泉的 PLC 控制电路图

13.3.4 PLC 控制程序及详解

1. 梯形图程序

图 13-27 为喷泉的 PLC 控制梯形图程序。

2. 程序说明

下面结合图 13-26 所示控制电路和图 13-27 所示梯形图来说明喷泉控制系统的工作原理。

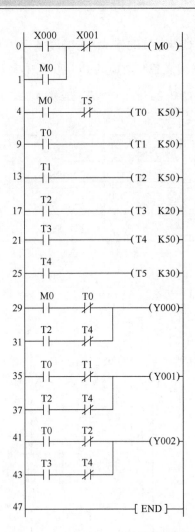

图 13-27　喷泉的 PLC 控制梯形图程序

（1）起动控制

按下起动按钮SB1→X000常开触点闭合→辅助继电器M0线圈得电

[1] M0自锁触点闭合，锁定M0线圈供电
[29] M0常开触点闭合，Y000线圈得电→KM1线圈得电→电动机A运转→A组喷头工作
[4] M0常开触点闭合，定时器T0开始5s计时

5s后，定时器T0动作→
[29] T0常闭触点断开→Y000线圈失电→电动机A停转→A组喷头停止工作
[35] T0常开触点闭合→Y001线圈得电→电动机B运转→B组喷头工作
[41] T0常开触点闭合→Y002线圈得电→电动机C运转→C组喷头工作
[9] T0常开触点闭合，定时器T1开始5s计时

5s后，定时器T1动作→
[35] T1常闭触点断开→Y001线圈失电→电动机B停转→B组喷头停止工作
[13] T1常开触点闭合，定时器T2开始5s计时

5s后，定时器T2动作→
[31] T2常开触点闭合→Y000线圈得电→电动机A运转→A组喷头开始工作
[37] T2常开触点断开→Y001线圈得电→电动机B运转→B组喷头开始工作
[41] T2常闭触点断开→Y002线圈失电→电动机C停转→C组喷头停止工作
[17] T2常开触点闭合，定时器T3开始2s计时

→ 2s后，定时器T3动作→ { [43] T3常开触点闭合→Y002线圈得电→电动机C运转→C组喷头开始工作

[21] T3常开触点闭合，定时器T4开始5s计时

→ 5s后，定时器T4动作→ { [31] T4常闭触点断开→Y000线圈失电→电动机A停转→A组喷头停止工作

[37] T4常闭触点断开→Y001线圈失电→电动机B停转→B组喷头停止工作

[43] T4常闭触点断开→Y002线圈失电→电动机C停转→C组喷头停止工作

[25] T4常开触点闭合，定时器T5开始3s计时

→ 3s后，定时器T5动作→[4] T5常闭触点断开→定时器T0复位

→ { [29] T0常闭触点闭合→Y000线圈得电→电动机A运转

[35] T0常开触点断开

[41] T0常开触点断开

[9] T0常开触点断开→定时器T1复位，T1所有触点复位，其中[13]T1常开触点断开使定时器T2复位→T2所有触点复位，其中[17]T2常开触点断开使定时器T3复位→T3所有触点复位，其中[21]T3常开触点断开使定时器T4复位→T4所有触点复位，其中[25]T4常开触点断开使定时器T5复位→[4]T5常闭触点闭合，定时器T0开始5s计时，以后会重复前面的工作过程

（2）停止控制

按下停止按钮SB2→X001常闭触点断开→M0线圈失电→ { [1] M0自锁触点断开，解除自锁

[4] M0常开触点断开→定时器T0复位

→T0所有触点复位，其中[9]T0常开触点断开→定时器T1复位→T1所有触点复位，其中[13]T1常开触点断开使定时器T2复位→T2所有触点复位，其中[17]T2常开触点断开使定时器T3复位→T3所有触点复位，其中[21]T3常开触点断开使定时器T4复位→T4所有触点复位，其中[25]T4常开触点断开使定时器T5复位→T5所有触点复位[4]T5常闭触点闭合→由于定时器T0~T5所有触点复位，Y000~Y002线圈均无法得电→KM1~KM3线圈失电→电动机A、B、C均停转

≫ 13.4 　PLC 控制交通信号灯的开发实例

13.4.1　控制要求

系统要求用两个按钮来控制交通信号灯工作，交通信号灯排列与工作时序如图13-28所示。系统控制要求具体如下：

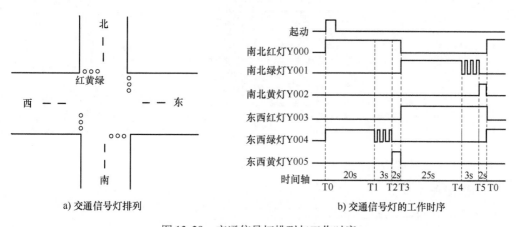

图 13-28　交通信号灯排列与工作时序

当按下起动按钮后，南北红灯亮25s，在南北红灯亮25s的时间里，东西绿灯先亮20s再以1次/s的频率闪烁3次，接着东西黄灯亮2s，25s后南北红灯熄灭，熄灭时间维持30s，在这30s时间里，东西红灯一直亮，南北绿灯先亮25s，然后以1次/s频率闪烁3次，接着南北黄灯亮2s。以后重复该过程。按下停止按钮后，所有的灯都熄灭。

13.4.2 PLC用到的输入/输出设备和I/O端子

交通信号灯控制中PLC用到的输入/输出设备和I/O端子见表13-2。

表13-2　PLC用到的输入/输出设备和I/O端子

输　　入			输　　出		
输入设备	对应PLC端子	功能说明	输出设备	对应PLC端子	功能说明
SB1	X000	起动控制	南北红灯	Y000	驱动南北红灯亮
SB2	X001	停止控制	南北绿灯	Y001	驱动南北绿灯亮
			南北黄灯	Y002	驱动南北黄灯亮
			东西红灯	Y003	驱动东西红灯亮
			东西绿灯	Y004	驱动东西绿灯亮
			东西黄灯	Y005	驱动东西黄灯亮

13.4.3 PLC控制电路

图13-29为交通信号灯的PLC控制电路。

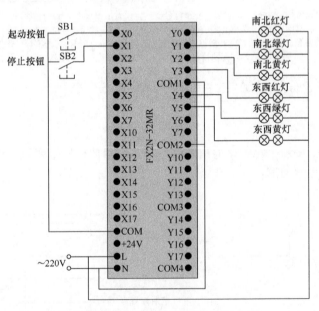

图13-29　交通信号灯的PLC控制电路

13.4.4 PLC控制程序及详解

1. 梯形图程序

图13-30为交通信号灯的PLC控制梯形图程序。

2. 程序说明

下面对照图13-29控制电路、图13-28时序图和图13-30梯形图控制程序来说明交通信

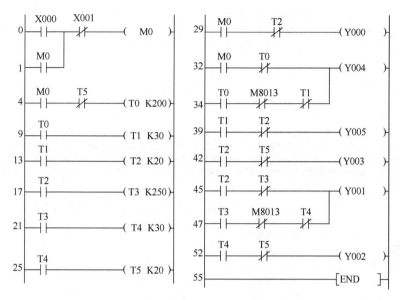

图13-30 交通信号灯的PLC控制梯形图程序

号灯的控制原理。

在图13-30的梯形图中,采用了一个特殊的辅助继电器M8013,称作触点利用型特殊继电器,它利用PLC自动驱动线圈,用户只能利用它的触点,即画梯形图里只能画它的触点。M8013是一个产生1s时钟脉冲的辅助继电器,其高低电平持续时间各为0.5s,以图13-30梯形图[34]步为例,当T0常开触点闭合,M8013常闭触点接通、断开时间分别为0.5s,Y004线圈得电、失电时间也都为0.5s。

(1)起动控制

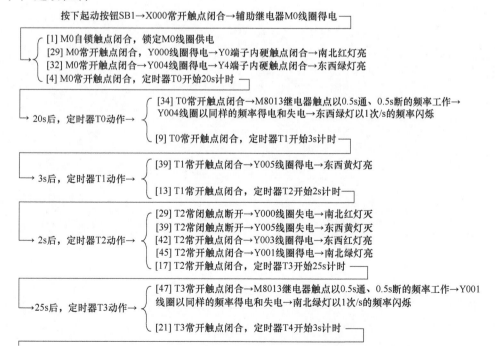

231

→3s后，定时器T4动作→ { [47] T4常开触点断开→Y001线圈失电→南北绿灯灭
[52] T4常开触点闭合→Y002线圈得电→南北黄灯亮
[25] T4常开触点闭合，定时器T5开始2s计时 ——

→2s后，定时器T5动作→ { [42] T5常闭触点断开→Y003线圈失电→东西红灯灭
[52] T5常闭触点断开→Y002线圈失电→南北黄灯灭
[4] T5常闭触点断开，定时器T0复位，T0所有触点复位 ——

→[9] T0常开触点复位断开使定时器T1复位→[13]T1常开触点复位断开定时器T2复位→同样地，定时器T3、T4、T5也依次复位→在定时器T0复位后，[32]T0常闭触点闭合，Y004线圈得电，东西绿灯亮，在定时器T2复位后，[29] T2常闭触点闭合，Y000线圈得电，南北红灯亮；在定时器T5复位后，[4]T5常闭触点闭合，定时器T0开始20s计时，以后又会得复前述过程

（2）停止控制

按下停止按钮SB2→X001常闭触点断开→辅助继电器M0线圈失电 ——

→ { [1] M0自锁触点断开，解除M0线圈供电
[29] M0常开触点断开，Y000线圈无法得电
[32] M0常开触点断开，Y004线圈无法得电
[4] M0常开触点断开，定时器T0复位，T0所有触点复位 ——

→[9] T0常开触点复位断开使定时器T1复位，T1所有触点均复位→其中[13]T1常开触点复位断开使定时器T2复位→同样地，定时T3、T4、T5也依次复位→在定时器T1复位后，[39]T1常开触点断开，Y005线圈无法得电；在定时器T2复位后，[42]T2常开触点断开，Y003线圈无法得电；在定时器T3复位后，[47]T3常开触点断开，Y001线圈无法得电；在定时器T4复位后，[52]T4常开触点断开，Y002线圈无法得电→Y000~Y005线圈均无法得电，所有交通信号灯都熄灭

第14章

变频器的使用

>> 14.1 变频器的基本结构原理

14.1.1 异步电动机的两种调速方式

当三相异步电动机定子绕组通入三相交流电后，定子绕组会产生旋转磁场，旋转磁场的转速 n_0 与交流电源的频率 f 和电动机的磁极对数 p 有如下关系：

$$n_0 = 60f/p$$

电动机转子的旋转速度 n（即电动机的转速）略低于旋转磁场的旋转速度 n_0（又称同步转速），两者的转速差与同步转速的比值称为转差率 s，电动机的转速为

$$n = (1 - s)60f/p$$

由于转差率 s 很小，一般为 $0.01 \sim 0.05$，为了计算方便，可认为电动机的转速近似为

$$n = 60f/p$$

从上面的近似公式可以看出，三相异步电动机的转速 n 与交流电源的频率 f 和电动机的磁极对数 p 有关，当交流电源的频率 f 发生改变时，电动机的转速会发生变化。**通过改变交流电源的频率来调节电动机转速的方法称为变频调速；通过改变电动机的磁极对数 p 来调节电动机转速的方法称为变极调速。**

变极调速只适用于笼型异步电动机（不适用于绕线型转子异步电动机），它是通过改变电动机定子绕组的连接方式来改变电动机的磁极对数，从而实现变极调速。适合变极调速的电动机称为多速电动机，常见的多速电动机有双速电动机、三速电动机和四速电动机等。

变极调速方式只适用于结构特殊的多速电动机调速，而且由一种速度转变为另一种速度时，速度变化较大，采用变频调速则可解决这些问题。如果对异步电动机进行变频调速，需要用到专门的电气设备——变频器。变频器先将工频（50Hz 或 60Hz）交流电源转换成频率可变的交流电源并提供给电动机，只要改变输出交流电源的频率，就能改变电动机的转速。由于变频器输出电源的频率可连续变化，故电动机的转速也可连续变化，从而实现电动机无级变速调节。图 14-1 列出了几种常见的变频器。

图 14-1 几种常见的变频器

14.1.2 两种类型的变频器结构与原理

变频器的功能是将工频（50Hz或60Hz）交流电源转换成频率可变的交流电源提供给电动机，通过改变交流电源的频率来对电动机进行调速控制。**变频器种类很多，主要可分为两类：交-直-交型变频器和交-交型变频器。**

1. 交-直-交型变频器的结构与原理

交-直-交型变频器利用电路先将工频电源转换成直流电源，再将直流电源转换成频率可变的交流电源，然后提供给电动机，通过调节输出电源的频率来改变电动机的转速。交-直-交型变频器的典型结构如图14-2所示。

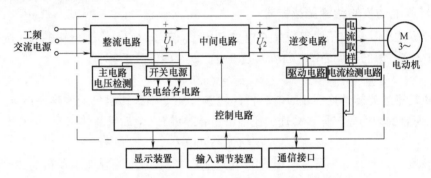

图14-2 交-直-交型变频器的典型结构框图

下面对照图14-2所示框图说明交-直-交型变频器工作原理。

工频交流电源经整流电路转换成脉动的直流电，直流电再经中间电路进行滤波平滑，然后送到逆变电路，与此同时，控制系统会产生驱动脉冲，经驱动电路放大后送到逆变电路，在驱动脉冲的控制下，逆变电路将直流电转换成频率可变的交流电并送给电动机，驱动电动机运转。改变逆变电路输出交流电的频率，电动机转速就会发生相应的变化。

整流电路、中间电路和逆变电路构成变频器的主电路，用来完成交-直-交的转换。由于主电路工作在高电压大电流状态，为了保护主电路，变频器通常设有主电路电压检测和输出电流检测电路，当主电路电压过高或过低时，电压检测电路则将该情况反映给控制电路，当变频器输出电流过大（如电动机负荷大）时，电流取样元件或电路会产生过电流信号，经电流检测电路处理后也送到控制电路。当主电路出现电压不正常或输出电流过大时，控制电路通过检测电路获得该情况后，会根据设定的程序做出相应的控制，如让变频器主电路停止工作，并发出相应的报警指示。

控制电路是变频器的控制中心，当它接收到输入调节装置或通信接口送来的指令信号后，会发出相应的控制信号去控制主电路，使主电路按设定的要求工作，同时控制电路还会将有关的设置和机器状态信息送到显示装置，以显示有关信息，便于用户操作或了解变频器的工作情况。

变频器的显示装置一般采用显示屏和指示灯；输入调节装置主要包括按钮、开关和旋钮等；通信接口用来与其他设备（如可编程序控制器）进行通信，接收它们发送过来的信息，同时还将变频器有关信息反馈给这些设备。

2. 交-交型变频器的结构与原理

交-交型变频器利用电路直接将工频电源转换成频率可变的交流电源并提供给电动机，

通过调节输出电源的频率来改变电动机的转速。交-交型变频器的结构如图 14-3 所示。从图中可以看出，交-交型变频器与交-直-交型变频器的主电路不同，它采用交-交变频电路直接将工频电源转换成频率可调的交流电源的方式进行变频调速。

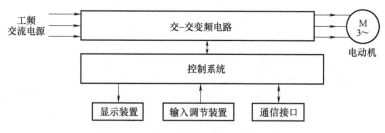

图 14-3　交-交型变频器的结构框图

交-交变频电路一般只能将输入交流电频率降低输出，而工频电源频率本来就低，所以交-交型变频器的调速范围很窄，另外这种变频器要采用大量的晶闸管等电力电子器件，导致装置体积大、成本高，故交-交型变频器使用远没有交-直-交型变频器广泛，因此本章主要介绍交-直-交型变频器。

14.2　三菱 A740 型变频器的面板组件介绍

变频器生产厂家很多，主要有三菱、西门子、富士、施耐德、ABB、安川和台达等。虽然变频器种类繁多，但由于基本功能是一致的，所以使用方法大同小异。三菱 FR-700 系列变频器在我国使用非常广泛，该系列变频器包括 FR-A700、FR-L700、FR-F700、FR-E700

$$FR-A7\boxed{4}0-\boxed{0.4K}-CHT$$

符号	电压等级
2	200V
4	400V

符号	变频器功率
0.4K～500K	变频器功率(kW)

图 14-4　三菱 FR-700 系列变频器的型号含义

和 FR-D700 子系列，本章以功能强大的通用型 FR-A740 型变频器为例来介绍变频器的使用，三菱 FR-700 系列变频器的型号含义如图 14-4 所示（以 FR-A740 型为例）。

14.2.1　外形

三菱 FR-A740 型变频器外形如图 14-5 所示，面板上的"A700"表示该变频器属于 A700 系列，在变频器左下方有一个标签标注具体型号为"FR-A740-3.7K-CHT"，功率越大的变频器，一般体积越大。

图 14-5　三菱 FR-A740 型变频器外形

14.2.2　面板的拆卸与安装

1. 操作面板的拆卸

　　三菱 FR-A740 型变频器操作面板的拆卸如图 14-6 所示，先拧松操作面板的固定螺钉，然后按住操作面板两边的卡扣，将其从机体上拉出来。

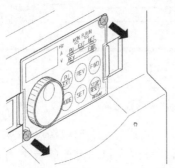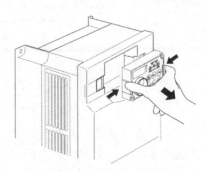

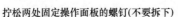

图 14-6　操作面板的拆卸

2. 前盖板的拆卸与安装

　　三菱 FR-A740 型变频器前盖板的拆卸与安装如图 14-7 所示，有些不同功率的变频器其

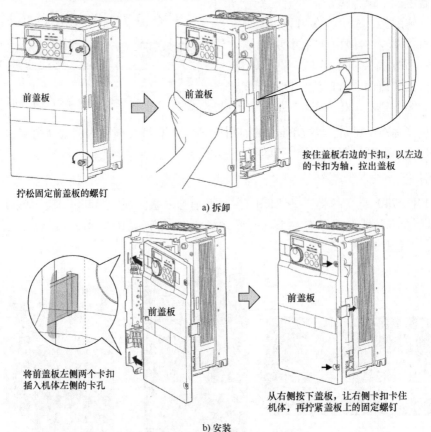

图 14-7　前盖板的拆卸与安装

外形会有所不同，图中以功率在22kW以下的A740型变频器为例，22kW以上的变频器拆卸与安装与此大同小异。

14.2.3 变频器的面板及内部组件说明

三菱FR-A740型变频器的面板及内部组件说明如图14-8所示。

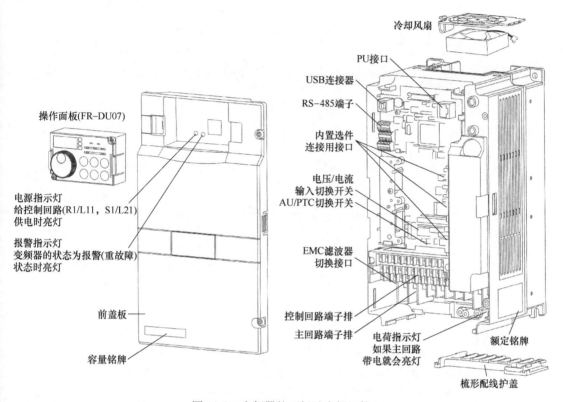

图14-8 变频器的面板及内部组件

>> 14.3 变频器的端子功能与接线

14.3.1 总接线图

三菱FR-A740型变频器的端子可分为主回路端子、输入端子、输出端子和通信接口，其总接线如图14-9所示。

14.3.2 主回路端子接线及说明

1. 主回路结构与外部接线原理图

主回路结构与外部接线原理图如图14-10所示。主回路外部端子说明如下：

R/L1、S/L2、T/L3端子外接工频电源，内接变频器整流电路。

U、V、W端子外接电动机，内接逆变电路。

P、P1端子外接短路片（或提高功率因数的直流电抗器），将整流电路与逆变电路连接起来。

PX、PR端子外接短路片，将内部制动电阻和制动控制器件连接起来。如果内部制动电阻制动效果不理想，可将PX、PR端子之间的短路片取下，再在P、PR端外接制动电阻。

237

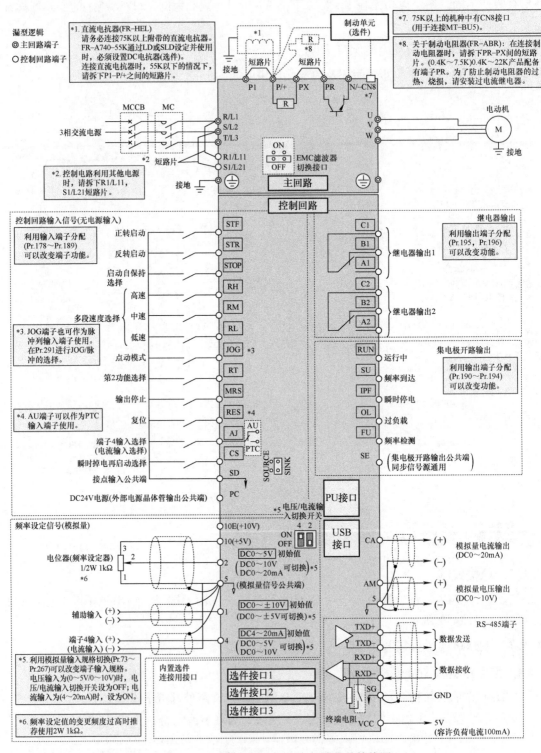

图 14-9　三菱 FR-A740 型变频器的总接线图

P、N 端子分别为内部直流电压的正、负端，对于大功率的变频器，如果要增强减速时的制动能力，可将 PX、PR 端子之间的短路片取下，再在 P、N 端子外接专用制动单元（即外部制动电路）。

R1/L11、S1/L21 端子内接控制回路，外部通过短路片与 R、S 端子连接，R、S 端的电源通过短路片由 R1、S1 端子提供给控制回路作为电源。如果希望 R、S、T 端无工频电源输入时控制回路也能工作，可以取下 R、R1 和 S、S1 之间的短路片，将两相工频电源直接接到 R1、S1 端。

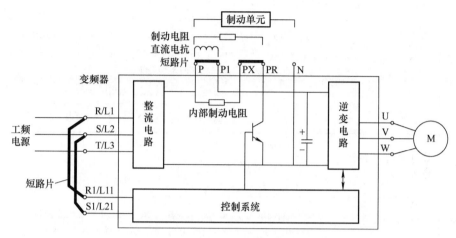

图 14-10 主回路结构与外部接线原理图

2. 主回路端子的实际接线

主回路端子接线（以 FR-A740-0.4K～3.7K 型变频器为例）如图 14-11 所示。端子排上的 R/L1、S/L2、T/L3 端子与三相工频电源连接，若与单相工频电源连接，必须接 R、S 端子；U、V、W 端子与电动机连接；P1、P/＋端子，PR、PX 端子，R、R1 端子和 S、S1 端子用短路片连接；接地端子用螺钉与接地线连接固定。

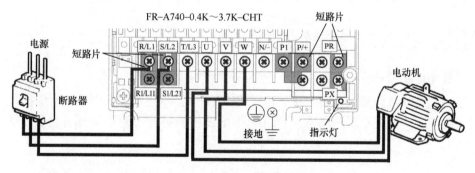

图 14-11 主回路端子的实际接线

3. 主回路端子功能说明

三菱 FR-A740 型变频器主回路端子功能说明见表 14-1。

表 14-1 主回路端子功能说明

端子符号	名称	说明
R/L1，S/L2，T/L3	交流电源输入	连接工频电源 当使用高功率因数变流器（FR-HC，MT-HC）及共直流母线变流器（FR-CV）时不要连接任何东西
U，V，W	变频器输出	接三相笼型电动机

（续）

端子符号	名称	说明
R1/L11, S1/L21	控制回路用电源	与交流电源端子 R/L1、S/L2 相连。在保持异常显示或异常输出时，以及使用高功率因数变流器（FR-HC，MT-HC），电源再生共通变流器（FR-CV）等时，请拆下端子 R/L1 - R1/L11、S/L2 - S1/L21 间的短路片，从外部对该端子输入电源。在主回路电源（R/L1，S/L2，T/L3）设为 ON 的状态下请勿将控制回路用电源（R1/L11，S1/L21）设为 OFF。这可能造成变频器损坏。控制回路用电源（R1/L11，S1/L21）为 OFF 的情况下，请在回路设计上保证主回路电源（R/L1，S/L2，T/L3）同时也为 OFF 变频器容量：15kW 以下，18.5kW 以上；电源容量：60VA，80VA
P/+，PR	制动电阻器连接（22K 以下）	拆下端子 PR-PX 间的短路片（7.5K 以下），连接在端子 P/+ - PR 间作为任选件的制动电阻器（FR - ABR） 22K 以下的产品通过连接制动电阻，可以得到更大的再生制动力
P/+，N/-	连接制动单元	连接制动单元（FR-BU2，FR-BU，BU，MT-BU5），共直流母线变流器（FR-CV）电源再生转换器（MT - RC）及高功率因数变流器（FR-HC，MT-HC）
P/+，P1	连接改善功率因数直流电抗器	对于 55K 以下的产品请拆下端子 P/+ - P1 间的短路片，连接上 DC 电抗器。75K 以上的产品已标准配备有 DC 电抗器，必须连接。FR-A740-55K 通过 LD 或 SLD 设定并使用时，必须设置 DC 电抗器（选件）
PR，PX	内置制动器回路连接	端子 PX-PR 间连接有短路片（初始状态）的状态下，内置的制动器回路为有效。7.5K 以下的产品已配备
⏚	接地	变频器外壳接地用。必须接大地

》》14.4　变频器操作面板的使用

14.4.1　操作面板说明

三菱 FR-A740 变频器安装有操作面板（FR-DU07），用户可以使用操作面板操作、监视变频器，还可以设置变频器的参数。FR-DU07 型操作面板外形及组成部分说明如图 14-12 所示。

a) 外形

图 14-12　FR-DU07 型操作面板外形及组成部分说明

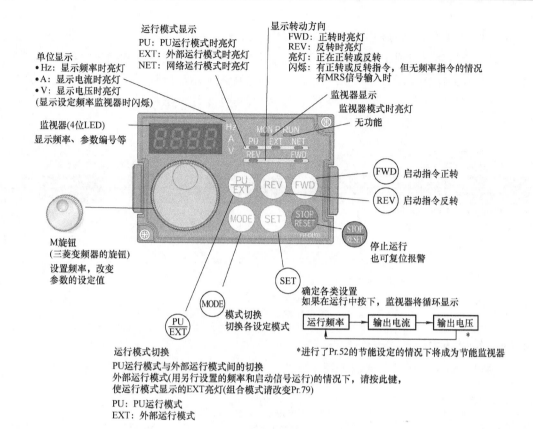

b) 各组成部分说明

图 14-12 FR-DU07 型操作面板外形及组成部分说明（续）

14.4.2 运行模式切换的操作

变频器有外部、PU 和 JOG（点动）三种运行模式。 当变频器处于外部运行模式时，可通过操作变频器输入端子外接的开关和电位器来控制电动机运行和调速，当处于 PU 运行模式时，可通过操作面板上的按键和旋钮来控制电动机运行和调速，当处于 JOG（点动）运行模式时，可通过操作面板上的按键来控制电动机点动运行。在操作面板上进行运行模式切换的操作如图 14-13 所示。

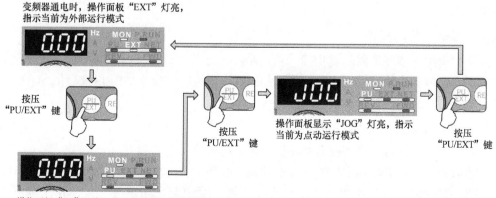

图 14-13 运行模式切换的操作

14.4.3 输出频率、电流和电压监视的操作

在操作面板的显示器上可查看变频器当前的输出频率、输出电流和输出电压。频率、电流和电压监视的操作如图 14-14 所示。显示器默认优先显示输出频率，如果要优先显示输出电流，可在 "A" 灯亮时，按下 "SET" 键持续时间超过 1s，在 "V" 灯亮时，按下 "SET" 键超过 1s，即可将输出电压设为优先显示。

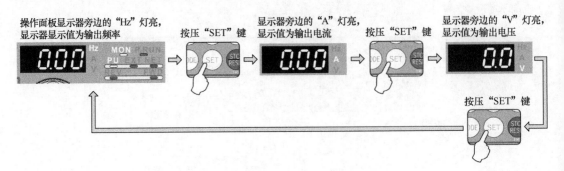

图 14-14　输出频率、电流和电压监视的操作

14.4.4 输出频率设置的操作

电动机的转速与变频器的输出频率有关，变频器输出频率设置的操作如图 14-15 所示。

图 14-15　变频器输出频率设置的操作

14.4.5 参数设置的操作

变频器有大量的参数，这些参数就像各种各样的功能指令，变频器是按参数的设置值来工作的。由于参数很多，为了区分各个参数，每个参数都有一个参数号，用户可根据需要设置参数的参数值，比如参数 Pr.1 用于设置变频器输出频率的上限值，参数值可在 0 ~ 120（Hz）范围内设置，变频器工作时输出频率不会超出这个频率值。变频器参数设置的操作如图 14-16 所示。

14.4.6 参数清除的操作

如果要清除变频器参数的设置值，可用操作面板将 Pr.CL（或 ALCC）的值设为 1，就可以将所有参数的参数值恢复到初始值。变频器参数清除的操作如图 14-17 所示。如果参数 Pr.77 的值先前已被设为 1，则无法执行参数清除。

14.4.7 变频器之间参数拷贝的操作

参数的拷贝是指将一台变频器的参数设置值拷贝给其他同系列（如 A700 系列）的变频器。在参数拷贝时，先将源变频器的参数值读入操作面板，然后取下操作面板安装到目标变频器，再将操作面板中的参数值写入目标变频器。变频器之间参数拷贝的操作如图 14-18 所示。

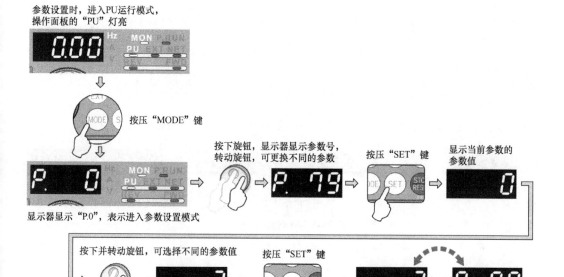

图 14-16 变频器参数设置的操作

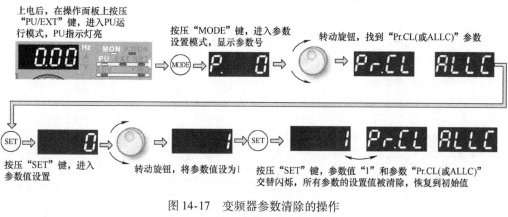

图 14-17 变频器参数清除的操作

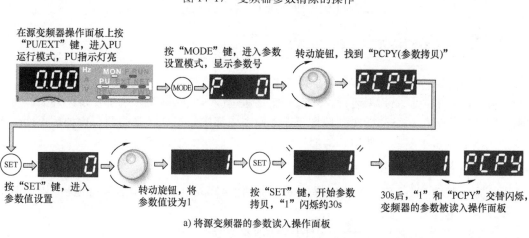

a) 将源变频器的参数读入操作面板

图 14-18 变频器之间参数拷贝的操作

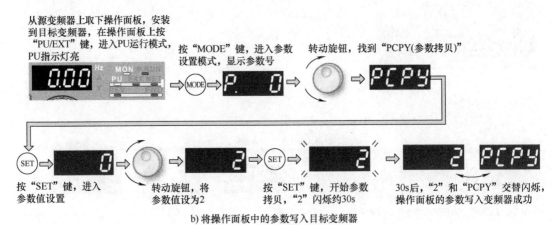

b) 将操作面板中的参数写入目标变频器

图 14-18　变频器之间参数拷贝的操作（续）

14.4.8　面板锁定的操作

在变频器运行时，为避免误操作面板上的按键和旋钮引起意外，可对面板进行锁定（将参数 Pr.161 的值设为 10），面板锁定后，按键和旋钮操作无效。变频器面板锁定操作如图 14-19 所示，按住"MODE"键持续 2s 可取消面板锁定。在面板锁定时，"STOP/RESET"键的停止和复位控制功能仍有效。

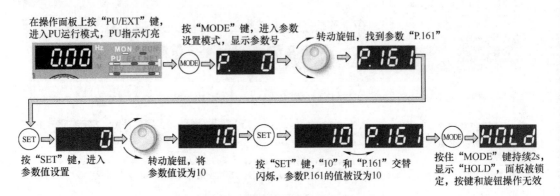

图 14-19　变频器面板锁定的操作

》14.5　变频器的运行操作

变频器运行操作有面板操作、外部操作和组合操作三种方式。面板操作是通过操作面板上的按键和旋钮来控制变频器运行，外部操作是通过操作变频器输入端子外接的开关和电位器来控制变频器运行，组合操作则是将面板操作和外部操作组合起来使用，比如使用面板上的按键控制变频器正反转，使用外部端子连接的电位器来对变频器进行调速。

14.5.1　面板操作（PU 操作）

面板操作又称 PU 操作，是通过操作面板上的按键和旋钮来控制变频器运行。图 14-20 是变频器驱动电动机的电路图。

1. 面板操作变频器驱动电动机以固定转速正反转

面板（FR – DU07）操作变频器驱动电动机以固定转速正反转的操作过程如图 14-21 所

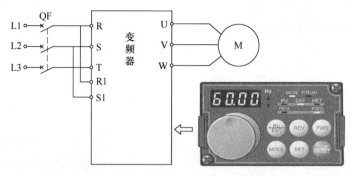

图 14-20　变频器驱动电动机的电路图

示。图中将变频器的输出频率设为30Hz，按"FWD（正转）"键时，电动机以30Hz的频率正转，按"REV（反转）"键时，电动机以30Hz的频率反转，按"STOP/RESET"键时，电动机停转。如果要更改变频器的输出频率，可重新用旋钮和SET键设置新的频率，然后变频器输出新的频率。

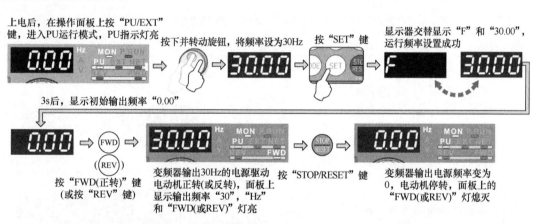

图 14-21　面板操作变频器驱动电动机以固定转速正反转的操作过程

2. 用面板旋钮（电位器）直接调速

用面板旋钮（电位器）直接调速可以很方便地改变变频器的输出频率，在使用这种方式调速时，需要将参数 Pr. 161 的值设为 1（M 旋钮旋转调节模式），在该模式下，在变频器运行或停止时，均可用旋钮（电位器）设定输出频率。

用面板旋钮（电位器）直接调速的操作过程如下：

1）变频器上电后，按面板上的"PU/EXT"键，切换到 PU 运行模式。

2）在面板上操作，将参数 Pr. 161 的值设为 1（M 旋钮旋转调节模式）。

3）按"FWD"（或"REV"）键，启动变频器正转或反转。

4）转动旋钮（电位器）将变频器输出频率调到需要的频率，待该频率值闪烁 5s 后，变频器即输出该频率的电源驱动电动机运转。如果设定的频率值闪烁 5s 后变为 0，一般是因为 Pr. 161 的值不为 1。

14.5.2　外部操作

外部操作是通过给变频器的输入端子输入 ON/OFF 信号和模拟量信号来控制变频器运行。变频器用于调速（设定频率）的模拟量可分为电压信号和电流信号。在进行外部操作时，需要让变频器进入外部运行模式。

1. 电压输入调速电路与操作

图 14-22 是变频器电压输入调速电路。变频器电压输入调速的操作过程见表 14-2。

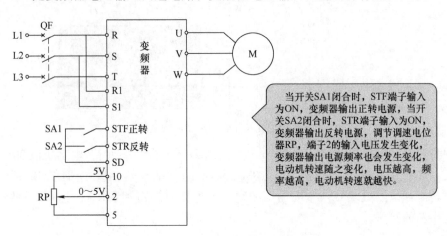

当开关SA1闭合时，STF端子输入为ON，变频器输出正转电源，当开关SA2闭合时，STR端子输入为ON，变频器输出反转电源，调节调速电位器RP，端子2的输入电压发生变化，变频器输出电源频率也会发生变化，电动机转速随之变化，电压越高，频率越高，电动机转速就越快。

图 14-22　变频器电压输入调速电路

表 14-2　变频器电压输入调速的操作过程

序号	操作说明	操作图
1	将电源开关闭合，给变频器通电，面板上的"EXT"灯亮，变频器处于外部运行模式，如果"EXT"灯未亮，可按"PU/EXT"键，使变频器进入外部运行模式	
2	将正转开关闭合，面板上的"FWD"灯亮，变频器输出正转电源	
3	顺时针转动旋钮（电位器）时，变频器输出频率上升，电动机转速变快	
4	逆时针转动旋钮（电位器）时，变频器输出频率下降，电动机转速变慢，输出频率调到 0 时，FWD（正转）指示灯闪烁	
5	将正转和反转开关都断开，变频器停止输出电源，电动机停转	

2. 电流输入调速电路与操作

图 14-23 是变频器电流输入调速电路。变频器电流输入调速的操作过程见表 14-3。

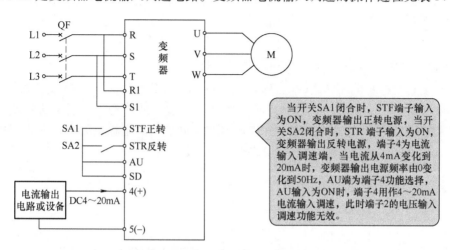

当开关SA1闭合时，STF端子输入为ON，变频器输出正转电源，当开关SA2闭合时，STR端子输入为ON，变频器输出反转电源，端子4为电流输入调速端，当电流从4mA变化到20mA时，变频器输出电源频率由0变化到50Hz，AU端为端子4功能选择，AU输入为ON时，端子4用作4~20mA电流输入调速，此时端子2的电压输入调速功能无效。

图 14-23　变频器电流输入调速电路

表 14-3　变频器电流输入调速的操作过程

序号	操作说明	操作图
1	将电源开关闭合，给变频器通电，面板上的"EXT"灯亮，变频器处于外部运行模式，如果"EXT"灯未亮，可按"PU/EXT"键，使变频器进入外部运行模式。如果无法进入外部运行模式，应将参数 Pr.79 设为 2（外部运行模式）	ON
2	将正转开关闭合，面板上的"FWD"灯亮，变频器输出正转电源	正转　反转　ON　闪烁
3	让输入变频器端子 4 的电流增大，变频器输出频率上升，电动机转速变快，输入电流为 20mA 时，输出频率为 50Hz	4mA→20mA
4	让输入变频器端子 4 的电流减小，变频器输出频率下降，电动机转速变慢，输入电流为 4mA 时，输出频率为 0Hz，电动机停转，FWD 灯闪烁	20mA→4mA　闪烁
5	将正转和反转开关都断开，变频器停止输出电源，电动机停转	正转　反转　OFF

14.5.3 组合操作

组合操作又称外部/PU 操作，是将外部操作和面板操作组合起来使用。这种操作方式使用灵活，既可以用面板上的按键控制正反转，用外部端子输入电压或电流来调速，也可以用外部端子连接的开关控制正反转，用面板上的旋钮来调速。

1. 面板启动运行外部电压调速的电路与操作

面板启动运行外部电压调速的电路如图 14-24 所示，操作时将运行模式参数 Pr. 79 的值设为 4（外部/PU 运行模式 2），然后按面板上的"FWD"或"REV"启动正转或反转，再调节电位器 RP，端子 2 输入电压在 0 ~ 5V 范围内变化，变频器输出频率则在 0 ~ 50Hz 范围内变化。面板启动运行外部电压调速的操作过程见表 14-4。

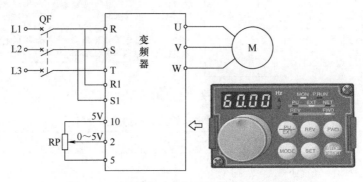

图 14-24 面板启动运行外部电压调速的电路

表 14-4 面板启动运行外部电压调速的操作过程

序号	操作说明	操作图
1	将电源开关闭合，给变频器通电，将参数 Pr. 79 的值设为 4，使变频器进入外部/PU 运行模式 2	
2	在面板上按"FWD"键，"FWD"灯闪烁，启动正转。如果同时按"FWD"键和"REV"键，无法启动，运行时同时按两键，会减速至停止	
3	顺时针转动旋钮（电位器）时，变频器输出频率上升，电动机转速变快	
4	逆时针转动旋钮（电位器）时，变频器输出频率下降，电动机转速变慢，输出频率为 0 时，"FWD"灯闪烁	
5	按面板上的"STOP/RESET"键，变频器停止输出电源，电动机停转，"FWD"灯熄灭	

2. 面板启动运行外部电流调速的电路与操作

面板启动运行外部电流调速的电路如图 14-25 所示，操作时将运行模式参数 Pr. 79 的值设为 4（外部/PU 运行模式 2），为了将端子 4 用作电流调速输入，需要 AU 端子输入为 ON，故将 AU 端子与 SD 端子接在一起，然后按面板上的"FWD"或"REV"启动正转或反转，再让电流输出电路或设备输出电流，端子 4 输入直流电流在 4～20mA 范围内变化，变频器输出频率则在 0～50Hz 范围内变化。面板启动运行外部电流调速的操作过程见表 14-5。

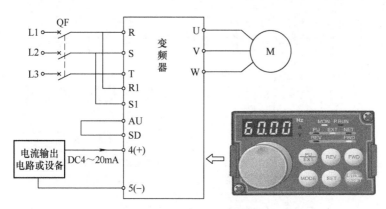

图 14-25　面板启动运行外部电流调速的电路

表 14-5　面板启动运行外部电流调速的操作过程

序号	操作说明	操作图
1	将电源开关闭合，给变频器通电，将参数 Pr. 79 的值设为 4，使变频器进入外部/PU 运行模式 2	
2	在面板上按"FWD"键，"FWD"灯闪烁，启动正转。如果同时按"FWD"键和"REV"键，无法启动，运行时同时按两键，会减速至停止	
3	将变频器端子 4 的输入电流增大，变频器输出频率上升，电动机转速变快，输入电流为 20mA 时，输出频率为 50Hz	4mA→20mA
4	将变频器端子 4 的输入电流减小，变频器输出频率下降，电动机转速变慢，输入电流为 4mA 时，输出频率为 0Hz，电动机停转，FWD 灯闪烁	20mA→4mA
5	按面板上的"STOP/RESET"键，变频器停止输出电源，电动机停转，"FWD"灯熄灭	

3. 外部启动运行面板旋钮调速的电路与操作

外部启动运行面板旋钮调速的电路如图 14-26 所示，操作时将运行模式参数 Pr. 79 的值设为 3（外部/PU 运行模式 1），将变频器 STF 或 STR 端子外接开关闭合启动正转或反转，然后调节面板上的旋钮，变频器输出频率则在 0 ~ 50Hz 范围内变化，电动机转速也随之变化。外部启动运行面板旋钮调速的操作过程见表 14-6。

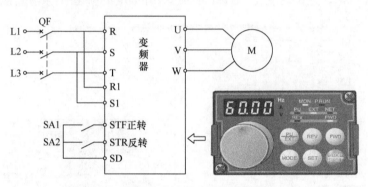

图 14-26　外部启动运行面板旋钮调速的电路

表 14-6　外部启动运行面板旋钮调速的操作过程

序号	操作说明	操作图
1	将电源开关闭合，给变频器通电，将参数 Pr. 79 的值设为 3，使变频器进入外部/PU 运行模式 1	
2	将"正转"开关闭合，"FWD"灯闪烁，启动正转	
3	转动面板上的旋钮，设定变频器的输出频率，调到需要的频率后停止转动旋钮，设定频率闪烁 5s	约闪烁5s
4	在设定频率闪烁时按"SET"键，设定频率值与"F"交替显示，频率设置成功。变频器输出设定频率的电源驱动电动机运转	
5	将正转和反转开关都断开，变频器停止输出电源，电动机停转	停止

第15章

变频器与PLC的应用电路

变频器控制电动机正转的电路与参数设置

变频器控制电动机正转是变频器最基本的功能。正转控制既可采用开关操作方式，也可采用继电器操作方式。在控制电动机正转时需要给变频器设置一些基本参数，具体见表 15-1。

表 15-1 变频器控制电动机正转的参数及设置值

参数名称	参数号	设置值
加速时间	Pr. 7	5s
减速时间	Pr. 8	3s
加减速基准频率	Pr. 20	50Hz
基底频率	Pr. 3	50Hz
上限频率	Pr. 1	50Hz
下限频率	Pr. 2	0Hz
运行模式	Pr. 79	2

15.1.1 开关操作式正转控制电路

开关操作式正转控制电路如图 15-1 所示，它是依靠手动操作变频器 STF 端子外接开关 SA，来对电动机进行正转控制。

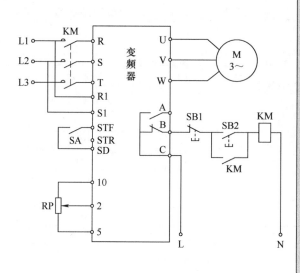

①起动准备。按下按钮SB2→接触器 KM线圈得电→KM常开辅助触点和主触点均闭合→KM常开辅助触点闭合锁定 KM线圈得电(自锁)，KM主触点闭合为变频器接通主电源。

②正转控制。按下变频器STF端子外接开关SA，STF、SD端子接通，相当于STF端子输入正转控制信号，变频器U、V、W端子输出正转电源电压，驱动电动机正向运转。调节端子10、2、5外接电位器RP，变频器输出电源频率会发生改变，电动机转速也随之变化。

③变频器异常保护。若变频器运行期间出现异常或故障，变频器B、C端子间内部等效的常闭开关断开，接触器KM线圈失电，KM主触点断开，切断变频器输入电源，对变频器进行保护。

④停转控制。在变频器正常工作时，将开关SA断开，STF、SD端子断开，变频器停止输出电源，电动机停转。

若要切断变频器输入主电源，可按下按钮SB1，接触器KM线圈失电，KM主触点断开，变频器输入电源被切断。

图 15-1 开关操作式正转控制电路

15.1.2　继电器操作式正转控制电路

继电器操作式正转控制电路如图 15-2 所示。

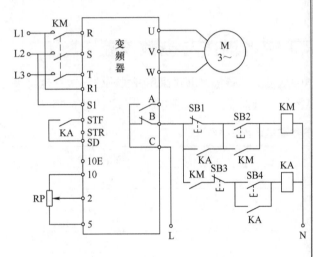

①起动准备。按下按钮SB2→接触器KM线圈得电→KM主触点和两个常开辅助触点均闭合→KM主触点闭合为变频器接通主电源，一个KM常开辅助触点闭合锁定KM线圈得电，另一个KM常开辅助触点闭合为中间继电器KA线圈得电做准备。

②正转控制。按下按钮SB4→继电器KA线圈得电→3个KA常开触点均闭合，一个常开触点闭合锁定KA线圈得电，一个常开触点闭合将按钮SB1短接，还有一个常开触点闭合将STF、SD端子接通，相当于STF端子输入正转控制信号，变频器U、V、W端子输出正转电源电压，驱动电动机正向运转。调节端子10、2、5外接电位器RP，变频器输出电源频率会发生改变，电动机转速也随之变化。

③变频器异常保护。若变频器运行期间出现异常或故障，变频器B、C端子间内部等效的常开开关断开，接触器KM线圈失电，KM主触点断开，切断变频器输入电源，对变频器进行保护。同时继电器KA线圈也失电，3个KA常开触点均断开。

④停转控制。在变频器正常工作时，按下按钮SB3，KA线圈失电，KA的3个常开触点均断开，其中一个KA常开触点断开使STF、SD端子连接切断，变频器停止输出电源，电动机停转。

在变频器运行时，若要切断变频器输入主电源，须先对变频器进行停转控制，再按下按钮SB1，接触器KM线圈失电，KM主触点断开，变频器输入电源被切断。如果没有对变频器进行停转控制，而直接去按SB1，是无法切断变频器输入主电源的，这是因为变频器正常工作时KA常开触点已将SB1短接，断开SB1无效，这样做可以防止在变频器工作时误操作SB1切断主电源。

图 15-2　继电器操作式正转控制电路

》15.2　变频器控制电动机正反转的电路与参数设置

变频器不但轻易就能实现控制电动机正转，控制电动机正反转也很方便。正反转控制也有开关操作方式和继电器操作方式。在控制电动机正反转时也要给变频器设置一些基本参数，具体见表 15-2。

表 15-2　变频器控制电动机正反转的参数及设置值

参数名称	参数号	设置值
加速时间	Pr. 7	5s
减速时间	Pr. 8	3s
加减速基准频率	Pr. 20	50Hz
基底频率	Pr. 3	50Hz
上限频率	Pr. 1	50Hz
下限频率	Pr. 2	0Hz
运行模式	Pr. 79	2

15.2.1　开关操作式正反转控制电路

开关操作式正反转控制电路如图 15-3 所示，它采用了一个三位开关 SA，SA 有"正转""停止"和"反转" 3 个位置。

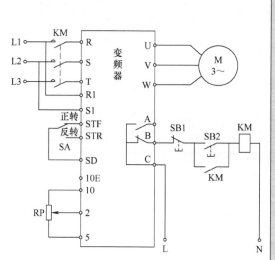

①起动准备。按下按钮SB2→接触器KM线圈得电→KM常开辅助触点和主触点均闭合→KM常开辅助触点闭合锁定KM线圈得电(自锁)，KM主触点闭合为变频器接通主电源。

②正转控制。将开关SA拨至"正转"位置，STF、SD端子接通，相当于STF端子输入正转控制信号，变频器U、V、W端子输出正转电源电压，驱动电动机正向运转。调节端子10、2、5外接电位器RP，变频器输出电源频率会发生改变，电动机转速也随之变化。

③停转控制。将开关SA拨至"停转"位置(悬空位置)，STF、SD端子连接切断，变频器停止输出电源，电动机停转。

④反转控制。将开关SA拨至"反转"位置，STR、SD端子接通，相当于STR端子输入反转控制信号，变频器U、V、W端子输出反转电源电压，驱动电动机反向运转。调节电位器RP，变频器输出电源频率会发生改变，电动机转速也随之变化。

⑤变频器异常保护。若变频器运行期间出现异常或故障，变频器B、C端子间内部等效的常闭开关断开，接触器KM线圈失电，KM主触点断开，切断变频器输入电源，对变频器进行保护。

若要切断变频器输入主电源，须先将开关SA拨至"停止"位置，让变频器停止工作，再按下按钮SB1，接触器KM线圈失电，KM主触点断开，变频器输入电源被切断。该电路结构简单，缺点是在变频器正常工作时操作SB1可切断输入主电源，这样易损坏变频器。

图 15-3　开关操作式正反转控制电路

15.2.2　继电器操作式正反转控制电路

继电器操作式正反转控制电路如图 15-4 所示，该电路采用了继电器 KA1、KA2 分别进行正转和反转控制。

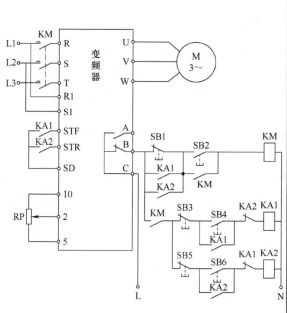

①起动准备。按下按钮SB2→接触器KM线圈得电→KM主触点和两个常开辅助触点均闭合→KM主触点闭合为变频器接通主电源，一个KM常开辅助触点闭合锁定KM线圈得电，另一个KM常开辅助触点闭合为中间继电器KA1、KA2线圈得电做准备。

②正转控制。按下按钮SB4→继电器KA1线圈得电→KA1的1个常闭触点断开，3个常开触点闭合→KA1的常闭触点断开使KA2线圈无法得电，KA1的3个常开触点闭合分别锁定KA1线圈得电、短接按钮SB1和接通STF、SD端子→STF、SD端子接通，相当于STF端子输入正转控制信号，变频器U、V、W端子输出正转电源电压，驱动电动机正向运转。调节端子10、2、5外接电位器RP，变频器输出电源频率会发生改变，电动机转速也随之变化。

③停转控制。按下按钮SB3→继电器KA1线圈失电→3个KA常开触点均断开，其中1个常开触点断开切断STF、SD端子的连接，变频器U、V、W端子停止输出电源电压，电动机停转。

④反转控制。按下按钮SB6→继电器KA2线圈得电→KA2的1个常闭触点断开，3个常开触点闭合→KA2的常闭触点断开使KA1线圈无法得电，KA2的3个常开触点闭合分别锁定KA2线圈得电、短接按钮SB1和接通STR、SD端子→STR、SD端子接通，相当于STR端子输入反转控制信号，变频器U、V、W端子输出反转电源电压，驱动电动机反向运转。

⑤变频器异常保护。若变频器运行期间出现异常或故障，变频器B、C端子间内部等效的常闭开关断开，接触器KM线圈失电，KM主触点断开，切断变频器输入电源，对变频器进行保护。

若要切断变频器输入主电源，可在变频器停止工作时按下按钮SB1，接触器KM线圈失电，KM主触点断开，变频器输入电源被切断。由于在变频器正常工作期间(正转或反转)，KA1或KA2常开触点闭合将SB1短接，断开SB1无效，这样做可以避免变频器工作时切断主电源。

图 15-4　继电器操作式正反转控制电路

》15.3 变频器控制电动机多档转速的电路与参数设置

变频器可以对电动机进行多档转速驱动。在进行多档转速控制时，需要对变频器有关参数进行设置，再操作相应端子外接开关。

15.3.1 多档转速控制说明

变频器的 **RH、RM、RL** 为多档转速控制端，**RH** 为高速档，**RM** 为中速档，**RL** 为低速档。**RH、RM、RL 3** 个端子组合可以进行 **7** 档转速控制。多档转速控制如图 15-5 所示，其中图 a 为多速控制电路图，图 b 为转速与多速控制端子通断关系图。

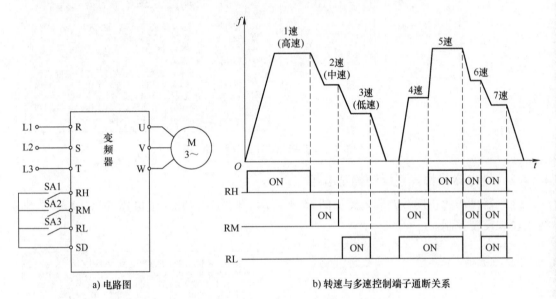

a) 电路图　　　　　　　　　　b) 转速与多速控制端子通断关系

图 15-5　多档转速控制说明

当开关 SA1 闭合时，RH 端与 SD 端接通，相当于给 RH 端输入高速运转指令信号，变频器马上输出频率很高的电源去驱动电动机，电动机迅速起动并高速运转（1 速）。

当开关 SA2 闭合时（SA1 需断开），RM 端与 SD 端接通，变频器输出频率降低，电动机由高速转为中速运转（2 速）。

当开关 SA3 闭合时（SA1、SA2 需断开），RL 端与 SD 端接通，变频器输出频率进一步降低，电动机由中速转为低速运转（3 速）。

当 SA1、SA2、SA3 均断开时，变频器输出频率变为 0Hz，电动机由低速转为停转。SA2、SA3 闭合，电动机 4 速运转；SA1、SA3 闭合，电动机 5 速运转；SA1、SA2 闭合，电动机 6 速运转；SA1、SA2、SA3 闭合，电动机 7 速运转。

图 15-5b 曲线中的斜线表示变频器输出频率由一种频率转变到另一种频率需经历一段时间，在此期间，电动机转速也由一种转速变化到另一种转速；水平线表示输出频率稳定，电动机转速稳定。

15.3.2 多档转速控制参数的设置

多档转速控制参数包括多档转速端子选择参数和多档运行频率参数。

（1）多档转速端子选择参数

在使用 RH、RM、RL 端子进行多速控制时，先要通过设置有关参数使这些端子控制有效。多档转速端子参数设置如下：

Pr. 180 = 0，RL 端子控制有效。

Pr. 181 = 1，RM 端子控制有效。

Pr. 182 = 2，RH 端子控制有效。

以上某参数若设为 9999，则将该端子设为控制无效。

（2）多档运行频率参数

RH、RM、RL 3 个端子组合可以进行 7 档转速控制，各档的具体运行频率需要用相应参数设置。多档运行频率参数设置见表 15-3。

表 15-3 多档运行频率参数设置

参 数	转 速	出厂设定	设定范围	备 注
Pr. 4	高速	60Hz	0 ~ 400Hz	
Pr. 5	中速	30Hz	0 ~ 400Hz	
Pr. 6	低速	10Hz	0 ~ 400Hz	
Pr. 24	4 速	9999	0 ~ 400Hz，9999	9999：无效
Pr. 25	5 速	9999	0 ~ 400Hz，9999	9999：无效
Pr. 26	6 速	9999	0 ~ 400Hz，9999	9999：无效
Pr. 27	7 速	9999	0 ~ 400Hz，9999	9999：无效

15.3.3 多档转速控制电路

图 15-6 是一个典型的多档转速控制电路，它由主回路和控制回路两部分组成。该电路采用了 KA0 ~ KA3 共 4 个中间继电器，其常开触点接在变频器的多档转速控制输入端，电路还用了 SQ1 ~ SQ3 共 3 个行程开关来检测运动部件的位置并进行转速切换控制。该电路在运行前需要进行多档转速控制参数的设置。

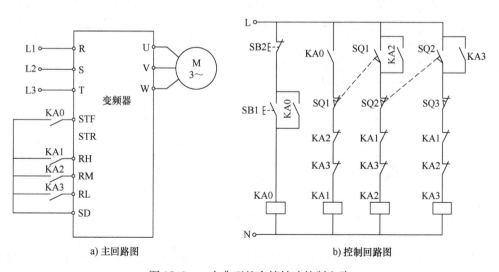

a) 主回路图　　　　　　　　　　　b) 控制回路图

图 15-6 一个典型的多档转速控制电路

电路工作过程说明如下：

1）起动并高速运转。按下起动按钮 SB1→中间继电器 KA0 线圈得电→KA0 的 3 个常开触点均闭合，一个触点锁定 KA0 线圈得电，一个触点闭合使 STF 端与 SD 端接通（即 STF 端输入正转指令信号），还有一个触点闭合使 KA1 线圈得电→KA1 两个常闭触点断开，一个常开触点闭合→KA1 两个常闭触点断开使 KA2、KA3 线圈无法得电，KA1 常开触点闭合将 RH 端与 SD 端接通（即 RH 端输入高速指令信号）→STF、RH 端子外接触点均闭合，变频器输出频率很高的电源，驱动电动机高速运转。

2）高速转中速运转。高速运转的电动机带动运动部件运行到一定位置时，行程开关 SQ1 动作→SQ1 常闭触点断开，常开触点闭合→SQ1 常闭触点断开使 KA1 线圈失电，RH 端子外接 KA1 触点断开，SQ1 常开触点闭合使继电器 KA2 线圈得电→KA2 两个常闭触点断开，两个常开触点闭合→KA2 两个常闭触点断开分别使 KA1、KA3 线圈无法得电；KA2 两个常开触点闭合，一个触点闭合锁定 KA2 线圈得电，另一个触点闭合使 RM 端与 SD 端接通（即 RM 端输入中速指令信号）→变频器输出频率由高变低，电动机由高速转为中速运转。

3）中速转低速运转。中速运转的电动机带动运动部件运行到一定位置时，行程开关 SQ2 动作→SQ2 常闭触点断开，常开触点闭合→SQ2 常闭触点断开使 KA2 线圈失电，RM 端子外接 KA2 触点断开，SQ2 常开触点闭合使继电器 KA3 线圈得电→KA3 两个常闭触点断开，两个常开触点闭合→KA3 两个常闭触点断开分别使 KA1、KA2 线圈无法得电；KA3 两个常开触点闭合，一个触点闭合锁定 KA3 线圈得电，另一个触点闭合使 RL 端与 SD 端接通（即 RL 端输入低速指令信号）→变频器输出频率进一步降低，电动机由中速转为低速运转。

4）低速转为停转。低速运转的电动机带动运动部件运行到一定位置时，行程开关 SQ3 动作→继电器 KA3 线圈失电→RL 端与 SD 端之间的 KA3 常开触点断开→变频器输出频率降为 0Hz，电动机由低速转为停止。按下按钮 SB2→KA0 线圈失电→STF 端子外接 KA0 常开触点断开，切断 STF 端子的输入。

图 15-6 所示电路中变频器输出频率变化如图 15-7 所示，从图中可以看出，在行程开关动作时输出频率开始转变。

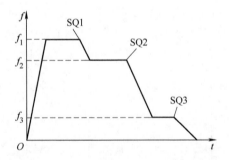

图 15-7　行程开关动作时变频器输出频率变化曲线

在不外接控制器（如 PLC）的情况下，直接操作变频器有三种方式：①操作面板上的按键；②操作接线端子连接的部件（如按钮和电位器）；③复合操作（如操作面板设置频率，操作接线端子连接的按钮进行起/停控制）。为了操作方便和充分利用变频器，常常采用 PLC 来控制变频器。

15. 4 PLC控制变频器正反转的电路与程序

15.4.1 控制电路

PLC以开关量方式控制变频器驱动电动机正反转的电路图如图15-8所示。

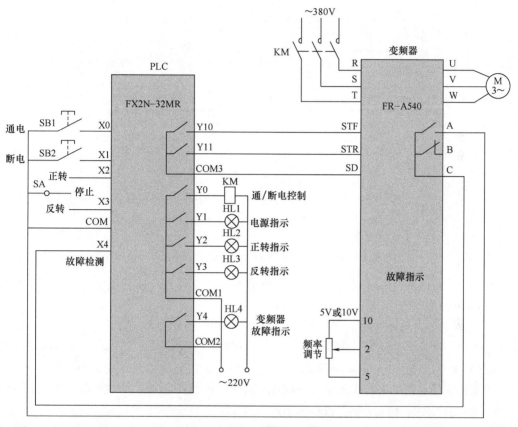

图 15-8 PLC以开关量方式控制变频器驱动电动机正反转的电路图

15.4.2 变频器参数设置

在使用PLC控制变频器时，需要对变频器进行有关参数设置，具体见表15-4。

表 15-4 变频器的有关参数及设置值

参 数 名 称	参 数 号	设 置 值
加速时间	Pr. 7	5s
减速时间	Pr. 8	3s
加减速基准频率	Pr. 20	50Hz
基底频率	Pr. 3	50Hz
上限频率	Pr. 1	50Hz
下限频率	Pr. 2	0Hz
运行模式	Pr. 79	2

15.4.3 PLC 控制程序及说明

变频器有关参数设置好后，还要用编程软件编写相应的 PLC 控制程序并下载给 PLC。PLC 控制变频器驱动电动机正反转的 PLC 程序如图 15-9 所示。

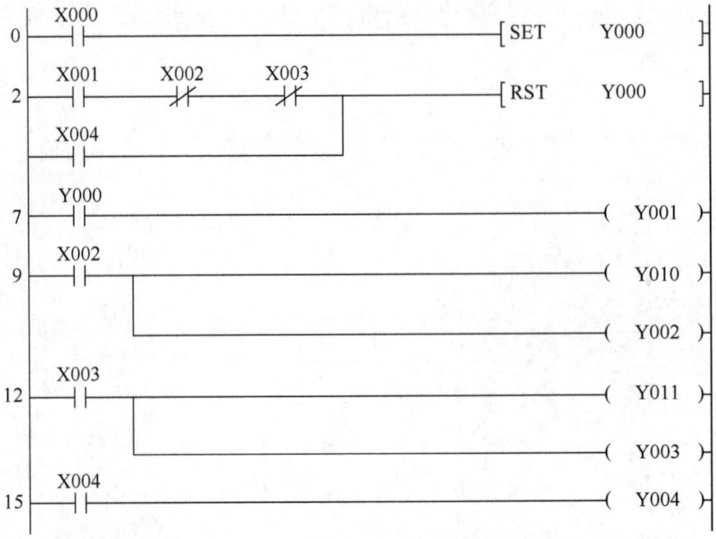

图 15-9 PLC 控制变频器驱动电动机正反转的 PLC 程序

下面对照图 15-8 所示电路图和图 15-9 所示程序来说明 PLC 以开关量方式控制变频器驱动电动机正反转的工作原理。

1）通电控制。当按下通电按钮 SB1 时，PLC 的 X0 端子输入为 ON，它使程序中的 [0] X000 常开触点闭合，"SET Y000" 指令执行，线圈 Y000 被置 1，Y0 端子内部的硬触点闭合，接触器 KM 线圈得电，KM 主触点闭合，将 380V 的三相电源送到变频器的 R、S、T 端，Y000 线圈置 1 还会使 [7] Y000 常开触点闭合，Y001 线圈得电，Y1 端子内部的硬触点闭合，HL1 指示灯通电点亮，指示 PLC 做出通电控制。

2）正转控制。将三档开关 SA 置于"正转"位置时，PLC 的 X2 端子输入为 ON，它使程序中的 [9] X002 常开触点闭合，Y010、Y002 线圈均得电，Y010 线圈得电使 Y10 端子内部硬触点闭合，将变频器的 STF、SD 端子接通，即 STF 端子输入为 ON，变频器输出电源使电动机正转，Y002 线圈得电后使 Y2 端子内部硬触点闭合，HL2 指示灯通电点亮，指示 PLC 做出正转控制。

3）反转控制。将三档开关 SA 置于"反转"位置时，PLC 的 X3 端子输入为 ON，它使程序中的 [12] X003 常开触点闭合，Y011、Y003 线圈均得电，Y011 线圈得电使 Y11 端子内部硬触点闭合，将变频器的 STR、SD 端子接通，即 STR 端子输入为 ON，变频器输出电源使电动机反转，Y003 线圈得电后使 Y3 端子内部硬触点闭合，HL3 指示灯通电点亮，指示 PLC 做出反转控制。

4）停转控制。在电动机处于正转或反转时，若将 SA 开关置于"停止"位置，X2 或 X3 端子输入为 OFF，程序中的 X2 或 X3 常开触点断开，Y010、Y002 或 Y011、Y003 线圈失电，Y10、Y2 或 Y11、Y3 端子内部硬触点断开，变频器的 STF 或 STR 端子输入为 OFF，变频器停止输出电源，电动机停转，同时 HL2 或 HL3 指示灯熄灭。

5）断电控制。当 SA 置于"停止"位置使电动机停转时，若按下断电按钮 SB2，PLC 的 X1 端子输入为 ON，它使程序中的 [2] X001 常开触点闭合，执行"RST Y000"指令，

Y000 线圈被复位失电，Y0 端子内部的硬触点断开，接触器 KM 线圈失电，KM 主触点断开，切断变频器的输入电源，Y000 线圈失电还会使 [7] Y000 常开触点断开，Y001 线圈失电，Y1 端子内部的硬触点断开，HL1 指示灯熄灭。如果 SA 处于"正转"或"反转"位置时，[2] X002 或 X003 常闭触点断开，无法执行"RST Y000"指令，即电动机在正转或反转时，操作按钮 SB2 是不能断开变频器输入电源的。

6）故障保护。如果变频器内部保护功能动作，A、C 端子间的内部触点闭合，PLC 的 X4 端子输入为 ON，程序中的 [2] X004 常开触点闭合，执行"RST Y000"指令，Y0 端子内部的硬触点断开，接触器 KM 线圈失电，KM 主触点断开，切断变频器的输入电源，保护变频器。另外，[15] X004 常开触点闭合，Y004 线圈得电，Y4 端子内部硬触点闭合，HL4 指示灯通电点亮，指示变频器有故障。

》 15.5 PLC 控制变频器多档转速运行的电路与程序

变频器可以连续调速，也可以分档调速，FR-500 系列变频器有 RH（高速）、RM（中速）和 RL（低速）三个控制端子，通过这三个端子的组合输入，可以实现七档转速控制。如果将 PLC 的输出端子与变频器这些端子连接，就可以用 PLC 控制变频器来驱动电动机多档转速运行。

15.5.1 控制电路

PLC 以开关量方式控制变频器驱动电动机多档转速运行的电路图如图 15-10 所示。

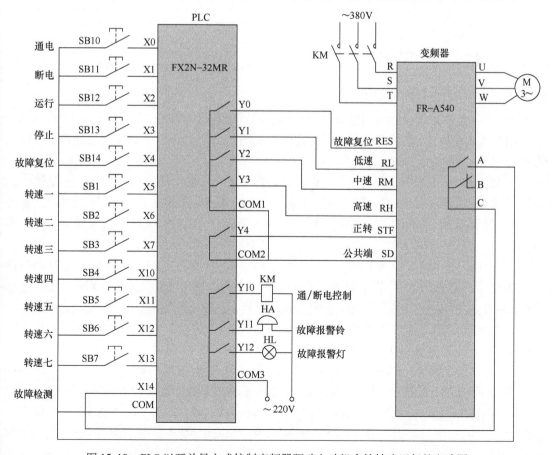

图 15-10 PLC 以开关量方式控制变频器驱动电动机多档转速运行的电路图

15.5.2 变频器参数设置

在用 PLC 对变频器进行多档转速控制时,需要对变频器进行有关参数设置,参数可分为基本运行参数和多档转速参数,具体见表 15-5。

表 15-5 变频器的有关参数及设置值

分　类	参　数　名　称	参　数　号	设　定　值
基本运行参数	转矩提升	Pr. 0	5%
	上限频率	Pr. 1	50Hz
	下限频率	Pr. 2	5Hz
	基底频率	Pr. 3	50Hz
	加速时间	Pr. 7	5s
	减速时间	Pr. 8	4s
	加减速基准频率	Pr. 20	50Hz
	操作模式	Pr. 79	2
多档转速参数	转速一（RH 为 ON 时）	Pr. 4	15Hz
	转速二（RM 为 ON 时）	Pr. 5	20Hz
	转速三（RL 为 ON 时）	Pr. 6	50Hz
	转速四（RM、RL 均为 ON 时）	Pr. 24	40Hz
	转速五（RH、RL 均为 ON 时）	Pr. 25	30Hz
	转速六（RH、RM 均为 ON 时）	Pr. 26	25Hz
	转速七（RH、RM、RL 均为 ON 时）	Pr. 27	10Hz

15.5.3 PLC 控制程序及说明

PLC 以开关量方式控制变频器驱动电动机多档转速运行的 PLC 程序如图 15-11 所示。

下面对照图 15-10 电路图和图 15-11 程序来说明 PLC 以开关量方式控制变频器驱动电动机多档转速运行的工作原理。

1）通电控制。当按下通电按钮 SB10 时,PLC 的 X0 端子输入为 ON,它使程序中的 [0] X000 常开触点闭合,"SET Y010"指令执行,线圈 Y010 被置 1,Y10 端子内部的硬触点闭合,接触器 KM 线圈得电,KM 主触点闭合,将 380V 的三相电源送到变频器的 R、S、T 端。

2）断电控制。当按下断电按钮 SB11 时,PLC 的 X1 端子输入为 ON,它使程序中的 [3] X001 常开触点闭合,"RST Y010"指令执行,线圈 Y010 被复位失电,Y10 端子内部的硬触点断开,接触器 KM 线圈失电,KM 主触点断开,切断变频器 R、S、T 端的输入电源。

3）启动变频器运行。当按下运行按钮 SB12 时,PLC 的 X2 端子输入为 ON,它使程序中的 [7] X002 常开触点闭合,由于 Y010 线圈已得电,它使 Y010 常开触点处于闭合状态,"SET Y004"指令执行,Y004 线圈被置 1 而得电,Y4 端子内部硬触点闭合,将变频器的 STF、SD 端子接通,即 STF 端子输入为 ON,变频器输出电源起动电动机正向运转。

4）停止变频器运行。当按下停止按钮 SB13 时,PLC 的 X3 端子输入为 ON,它使程序中的 [10] X003 常开触点闭合,"RST Y004"指令执行,Y004 线圈被复位而失电,Y4 端子内部硬触点断开,将变频器的 STF、SD 端子断开,即 STF 端子输入为 OFF,变频器停止输出电源，电动机停转。

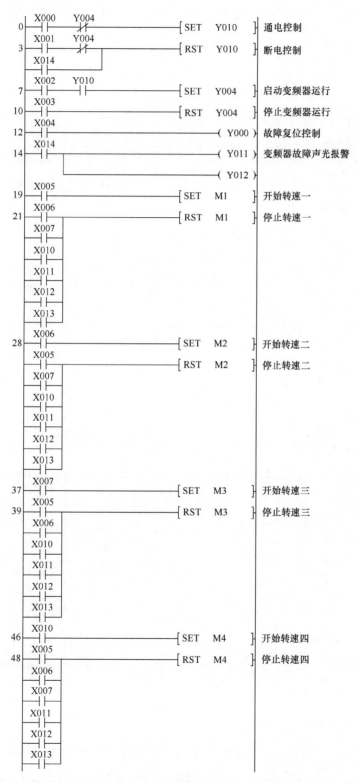

图 15-11 PLC 以开关量方式控制变频器驱动电动机多档转速运行的 PLC 程序

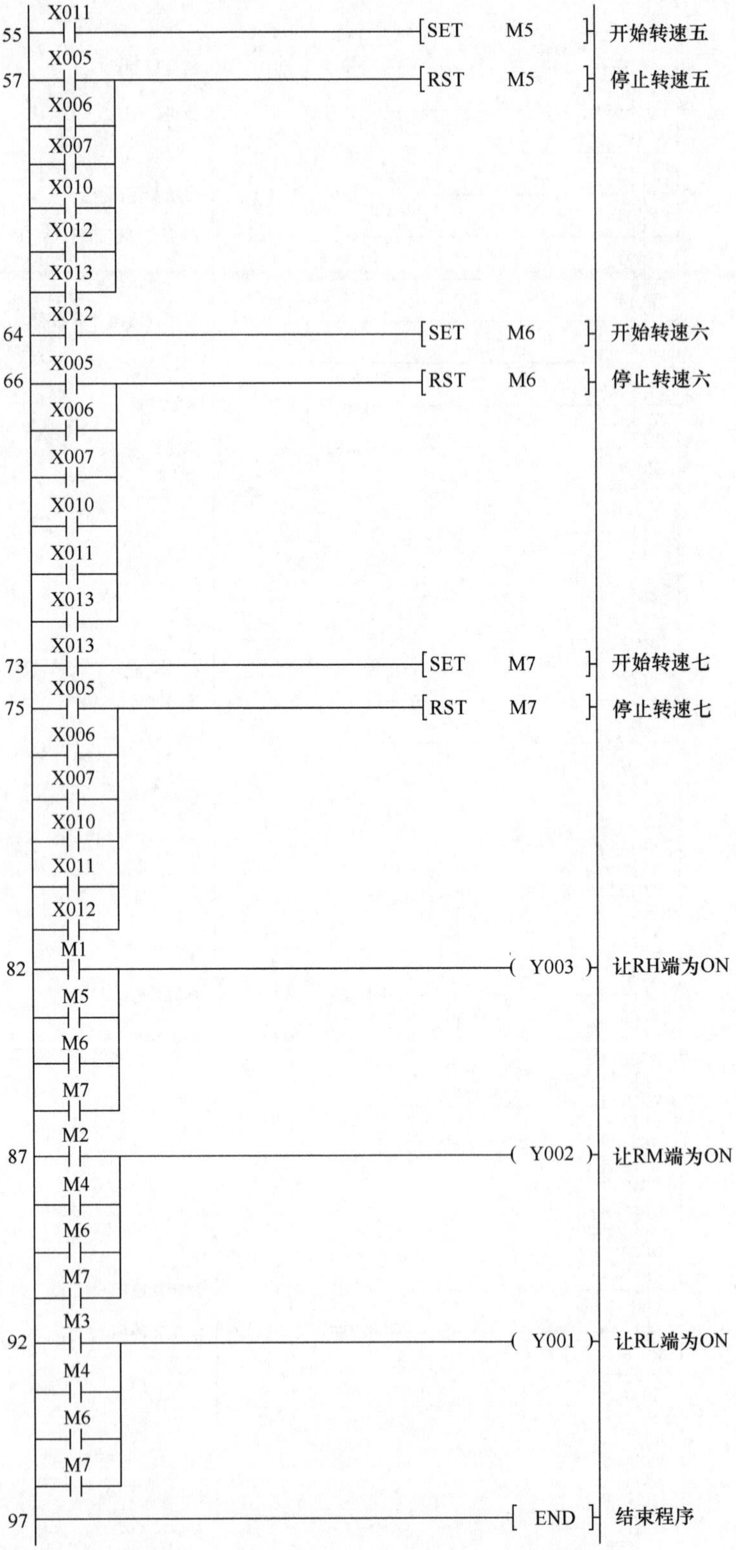

图 15-11　PLC 以开关量方式控制变频器驱动电动机多档转速运行的 PLC 程序（续）

5）故障报警及复位。如果变频器内部出现异常而导致保护电路动作时，A、C 端子间的内部触点闭合，PLC 的 X14 端子输入为 ON，程序中的［14］X014 常开触点闭合，Y011、Y012 线圈得电，Y11、Y12 端子内部硬触点闭合，报警铃和报警灯均得电而发出声光报警，同时［3］X014 常开触点闭合，"RST Y010"指令执行，线圈 Y010 被复位失电，Y10 端子内部的硬触点断开，接触器 KM 线圈失电，KM 主触点断开，切断变频器 R、S、T 端的输入电源。变频器故障排除后，当按下故障按钮 SB14 时，PLC 的 X4 端子输入为 ON，它使程序中的［12］X004 常开触点闭合，Y000 线圈得电，变频器的 RES 端输入为 ON，解除保护电路的保护状态。

6）转速一控制。变频器启动运行后，按下按钮 SB1（转速一），PLC 的 X5 端子输入为 ON，它使程序中的［19］X005 常开触点闭合，"SET M1"指令执行，线圈 M1 被置 1，［82］M1 常开触点闭合，Y003 线圈得电，Y3 端子内部的硬触点闭合，变频器的 RH 端输入为 ON，让变频器输出转速一设定频率的电源驱动电动机运转。按下 SB2～SB7 中的某个按钮，会使 X006～X013 中的某个常开触点闭合，"RST M1"指令执行，线圈 M1 被复位失电，［82］M1 常开触点断开，Y003 线圈失电，Y3 端子内部的硬触点断开，变频器的 RH 端输入为 OFF，停止按转速一运行。

7）转速四控制。按下按钮 SB4（转速四），PLC 的 X10 端子输入为 ON，它使程序中的［46］X010 常开触点闭合，"SET M4"指令执行，线圈 M4 被置 1，［87］、［92］M4 常开触点均闭合，Y002、Y001 线圈均得电，Y2、Y1 端子内部的硬触点均闭合，变频器的 RM、RL 端输入均为 ON，让变频器输出转速四设定频率的电源驱动电动机运转。按下 SB1～SB3 或 SB5～SB7 中的某个按钮，会使 X005～X007 或 X011～X013 中的某个常开触点闭合，"RST M4"指令执行，线圈 M4 被复位失电，［87］、［92］M4 常开触点均断开，Y002、Y001 线圈均失电，Y2、Y1 端子内部的硬触点均断开，变频器的 RM、RL 端输入均为 OFF，停止按转速四运行。

其他转速控制与上述转速控制过程类似，这里不再叙述。RH、RM、RL 端输入状态与对应的转速关系如图 15-12 所示。

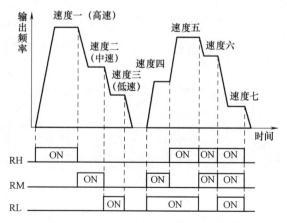

图 15-12 变频器 RH、RM、RL 端输入状态与对应的电动机转速关系

第16章

触摸屏与PLC的综合应用

》 16.1 　 三菱触摸屏介绍

触摸屏（HMI）又称人机界面，是一种带触摸显示屏的数字输入输出设备，利用触摸屏可以使人们直观方便地进行人机交互。利用触摸屏不但可以对 PLC 进行操作，还可实时监视 PLC 的工作状态。要使用触摸屏操作和监视 PLC，必须用专门的软件为触摸屏制作（又称组态）相应的操作和监视画面。

三菱触摸屏又称三菱图示操作终端，它除了具有触摸显示屏外，本身还带有主机部分，将它与 PLC 或变频器连接，不但可以直观操作这些设备，还能观察这些设备的运行情况。图 16-1 是常用的三菱 F940 型触摸屏。

图 16-1　三菱 F940 型触摸屏

16.1.1　参数规格

三菱触摸屏型号较多，主要有 F800GOT、F900GOT 和 F1000GOT 等系列，目前 F1000GOT 功能最为强大，而 F900GOT 更为常用。表 16-1 为三菱 F900GOT 系列触摸屏部分参数规格。

表 16-1　三菱 F900GOT 系列触摸屏部分参数规格

项　目		规　格			
		F930GOT-BWD	F940GOT-LWD F943GOT-LWD	F940GOT-SWD F943GOT-SWD	F940WGOT-TWD
显示元件	LCD 类型	STN 型全点阵 LCD			TFT 型全点阵 LCD
	点距（水平×垂直）	0.47mm×0.47mm	0.36mm×0.36mm		0.324mm×0.375mm
	显示颜色	单色（蓝/白）	单色（黑/白）	8 色	256 色
	屏幕	"240×80 点"液晶有效显示尺寸：117mm×42mm（4in 型）	"320×240 点"液晶有效显示尺寸：115mm×86mm（6in 型）		"480×234 点"液晶有效显示尺寸：155.5mm×87.8mm（7in 型）

（续）

项　目		规　格			
		F930GOT-BWD	F940GOT-LWD F943GOT-LWD	F940GOT-SWD F943GOT-SWD	F940WGOT-TWD
键	所用键数	每屏最大触摸键数目为50			
	配置（水平×垂直）	"15×4"矩阵配置	"20×12"矩阵配置		"30×12"矩阵配置（最后一列包括14点）
接口	RS-422	符合RS-422标准，单通道，用于PLC通信（F943GOT没有RS-422接头）			
	RS-232C	符合RS-232C标准，单通道，用于画面数据传送（F940GOT符合RS-232C标准，双通道，用于画面数据传送和PLC通信）			符合RS-232C标准，双通道，用于画面数据传送和PLC通信
画面数量		用户创建画面：最多500个画面（画面编号：No. 0～No. 499） 系统画面：25个画面（画面编号：No. 1001～No. 1025）			
用户存储器容量		256KB	512KB		1MB

16. 1. 2　型号含义

三菱F900触摸屏的型号含义如下：

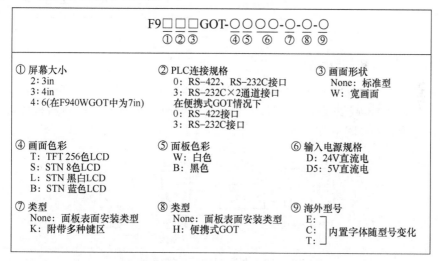

16. 1. 3　触摸屏与PLC、变频器等硬件设备的连接

1. 单台触摸屏与PLC、计算机的连接

触摸屏可与PLC、计算机等设备连接，连接方法如图16-2所示。F900GOT触摸屏有RS-422和RS-232C两种接口，RS-422接口可直接与PLC的RS-422接口连接，RS-232C接口可与计算机、打印机或条形码阅读器连接（只能选连一个设备）。

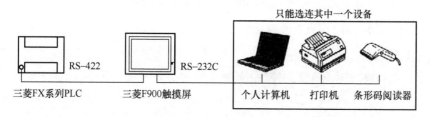

图16-2　触摸屏与PLC、计算机等设备的连接

触摸屏与 **PLC** 连接后，可在触摸屏上对 **PLC** 进行操控，也可监视 **PLC** 内部的数据；触摸屏与计算机连接后，计算机可将编写好的触摸屏画面程序送入触摸屏，触摸屏中的程序和数据也可被读入计算机。

2. 多台触摸屏与 PLC 的连接

如果需要 PLC 连接多台触摸屏，可给 PLC 安装 RS-422 通信扩展板（板上带有 RS-422 接口），连接方法如图 16-3 所示。

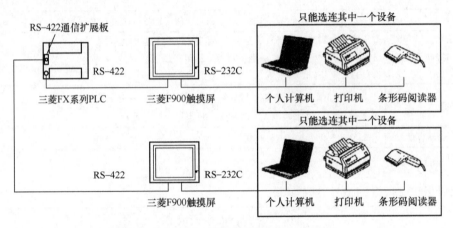

图 16-3　PLC 与多台触摸屏等设备的连接

3. 触摸屏与变频器的连接

触摸屏也可以与变频器连接，对变频器进行操作和监控。F900 触摸屏可通过 RS-422 接口直接与含有 PU 接口或安装了 FR-A5NR 选件的三菱变频器连接。一台触摸屏可与多台变频器连接，连接方法如图 16-4 所示。

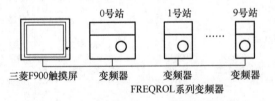

图 16-4　一台触摸屏与多台变频器的连接

》》16.2　三菱触摸屏组态软件的使用

三菱 GT Designer 是由三菱电机公司开发的触摸屏画面制作（组态）软件，适用于所有的三菱触摸屏。该软件窗口界面直观、操作简单，并且图形、对象工具丰富，还可以实时向触摸屏写入或读出画面数据。本节以 F940GOT 触摸屏为例进行说明。

16.2.1　软件的安装与窗口介绍

1. 软件的安装

在购买三菱触摸屏时会随机附带画面制作软件，打开 GT Designer ver 5 软件安装文件夹，找到"Setup. exe"文件，如图 16-5 所示，双击该文件即开始安装 GT Designer ver 5 软件。

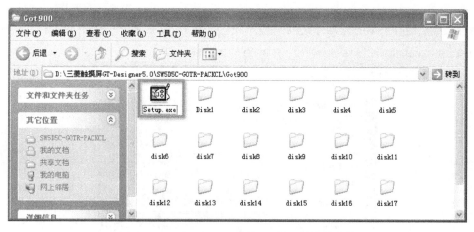

图 16-5 双击"Setup. exe"文件开始软件安装

GT Designer ver 5 软件的安装与其他软件基本相同，在安装过程中按提示输入用户名、公司名，如图 16-6a 所示，还要输入软件的 ID 号，如图 16-6b 所示，安装类型选择"Typical（典型）"，如图 16-6c 所示。

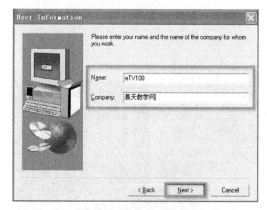

a) 输入用户名和公司名

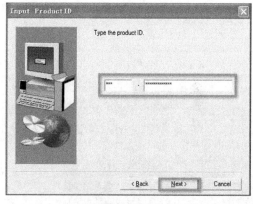

b) 输入产品ID号

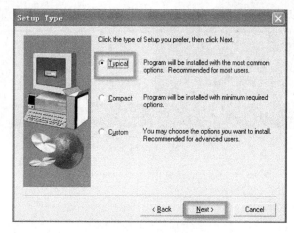

c) 选择"Typical(典型)"

图 16-6 GT Designer ver5 软件安装过程

2. 软件的启动

GT Designer ver 5 软件安装完成后，单击桌面左下角的"开始"按钮，再执行"程序→MELSOFT Application→GT Designer"，该过程如图 16-7 所示，GT Designer ver 5 即被启动，启动完成的软件界面如图 16-8 所示。

图 16-7　软件的启动

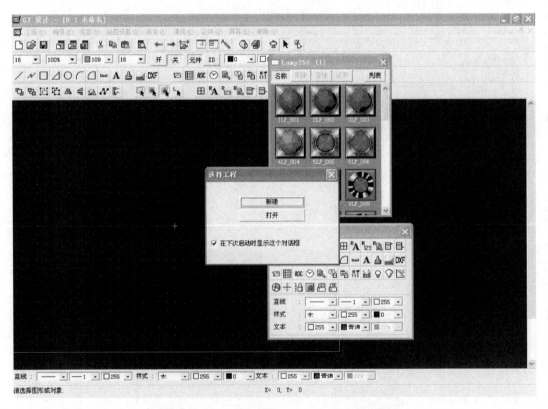

图 16-8　启动完成的 GT Designer ver 5 软件界面

3. 软件窗口各部分说明

三菱 GT Designer ver 5 软件窗口各组成部分如图 16-9 所示，在新建工程时，如果选用的设备类型不同，该窗口内容会略有变化，一般来说，选用的设备越高级，软件窗口中的工具就越多。下面对软件窗口的一些重要部分进行说明。

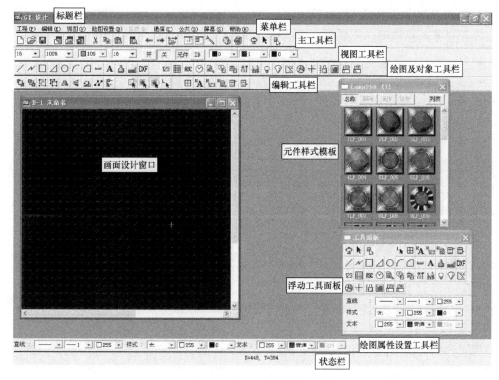

图 16-9 三菱 GT Designer ver 5 软件窗口各组成部分名称

（1）主工具栏

主工具栏的工具说明如图 16-10 所示。

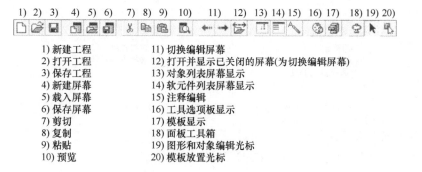

1) 新建工程	11) 切换编辑屏幕
2) 打开工程	12) 打开并显示已关闭的屏幕(为切换编辑屏幕)
3) 保存工程	13) 对象列表屏幕显示
4) 新建屏幕	14) 软元件列表屏幕显示
5) 载入屏幕	15) 注释编辑
6) 保存屏幕	16) 工具选项板显示
7) 剪切	17) 模板显示
8) 复制	18) 面板工具箱
9) 粘贴	19) 图形和对象编辑光标
10) 预览	20) 模板放置光标

图 16-10 主工具栏的工具说明

（2）视图工具栏

视图工具栏的工具说明如图 16-11 所示。

1) 设置光标移动距离	6) 设置屏幕显示数据(对象ID，软元件)
2) 放大屏幕	7) 设置屏幕背景颜色
3) 设置栅格的颜色	8) 设置屏幕背景颜色模式
4) 栅格的距离	9) 设置屏幕颜色模式
5) 切换ON/OFF(开启/关闭)对象功能	10) 切换屏幕画面目标(仅限于F900 GOT系列)

图 16-11 视图工具栏的工具说明

（3）绘图及对象工具栏

绘图及对象工具栏的工具说明如图 16-12 所示。

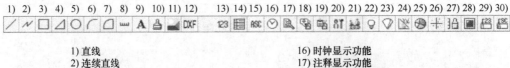

1) 2) 3) 4) 5) 6) 7) 8) 9) 10) 11) 12)   13) 14) 15) 16) 17) 18) 19) 20) 21) 22) 23) 24) 25) 26) 27) 28) 29) 30)

1) 直线	16) 时钟显示功能
2) 连续直线	17) 注释显示功能
3) 长方形	18) 报警历史显示功能
4) 多边形	19) 报警列表显示功能
5) 圆	20) 零件显示功能
6) 圆弧	21) 零件移动显示功能
7) 扇形	22) 指示灯显示功能
8) 刻度	23) 面板仪表显示功能
9) 文本	24) 线/趋势/条形图表显示功能
10) 着色	25) 统计图表显示功能
11) 插入BMP格式文件	26) 散点图显示功能
12) 插入DXF格式文件	27) 水平面显示功能
13) 数字显示功能	28) 触摸式按键功能
14) 数据列表显示功能	29) 数字输入功能
15) ASCII显示功能	30) ASCII输入功能

图 16-12　绘图及对象工具栏的工具说明

（4）编辑工具栏

编辑工具栏的工具说明如图 16-13 所示。

1) 2) 3) 4) 5) 6) 7) 8) 9)   10) 11) 12) 13)   14) 15) 16) 17) 18) 19)

1) 传送到前部	11) 选择目标(对象)
2) 传送到后部	12) 选择目标(图形+对象)
3) 组合	13) 选择目标(报告线)
4) 删除分组	14) 报告图形(线)
5) 水平面翻转	15) 报告图形(文本)
6) 垂直翻转	16) 报告打印对象(数字形式)
7) 90°逆时针	17) 报告打印对象(注释形式)
8) 编辑顶点	18) 设置报告抬头行
9) 排列	19) 设置报告重复行
10) 选择目标(图形)	

图 16-13　编辑工具栏的工具说明

（5）绘图属性设置工具栏

绘图属性设置工具栏的工具说明如图 16-14 所示。

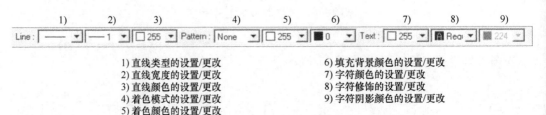

1)   2)   3)   4)   5)   6)   7)   8)   9)

1) 直线类型的设置/更改	6) 填充背景颜色的设置/更改
2) 直线宽度的设置/更改	7) 字符颜色的设置/更改
3) 直线颜色的设置/更改	8) 字符修饰的设置/更改
4) 着色模式的设置/更改	9) 字符阴影颜色的设置/更改
5) 着色颜色的设置/更改	

图 16-14　绘图属性设置工具栏的工具说明

（6）元件样式模板

元件样式模板用于提供元件（如指示灯、开关等）样式，单击模板中某个样式的元件后，就可以在画面设计窗口放置该样式的元件。元件样式模板默认显示各种指示灯元件样式，如果要显示其他元件的样式，可单击面板右上角的"列表"按钮，弹出"模板"列表，如图 16-15a 所示，当前显示的部件为"Lamp256（指示灯）"，在部件库中双击"Switch256（开关）"，如图 16-15b 所示，在样式模板中会显示出很多样式的开关元件。

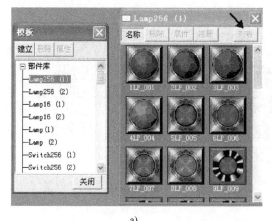 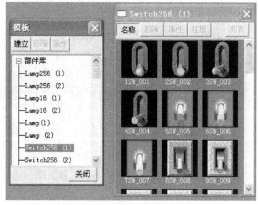

a)　　　　　　　　　　　　　　　　　　b)

图 16-15　元件样式模板

16.2.2　软件的使用

1. 新建工程并选择触摸屏和 PLC 的类型

GT Designer 软件启动后，在软件窗口上会出现一个"选择工程"对话框，如图 16-16a 所示，如果没有出现"选择工程"对话框，可执行菜单命令"工程→新建"，如果要打开以前的文件编辑，可单击"打开"按钮，如果要开始制作新的画面，可单击"新建"按钮，马上弹出"GOT/PLC 型号"对话框，如图 16-16b 所示，在对话框内选择 GOT 的型号为"F940GOT"，PLC 的型号选择"MELSEC – FX"，要求选择的型号与实际使用的触摸屏和PLC 型号应一致。

GOT/PLC 型号选择完成并单击"确定"按钮后，GT Designer 软件界面会有一些变化，在工作窗口的左方出现一个矩形区域，如图 16-16c 所示，触摸屏画面必须在该区域内制作才有效。

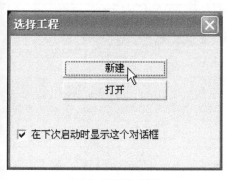 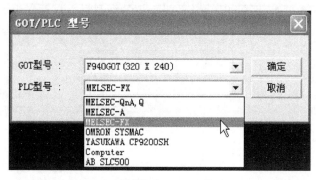

a) 单击"新建"按钮　　　　　　　　　　b) 选择"MELSEC-FX"

图 16-16　新建工程

271

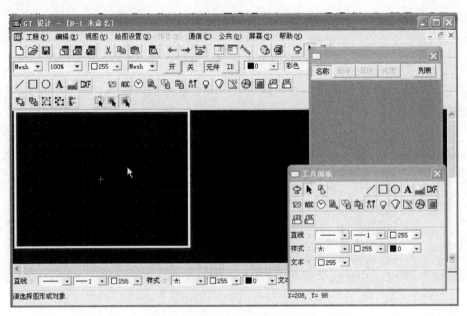

c) 工作窗口左方出现一个矩形区域

图 16-16　新建工程（续）

2. 制作一个简单的触摸屏画面

利用触摸屏可以对 PLC 进行控制，也可以观察 PLC 内部元件的运行情况。下面制作一个通过触摸屏观察 PLC 数据寄存器 D0 数据变化的画面。

（1）设置画面的名称

触摸屏画面制作与 PowerPoint 制作幻灯片类似，F940GOT 允许制作 500 个画面，为了便于画面之间的切换，要求给每个画面设置一个名称（制作一个画面可省略）。

设置画面名称过程：执行菜单命令"公共→标题→屏幕"，弹出"屏幕标题"对话框，默认标题名为"1"，如图 16-17a 所示，若要更改标题名，可单击"编辑"按钮，弹出下一个对话框，如图 16-17b 所示，在标题栏输入新标题"1－观察数据寄存器 D0"，单击"确定"按钮退到上一个对话框，再单击"确定"按钮后，就将当前画面的名称设为"1－观察数据寄存器 D0"，软件最上方的标题栏也自动变为该名称，如图 16-17c 所示。

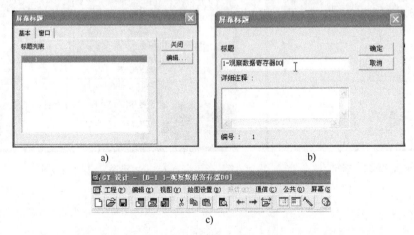

图 16-17　设置画面的名称

（2）创建文本

在画面创建文本的方法是单击工具栏或工具面板上的"**A**"图标，也可执行菜单命令"绘图设置→绘画图形→文本"，弹出"文本设置"对话框，如图16-18a所示，在对话框文本输入框内输入"数据寄存器D0的值为:"，再将文本颜色设为"红色"，文本大小设为"1×1"，单击"确定"按钮后，文本会出现在工作区，如图16-18b所示，且跟随鼠标移动，在合适的地方单击，就将文本放置下来。若要更改文本，可在文本上双击，又会弹出图16-18a所示的"文本设置"对话框。

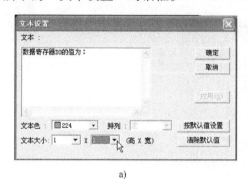
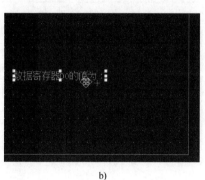

a)   b)

图16-18 创建文本

（3）放置对象

要显示数据寄存器D0的值，须在画面上放置"数值显示"对象，并进行有关的设置。

放置对象过程：单击工具栏或工具面板上的"凸"图标，也可执行菜单命令"绘图设置→数据显示→数值显示"，会弹出"数值输入"对话框，如图16-19a所示，在"基本"选项卡下单击"元件"按钮，弹出"元件"对话框，如图16-19b所示，将元件设为"D0"，单击"确定"按钮返回到"数值输入"对话框，如图16-19c所示，将D0的数据类型设为"无符号二进制数"，若要设置元件数值显示区外形，可勾选"图形"项，并单击"图形"按钮，会弹出图16-19d所示的"图像列表"对话框，可从中选择一个元件数值显示区的图形样式，本例中不对数值显示区做图形设置。在"数值输入"对话框中选择"格式"选项卡，如图16-19e所示，设置格式为"无符号位十进制、居中"，其他保持默认值，再单击"其他"选项卡，如图16-19f所示，该选项卡下的内容保持默认值。"数值输入"对话框中的内容设置完成，单击"确定"按钮，数值显示对象即出现在软件工作区内，如图16-19g所示，该对象中的"10000"为ID号，"D0"为显示数值的对象，"012345"表示显示的数值为6位。

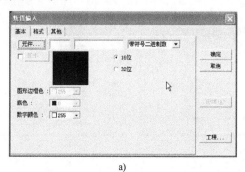
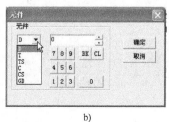

a)   b)

图16-19 放置对象

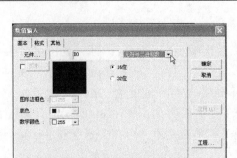

c)

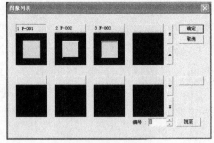

d)

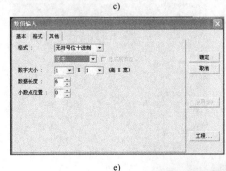

e)

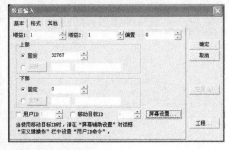

f)

g)

图 16-19　放置对象（续）

（4）绘制图形

为了使画面更美观整齐，可在屏幕适合位置绘制一些图形。

在画面上绘制一个矩形的过程：单击工具栏或工具面板上的"□"图标，也可执行菜单命令"绘图设置→绘画图形→矩形"，再将鼠标移到工作区，鼠标变成十字形光标，在合适位置按下左键拉出一个矩形，如图 16-20a 所示，松开左键即绘制好一个矩形。在工具面板上可设置矩形的属性，如图 16-20b 所示，也可在矩形上双击，弹出"设置矩形"对话框，如图 16-20c 所示，将矩形颜色改为蓝色。全部制作完成的画面如图 16-21 所示。

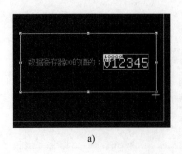

a)

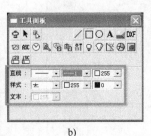

b)

c)

图 16-20　绘制图形

16.2.3　画面数据的上传与下载

GT Designer 软件不但可以制作触摸屏画面，还可以将制作好的画面数据上传到触摸屏中，也可以从触摸屏中下载画面数据到计算机中重新编辑。

1. 画面数据的上传

在 GT Designer 软件中将画面数据上传至F940GOT 的操作过程如下：

1）将计算机与 F940GOT 连接好。

2）执行菜单命令"通信→下载至 GOT→监

图 16-21　全部制作完成的画面

控数据"，会出现"监控数据下载"对话框，如图 16-22a 所示，选择"所有数据"和"删除所有旧的监视数据"，并确认 GOT 型号是否与当前触摸屏型号一致，再单击"设置"按钮，出现图 16-22b 所示的"选项"对话框，在该对话框中设置通信的端口为 COM1，波特率为 38400，单击"确定"按钮返回"监控数据下载"对话框，在该对话框中单击"下载"按钮，出现"下载"对话框，如图 16-22c 所示，阅读其中有关版本的注意事项，若满足要求则单击"确定"按钮，出现图 16-22d 所示的对话框，单击"Yes"按钮后，开始将制作好的画面数据上传至 F940GOT。

a)

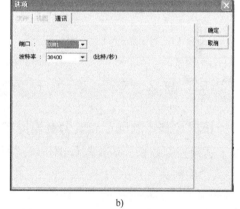

b)

c)　　　　　　　　　　　d)

图 16-22　画面数据的上传

2. 画面数据的下载

在 GT Designer 软件中可将 F940GOT 中的画面数据下载至计算机保存编辑，具体过程如下：

1）将计算机与 F940GOT 连接好。

2）执行菜单命令"通信→从 GOT 上载"，会出现"数据上载监控"对话框，如图 16-23a 所示，单击"浏览"按钮选择下载文件保存路径，并选择"全部数据"，其他选项可根据需要选择，若有口令，则要输入口令，单击"设定"按钮可以设置通信端口和波特率，设置结束后，单击"下载"按钮，出现图 16-23b 所示的对话框，单击"Yes"按钮确定后开始将 GOT 中的画面数据下载到计算机指定的位置。

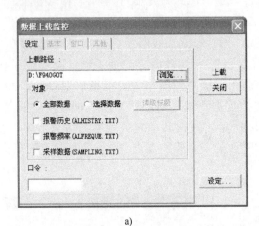

a)　　　　　　　　　　　　　　　　　b)

图 16-23　画面数据的下载

➢➢ 16.3　用触摸屏操作 PLC 实现电动机正反转控制的开发实例

16.3.1　根据控制要求确定需要为触摸屏制作的画面

为了达到控制要求，需要制作图 16-24 所示的 3 个触摸屏画面，具体说明如下：

1）3 个画面名称依次为"主画面""两个通信口的测试"和"电动机正反转控制"。

2）主画面要实现的功能为：触摸画面中的"两个通信口的测试"键，切换到第 2 个画面；触摸"电动机正反转控制"键，切换到第 3 个画面；在画面下方显示当前日期和时间。

3）第 2 个画面要实现的功能为：分别触摸"Y0"和"Y1"键时，PLC 相应的输出端子应有动作；触摸"返回"键，切换到主画面。

触摸屏与PLC通信测试	两个通信口的测试	电动机正反转控制
两个通信口的测试	Y0　　Y1	正转　反转　停转
电动机正反转控制	1. 若制作的画面能下载到GOT，说明RS-232C通信口正常　2. 触摸上面两个按键，若PLC相应的输出端子有动作，说明RS-422通信口正常　返回	返回
09/6/16　16:49:13		
第1个画面名称：主画面	第2个画面名称：两个通信口的测试	第3个画面名称：电动机正反转控制

图 16-24　要求制作的 3 个触摸屏画面

4）第3个画面要实现的功能为：分别触摸"正转""反转"和"停转"键时，应能控制电动机正转、反转和停转；触摸"返回"键，切换到主画面。

16.3.2 用 GT Designer 软件制作各个画面并设置画面切换方式

1. 制作第1个画面（主画面）

第一步：启动 GT Designer 软件，新建一个工程，并选择触摸屏型号为 F940GOT、PLC型号为 MELSEC – FX。

第二步：执行菜单命令"公共→标题→屏幕"，弹出"屏幕标题"对话框，在该对话框中设置当前画面标题为"主画面"，如图 16-25 所示。

第三步：单击工具栏的"**A**"图标，弹出"文本设置"对话框，如图 16-26a 所示，在文本输入框内输入"触摸屏与 PLC 通信测试"，并将文本颜色设为"黄色"，文本大小设为"2×1"，单击"确定"按钮后，文本会出现在工作区，在合适的地方单击，就将文本放置下来，如图 16-26b 所示。

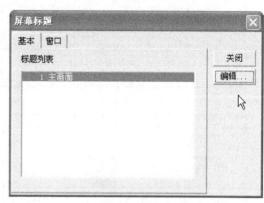

图 16-25　设置屏幕标题

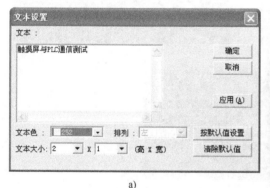

a)

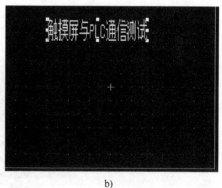

b)

图 16-26　放置文本

第四步：单击工具栏的"▣"图标，弹出"触摸键"对话框，如图 16-27a 所示，在"基本"选项卡下选择显示触发为"键"，在形状项中选择"基本形状"，再单击"类型"选项卡，如图 16-27b 所示，在该选项卡中可以设置触摸键在开和关状态时的样式（单击"图形"按钮即可选择样式）、键的主体色及边框色、键上显示的文字和键的大小。

设置键上显示文字的方法是单击"文本"按钮，弹出"文本"对话框，输入文本"两个通信口的测试"，再返回图 16-27b 所示的对话框，单击"复制开状态"按钮，可使关状态键的样式和文字与开状态键相同，如图 16-27c 所示，单击"确定"按钮关闭对话框，在软件工作区会出现设置的触摸键，如图 16-27d 所示，从图中可以看出，文字超出键的范围，这时可单击键选中它，在键周围出现大小调节块，拖动方块可调节键的大小，使之略大于文字范围，调节好的键如图 16-27e 所示。

第五步：用与第四步相同的方法放置第二个触摸键，将键显示的文字设为"电动机正

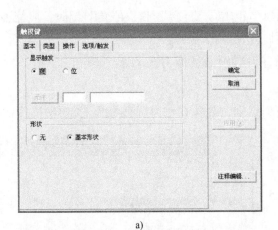
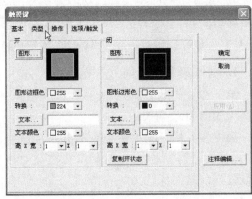

a)

b)

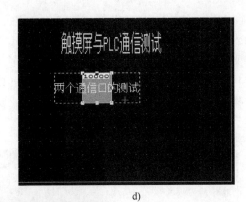

c)

d)

e)

图 16-27 放置"两个通信口测试"按键

反转控制",结果如图 16-28 所示。

第六步:单击工具栏的"⊘"图标,弹出"时钟"对话框,如图 16-29a 所示,在"基本"选项卡中,将显示类型设为日期,在该选项卡中可设置时钟的图形边框色、底色和颜色,若要设置时钟显示的样式,可选中"图形",并单击"图形"按钮,即可选择时钟样式。单击对话框的"格式"选项卡,可设置时钟的格式和大小,如图 16-29b 所示,单击"确定"按钮,软件工作区内出现时钟对象,如图 16-29c 所示,拖动鼠标可

图 16-28 放置"电动机正反转控制"按键

调节大小。选中时钟对象，然后进行复制、粘贴操作，在工作区出现两个相同的时钟对象，双击右边的时钟对象，弹出"时钟"对话框，如图 16-29d 所示，在"基本"选项卡中将显示类型设为时间，再切换到"格式"选项卡，设置时间格式，然后单击"确定"按钮关闭对话框，选中的时钟对象由日期型变化为时间型，如图 16-29e 所示。

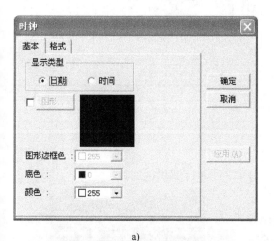
a)

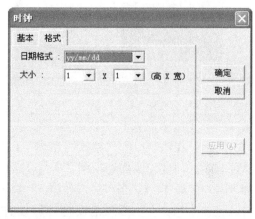
b)

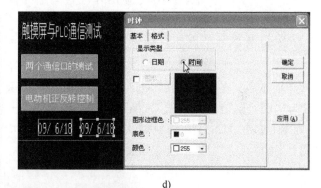
c)　　　　　　　　　　　　　d)

e)

图 16-29　放置时钟对象

第七步：排列对象。如果画面上的对象排列不整齐，会影响画面美观，这时可用鼠标选中对象通过拖动来排列，也可使用"排列"命令，先选中要排列的对象，单击鼠标右键，出现快捷菜单，如图 16-30a 所示，选择"排列"命令，弹出"排列"对话框，如图 16-30b 所示，在该对话框中可对选中的对象进行水平或垂直方向的排列，单击水平方向的"居中"，再单击"确定"按钮后，选中的对象就在水平方向居中排列整齐。

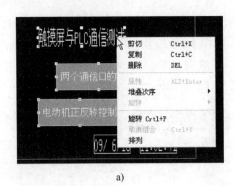 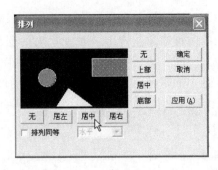

a)   b)

图 16-30　排列对象

第八步：预览画面效果。执行菜单命令"视图→预览"，会出现画面预览窗口，如图 16-31 所示，在该窗口的"格式"菜单下可设置画面"开""关"状态和画面显示的颜色，画面显示的时间与画面切换到"开"时刻的时间一致（计算机的时间）。

另外，在编辑状态时，操作工具栏中"　开　关　元件　ID　■0　▽　"不同的图标，可以查看画面开、关、元件名显示、ID 号显示和设置画面的背景色。

图 16-31　预览画面效果

2. 制作第 2 个画面（通信口测试画面）

第一步：执行菜单命令"屏幕→新屏幕"，弹出"新屏幕"对话框，在该对话框中将新画面标题设为"两个通信口的测试"，如图 16-32 所示，单击"确定"按钮后，进入编辑新画面状态，软件界面最上方的标题栏会显示当前画面标题。

第二步：利用工具栏的"　A　"工具，在画面上放置文本"两个通信口的测试"，如图 16-33 所示。

图 16-32　设置第 2 个画面标题　　　　图 16-33　放置"两个通信口的测试"文本

第三步：单击工具栏的"■"图标，弹出"触摸键"对话框，如图 16-34a 所示，在"基本"选项卡下选择显示触发为"位"，再单击"元件"按钮，弹出图 16-34b 所示的"元件"对话框，在该对话框中设置元件为"Y000"，单击"确定"按钮返回"触摸键"对话框。在"触摸键"对话框中，切换到"类型"选项卡，如图 16-34c 所示，在该选项卡下，将键显示文本为"Y0"，大小设为"2×2"，并复制开状态，再切换到"操作"选项卡，如图 16-34d 所示，单击该选项卡下的"位"按钮，弹出图 16-34e 所示的"按键操作"对话框，在对话框中，设置元件为"Y000"、操作为"点动"，单击"确定"按钮返回上一个对话框，如图 16-34f 所示，在对话框自动增加一行操作命令（高亮部分），单击"确定"按钮关闭对话框，在软件的工作区出现一个 Y0 按键，如图 16-34g 所示。

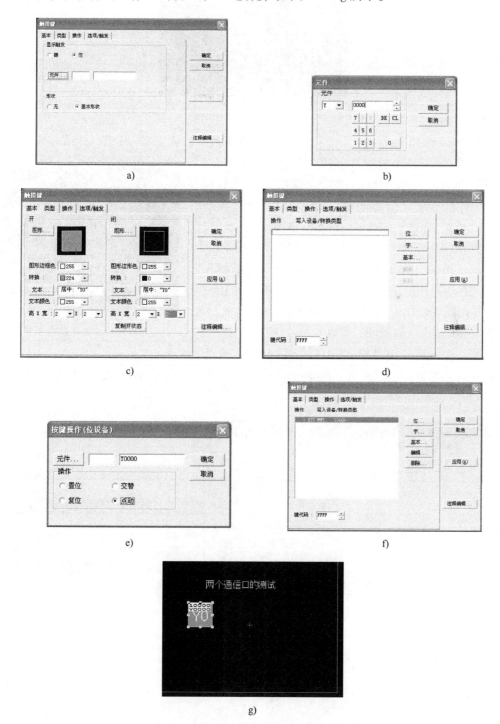

图 16-34　放置 Y0 按键

第四步：用与第三步相同的方法再在画面上放置一个 Y1 按键，如图 16-35 所示，也可采用复制 Y0 按键，然后通过修改来得到 Y1 按键。

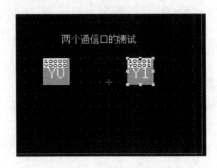

图 16-35　放置 Y1 按键

第五步：利用工具栏的"$\boxed{A}$"工具，在画面上放置说明文本，如图 16-36 所示。

第六步：在画面上放置"返回"按键。单击工具栏的"$\boxed{\square}$"图标，弹出"触摸键"对话框，在"基本"选项卡下选择显示触发为"键"，然后切换到"类型"选项卡，单击"文本"按钮并输入键显示文本"返回"，再切换到"操作"选项卡，如图 16-37a 所示，单击"基本"按钮，弹出图 16-37b 所示的"键盘操作"对话框，在该对话框中选择"确定"项并单击"浏览"按钮，弹出图 16-37c 所示的"屏幕图像"对话框，依次单击"主画面"（返回的目标画面）、"跳至"和"确定"按钮，返回到"键盘操作"对话框，单击"确定"

图 16-36　放置说明文本

按钮后返回"触摸键"对话框，再单击"确定"按钮关闭对话框，同时在软件工作区出现"返回"按钮，如图 16-37d 所示。

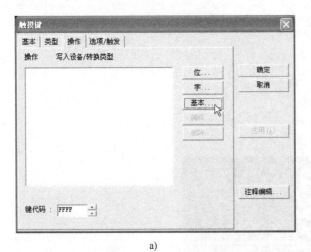

a)

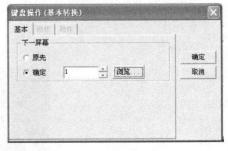

b)

图 16-37　放置"返回"按键

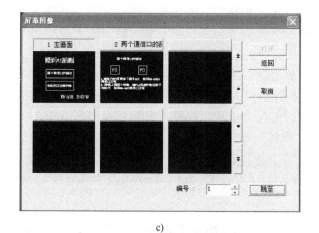

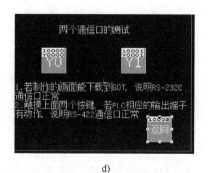

c)

d)

图16-37 放置"返回"按键（续）

制作好的第2个画面如图16-38所示。

图16-38 制作完成的第2个画面

3. 制作第3个画面（电动机正反转控制画面）

第一步：执行菜单命令"屏幕→新屏幕"，弹出"新屏幕"对话框，在该对话框中输入画面标题为"电动机正反转控制"，如图16-39所示。

第二步：利用工具栏的"**A**"工具，在画面上放置文本"电动机正反转控制"，如图16-40所示。

图16-39 设置第3个画面的标题

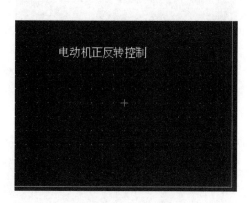

图16-40 放置文本

第三步：单击工具栏的"▣"图标，弹出"触摸键"对话框，在"基本"选项卡下选择显示触发为"位"，再单击"元件"按钮，弹出"元件"对话框，在该对话框中设置元件为"X000"；在"触摸键"对话框的"类型"选项卡下，输入键显示文本为"正转"，并复制开状态，再切换到"操作"选项卡，单击该选项卡下的"位"按钮，在弹出的"按键操作"对话框中，设置元件为"X000"、操作为"置位"，然后返回到"触摸键"对话框，单击"确定"按钮关闭对话框，软件工作区出现"正转"按键，如图 16-41 所示。

第四步：在画面上放置"反转"和"停转"按键的过程与第三步基本相同，在放置这两个按键时，除了要将按键显示文本设为"正转"和"停转"外，还要将 2 个按键元件分别设为 X001 和 X002，另外，X001 的动作设为"置位"，X002 的动作设为"复位"。放置完 3 个按键的画面如图 16-42 所示。

图 16-41　放置"正转"按键

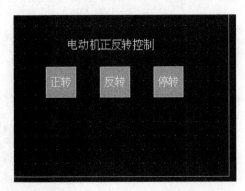

图 16-42　放置"反转""停转"按键

第五步：放置"返回"按键。本画面的"返回"按键功能与第 2 个画面一样，都是返回主画面，因此可采用复制的方法来得到该键。单击工具栏上的"◀─（上一屏幕）"图标，切换到上一个画面，选中该画面中的"返回"按键，并复制它，再单击"─▶（下一屏幕）"图标，切换到下一个画面，然后进行粘贴操作，就在该画面中得到"返回"按键，如图 16-43 所示。制作完成的第 3 个画面如图 16-44 所示。

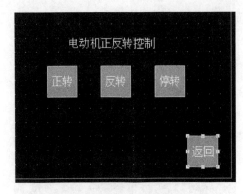

图 16-43　放置"返回"按键

图 16-44　制作完成的第 3 个画面

4. 设置画面切换

在制作第 2、3 个画面时，在画面上放置"返回"按键，并将其切换画面均设为主画面。在第 1 个画面中有"两个通信口的测试"和"电动机正反转控制"两个按键，下面来设置它们在操作时的切换功能。

第一步：单击工具栏上的""图标，切换到主画面，在主画面的"两个通信口的测试"按键上双击，弹出"触摸键"对话框，在"基本"选项卡下将显示触发设为"键"，然后切换到"操作"选项卡，单击"基本"按钮，弹出"键盘操作"对话框，如图16-45a所示，选中"确定"项，再单击"浏览"按钮，弹出"屏幕图像"对话框，如图16-45b所示，在该对话框中依次单击"两个通信口的测试"（切换的目标画面）、"跳至"和"确定"按钮，返回到"键盘操作"对话框，单击"确定"按钮后返回"触摸键"对话框，再单击"确定"按钮后关闭对话框，"两个通信口的测试"按键的切换功能设置结束。

第二步：用同样的方法将"电动机正反转控制"按键切换目标设为"电动机正反转控制"画面。

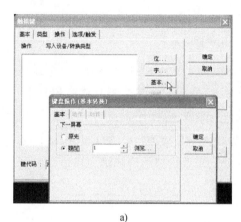
a)

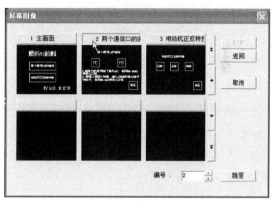
b)

图16-45 设置画面切换

16.3.3 连接计算机与触摸屏并下载画面数据

用GT Designer软件制作好触摸屏画面后，再将计算机与触摸屏连接起来，两者的连接使用FX232-CAB-1电缆，如图16-46所示，该电缆一端接计算机的COM口（又称RS-232口），另一端接触摸屏的COM口。计算机与触摸屏连接好后，在GT Designer软件中执行下载操作，将制作好的画面数据下载到触摸屏。

图16-46 FX232-CAB-1电缆（连接计算机与触摸屏）

16.3.4 用PLC编程软件编写电动机正反转控制程序

触摸屏是一种操作和监视设备，控制电动机运行还是要依靠PLC执行有关程序来完成的。为了实现在触摸屏上控制电动机运行，除了要为触摸屏制作控制画面外，还要为PLC编写电动机运行控制程序，并且PLC程序中的软元件要与触摸屏画面中的对应按键元件名一致。

启动三菱 PLC 编程软件，编写图 16-47 所示的电动机正反转控制程序，程序中的 X000、X001、X002 触点应为正转、反转和停转控制触点，与触摸屏画面的对应按键元件名保持一致，否则操作触摸屏画面按键无效或控制出错。

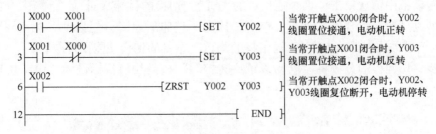

图 16-47　电动机正反转的 PLC 控制程序

用 FX-232AWC-H（简称 SC09）电缆或 FX-USB-AW（又称 USB-SC09-FX）电缆将计算机与 PLC 连接起来，在 PLC 编程软件中执行下载操作，将编写好的程序下载到 PLC 中。

16.3.5　触摸屏、PLC 和电动机控制电路的硬件连接和触摸操作测试

触摸屏、PLC 和电动机控制电路的连接如图 16-48 所示。触摸屏、PLC 和电动机控制电路连接完成并通电后，在触摸屏上操作画面上的按键，先进行通信口测试，再进行电动机正反转控制测试。

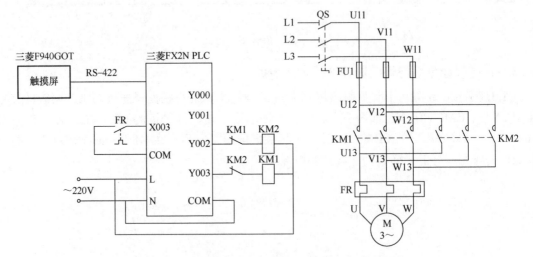

图 16-48　触摸操控 PLC 控制电动机正反转的电路

第17章

单片机入门

》》17.1　单片机简介

17.1.1　什么是单片机

　　单片机是一种内部集成了很多电路的 **IC（集成电路、集成块）芯片**，图 17-1 列出了几种常见的单片机，有的单片机引脚较多，有的引脚少，同种型号的单片机，可以采用直插式引脚封装，也可以采用贴片式引脚封装。

扫一扫看视频

a) 直插式引脚封装

b) 贴片式引脚封装

图 17-1　几种常见单片机外形

　　单片机是单片微型计算机（Single Chip Microcomputer）的简称，由于单片机主要用于控制领域，所以又称作微型控制器（Microcontroller Unit，MCU）。**单片机与微型计算机都是由 CPU、存储器和输入/输出接口电路（I/O 接口电路）等组成的**，但两者又有所不同，微型计算机（PC）和单片机（MCU）的基本结构分别如图 17-2a、b 所示。

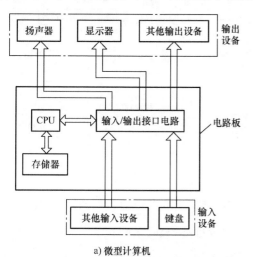

a) 微型计算机

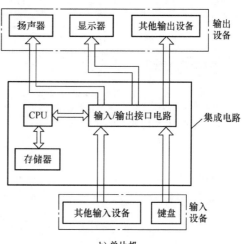

b) 单片机

图 17-2　微型计算机与单片机的结构

从图 17-2 可以看出，微型计算机是将 CPU、存储器和输入/输出接口电路等安装在电路板（又称计算机主板）上，外部的输入/输出设备（I/O 设备）通过接插件与电路板上的输入/输出接口电路连接起来。单片机则是将 CPU、存储器和输入/输出接口电路等做在半导体硅片上，再接出引脚并封装起来构成集成电路，外部的输入/输出设备通过单片机的外部引脚与内部输入/输出接口电路连接起来。

与单片机相比，微型计算机具有性能高、功能强的特点，但其价格昂贵，并且体积大，所以在一些不是很复杂的控制方面，如电动玩具、缤纷闪烁的霓虹灯和家用电器等设备中，完全可以采用价格低廉的单片机进行控制。

17.1.2 单片机应用系统的组成及举例说明

1. 组成

单片机是一块内部包含有 CPU、存储器和输入/输出接口等电路的 IC 芯片，但单独一块单片机芯片是无法工作的，必须给它增加一些有关的外围电路来组成单片机应用系统，才能完成指定的任务。典型的单片机应用系统的组成如图 17-3 所示，即单片机应用系统主要由单片机芯片、输入部件、输入电路、输出部件和输出电路组成。

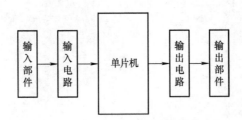

图 17-3 典型的单片机应用系统的组成

2. 工作过程举例说明

图 17-4 是一种采用单片机控制的 DVD 影碟机托盘检测及驱动电路，下面以该电路来说明单片机应用系统的一般工作过程。

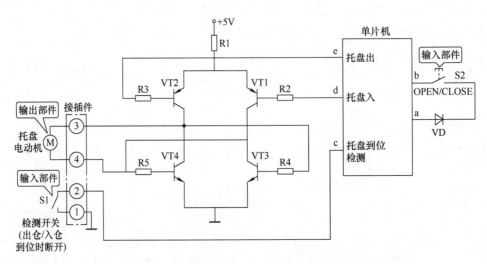

图 17-4 一种采用单片机控制的 DVD 影碟机托盘检测及驱动电路

当按下"OPEN/CLOSE"键时，单片机 a 脚的高电平（一般为 3V 以上的电压，常用 1

或 H 表示）经二极管 VD 和闭合的按键 S2 送入 b 脚，触发单片机内部相应的程序运行，程序运行后从 e 脚输出低电平（一般为 0.3V 以下的电压，常用 0 或 L 表示），低电平经电阻 R3 送到 PNP 型晶体管 VT2 的基极，VT2 导通，+5V 电压经 R1、导通的 VT2 和 R4 送到 NPN 型晶体管 VT3 的基极，VT3 导通，于是有电流流过托盘电动机（电流途径是，+5V→ R1→VT2 的发射极→VT2 的集电极→接插件的 3 脚→托盘电动机→接插件的 4 脚→VT3 的集电极→VT3 的发射极→地），托盘电动机运转，通过传动机构将托盘推出机器，当托盘出仓到位后，托盘检测开关 S1 断开，单片机的 c 脚变为高电平（出仓过程中 S1 一直是闭合的，c 脚为低电平），内部程序运行，使单片机的 e 脚变为高电平，晶体管 VT2、VT3 均由导通转为截止，无电流流过托盘电动机，电动机停转，托盘出仓完成。

在托盘上放好碟片后，再按压一次"OPEN/CLOSE"键，单片机 b 脚再一次接收到 a 脚送来的高电平，又触发单片机内部相应的程序运行，程序运行后从 d 脚输出低电平，低电平经电阻 R2 送到 PNP 型晶体管 VT1 的基极，VT1 导通，+5V 电压经 R1、VT1 和 R5 送到 NPN 型晶体管 VT4 的基极，VT4 导通，马上有电流流过托盘电动机（电流途径是，+5V→ R1→VT1 的发射极→VT1 的集电极→接插件的 4 脚→托盘电动机→接插件的 3 脚→VT4 的集电极→VT4 的发射极→地），由于流过托盘电动机的电流反向，故电动机反向运转，通过传动机构将托盘收回机器，当托盘入仓到位后，托盘检测开关 S1 断开，单片机的 c 脚变为高电平（入仓过程中 S1 一直是闭合的，c 脚为低电平），内部程序运行，使单片机的 d 脚变为高电平，晶体管 VT1、VT4 均由导通转为截止，无电流流过托盘电动机，电动机停转，托盘入仓完成。

在图 17-4 中，检测开关 S1 和按键 S2 均为输入部件，与之连接的电路称为输入电路，托盘电动机为输出部件，与之连接的电路称为输出电路。

17.1.3 单片机的分类

设计生产单片机的公司很多，较常见的有 Intel 公司生产的 MCS-51 系列单片机、Atmel 公司生产的 AVR 系列单片机、MicroChip 公司生产的 PIC 系列单片机和美国德州仪器（TI）公司生产的 MSP430 系列单片机等。

扫一扫看视频

8051 单片机是 Intel 公司推出的最成功的单片机产品，后来由于 Intel 公司将重点放在 PC 芯片（如 8086、80286、80486 和奔腾 CPU 等）的开发上，故将 8051 单片机内核使用权以专利出让或互换的形式转给世界许多著名 IC 制造厂商，如 Philips、NEC、Atmel、AMD、Dallas、Siemens、Fujitsu、OKI、华邦和 LG 等，这些公司在保持与 8051 单片机兼容的基础上改善和扩展了许多功能，设计生产出与 8051 单片机兼容的一系列单片机。**这种具有 8051 硬件内核且兼容 8051 指令的单片机称为 MCS-51 系列单片机，简称 51 单片机。**新型 51 单片机可以运行 8051 单片机的程序，而 8051 单片机可能无法正常运行新型 51 单片机为新增功能编写的程序。

51 单片机是目前应用最为广泛的单片机，由于生产 51 单片机的公司很多，故型号众多，但不同公司各型号的 51 单片机之间也有一定的对应关系。表 17-1 是部分公司的 51 单片机常见型号及对应表，对应型号的单片机功能基本相似。

表 17-1 部分公司的 51 单片机常见型号及对应表

STC 公司的 51 单片机	Atmel 公司的 51 单片机	Philips 公司的 51 单片机	Winbond 公司的 51 单片机
STC89C516RD	AT89C51RD2/RD +/RD	P89C51RD2/RD +，89C61/60X2	W78E516

（续）

STC 公司的 51 单片机	Atmel 公司的 51 单片机	Philips 公司的 51 单片机	Winbond 公司的 51 单片机
STC89LV516RD	AT89LV51RD2/RD +/RD	P89LV51RD2/RD +/RD	W78LE516
STC89LV58RD	AT89LV51RC2/RC +/RC	P89LV51RC2/RC +/RC	W78LE58，W77LE58
STC89C54RC2	AT89C55，AT89S8252	P89C54	W78E54
STC89LV54RC2	AT89LV55	P87C54	W78LE54
STC89C52RC2	AT89C52，AT89S52	P89C52，P87C52	W78E52
STC89LV52RC2	AT89LV52，AT89LS52	P87C52	W78LE52
STC89C51RC2	AT89C51，AT89S51	P89C51，P87C51	W78E51

17.1.4　单片机的应用领域

单片机的应用非常广泛，已深入到工业、农业、商业、教育、国防及日常生活等各个领域。下面简单介绍一下单片机在一些领域的应用。

（1）单片机在家电方面的应用

单片机在家电方面的应用主要有：彩色电视机、影碟机内部的控制系统；数码相机、数码摄像机中的控制系统；中高档电冰箱、空调器、电风扇、洗衣机、加湿机和消毒柜中的控制系统；中高档微波炉、电磁灶和电饭煲中的控制系统等。

（2）单片机在通信方面的应用

单片机在通信方面的应用主要有：移动电话、传真机、调制解调器和程控交换机中的控制系统；智能电缆监控系统、智能线路运行控制系统和智能电缆故障检测仪等。

（3）单片机在商业方面的应用

单片机在商业方面的应用主要有：自动售货机、无人值守系统、防盗报警系统、灯光音响设备、IC 卡等。

（4）单片机在工业方面的应用

单片机在工业方面的应用主要有：数控机床、数控加工中心、无人操作、机械手操作、工业过程控制、生产自动化、远程监控、设备管理、智能控制和智能仪表等。

（5）单片机在航空、航天和军事方面的应用

单片机在航空、航天和军事方面的应用主要有：航天测控系统、航天制导系统、卫星遥控遥测系统、载人航天系统、导弹制导系统和电子对抗系统等。

（6）单片机在汽车方面的应用

单片机在汽车方面的应用主要有：汽车娱乐系统、汽车防盗报警系统、汽车信息系统、汽车智能驾驶系统、汽车全球卫星定位导航系统、汽车智能化检验系统、汽车自动诊断系统和交通信息接收系统等。

》17.2　单片机开发实战

17.2.1　明确控制要求并选择合适型号的单片机

1. 明确控制要求

在开发单片机应用系统时，先要明确需要实现的控制功能，单片机硬件和软件开发都需围绕着要实现的控制功能进行。如果要实现的控制功能比较多，可一

扫一扫看视频

条一条列出来，若要实现的控制功能比较复杂，则需分析控制功能及控制过程，并明确表述出来（如控制的先后顺序、同时进行几项控制等），这样在进行单片机硬、软件开发时才会目标明确。

本项目的控制要求是，当按下按键时，LED（发光二极管）亮，当松开按键时，LED 熄灭。

2. 选择合适型号的单片机

明确单片机应用系统要实现的控制功能后，再选择单片机种类和型号。单片机种类很多，不同种类型号的单片机结构和功能有所不同，软、硬件开发也有区别。

在选择单片机型号时，一般应注意以下几点。

1）选择自己熟悉的单片机。不同系列的单片机内部硬件结构和软件指令或多或少有些不同，而选择自己熟悉的单片机可以提高开发效率，缩短开发时间。

2）在功能够用的情况下，考虑性能价格比。有些型号的单片机功能强大，但相应的价格也较高，而选择单片机型号时功能足够即可，不要盲目选用功能强大的单片机。

目前市面上使用广泛的为 51 单片机，其中宏晶公司（STC）51 系列单片机最为常见，编写的程序可以在线写入单片机，无需专门的编程器，并且可反复擦写单片机内部的程序，另外价格低（5 元左右）且容易买到。

17.2.2　设计单片机电路原理图

明确控制要求并选择合适型号的单片机后，接下来就是设计单片机电路，即给单片机添加工作条件电路、输入部件和输入电路、输出部件和输出电路等。图 17-5 是设计好的用一个按键控制一只 LED 亮灭的单片机电路原理图，该电路采用了 STC 公司 8051 内核的 89C51 型单片机。

扫一扫看视频

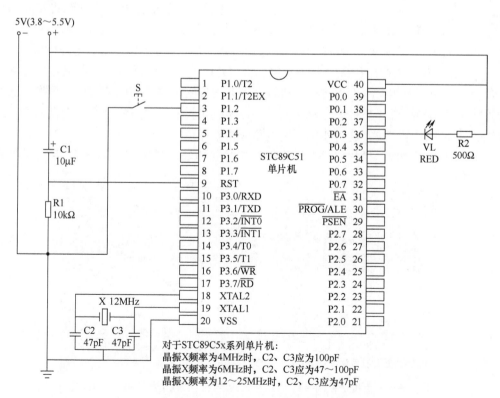

图 17-5　用一个按键通过单片机控制一只 LED 亮灭的单片机电路原理图

单片机是一种集成电路，普通的集成电路只需提供电源即可使内部电路开始工作，而要让单片机内部电路正常工作，除了需提供电源外，还需提供时钟信号和复位信号。电源、时钟信号和复位信号是单片机工作必须提供的，提供这三者的电路称为单片机的工作条件电路。

STC89C51 单片机的工作电源为 5V，电压允许范围为 3.8～5.5V。5V 电源的正极接到单片机的正电源脚（VCC、40 脚），负极接到单片机的负电源脚（VSS、20 脚）。晶振 X、电容 C2、C3 与单片机时钟脚（XTAL2、18 脚，XTAL1、19 脚）内部的电路组成时钟振荡电路，产生 12MHz 时钟信号提供给单片机内部电路，让内部电路有条不紊地按节拍工作。C1、R1 构成单片机复位电路，在接通电源的瞬间，C1 还未充电，C1 两端电压为 0V，R1 两端电压为 5V，5V 电压为高电平，它作为复位信号经复位脚（RST、9 脚）送入单片机，对内部电路进行复位，使内部电路全部进入初始状态，随着电源对 C1 充电，C1 上的电压迅速上升，R1 两端电压则迅速下降，当 C1 上充得的电压达到 5V 时充电结束，R1 两端电压为 0V（低电平），单片机 RST 脚变为低电平，结束对单片机内部电路的复位，内部电路开始工作，如果单片机 RST 脚始终为高电平，内部电路则被钳在初始状态，无法工作。

按键 S 闭合时，单片机的 P1.2 脚（3 脚）通过 S 接地（电源负极），P1.2 脚输入为低电平，内部电路检测到该脚电平再执行程序，让 P0.3 脚（36 脚）输出低电平（0V），发光二极管 VL 导通，有电流流过 VL（电流途径是，5V 电源正极→R2→VL→单片机的 P0.3 脚→内部电路→单片机的 VSS 脚→电源负极），VL 点亮；按键 S 松开时，单片机的 P1.2 脚（3 脚）变为高电平（5V），内部电路检测到该脚电平再执行程序，让 P0.3 脚（36 脚）输出高电平，发光二极管 VL 截止（即 VL 不导通），VL 熄灭。

17.2.3 制作单片机电路

扫一扫看视频

按控制要求设计好单片机电路原理图后，还要依据电路原理图将实际的单片机电路制作出来。制作单片机电路有两种方法：一种是用电路板设计软件（如Protel 99SE 软件）设计出与电路原理图相对应的 PCB 图（印制电路板图），再交给 PCB 厂生产出相应的 PCB，然后将单片机及有关元器件安装焊接在电路板上即可；另一种是使用万能电路板，将单片机及有关元器件安装焊接在电路板上，再按电路原理图的连接关系用导线或焊锡将单片机及元器件连接起来。前一种方法适合大批量生产，后一种方法适合少量制作实验，这里使用万能电路板来制作单片机电路。

图 17-6 是一个按键控制一只 LED 亮灭的单片机电路元器件和万能电路板（又称洞洞

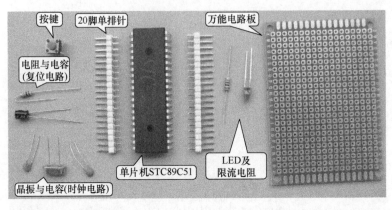

图 17-6　一个按键控制一只 LED 亮灭的单片机电路元器件和万能电路板

板）。在安装单片机电路时，从正面将元器件引脚插入电路板的圆孔，在背面将引脚焊接好，由于万能电路板各圆孔间是断开的，故还需要按电路原理图关系连接，用焊锡或导线将有关元器件引脚连接起来，为了方便将单片机各引脚与其他电路连接，在单片机两列引脚旁安装了两排 20 脚的单排针，安装时将单片机各引脚与各自对应的排针脚焊接在一起，暂时不用的单片机引脚可不焊接。制作完成的单片机电路如图 17-7 所示。

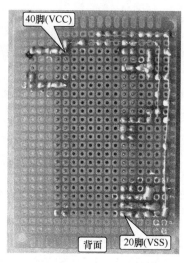

图 17-7　制作完成的单片机电路

17.2.4　用 Keil 软件编写单片机控制程序

扫一扫看视频

单片机是一种软件驱动的芯片，要让它进行某些控制就必须为其编写相应的控制程序。Keil μVision2 是一款最常用的 51 单片机编程软件，在该软件中可以使用汇编语言或 C 语言编写单片机程序。下面对该软件编程进行简略介绍。

1. 编写程序

扫一扫看视频

在计算机屏幕桌面上执行"开始→程序→Keil μVision2"，如图 17-8 所示，Keil μVision2 软件打开，如图 17-9 所示，在该软件中新建一个项目"一个按键控制一只 LED 亮灭.Uv2"，再在该项目中新建一个"一个按键控制一只 LED 亮灭.c"文件，如图 17-10 所示，然后在该文件中用 C 语言编写单片机控制程序（采用英

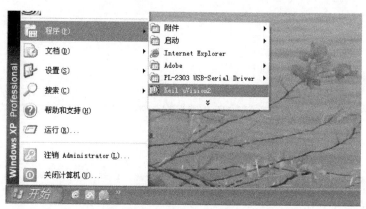

图 17-8　在计算机屏幕桌面上执行"开始→程序→Keil μVision2"

文半角输入），如图 17-11 所示，最后单击工具栏上的██（编译）按钮，将当前 C 语言程序转换成单片机能识别的程序，在软件窗口下方出现编译信息，如图 17-12 所示，如果出现"0 Error（s），0 Warning（s）"，表示程序编译通过。

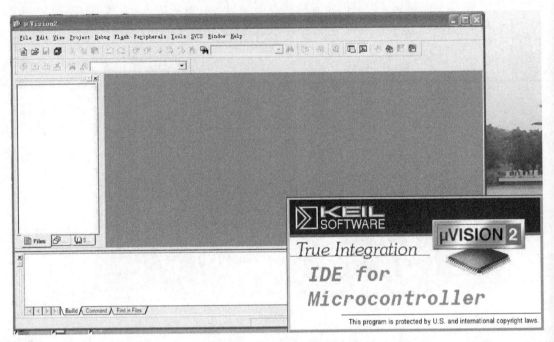

图 17-9　Keil μVision2 软件打开

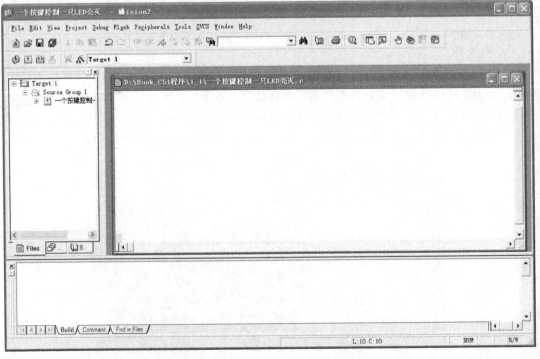

图 17-10　新建一个项目并在该项目中新建一个"一个按键控制一只 LED 亮灭 . c"文件

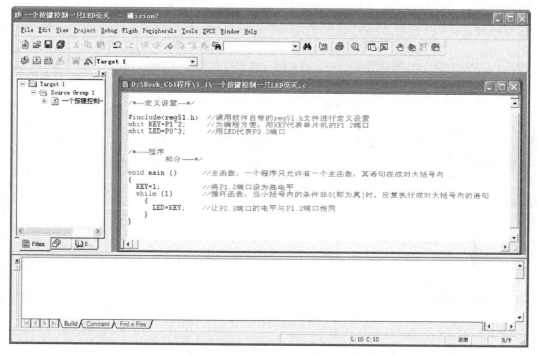

图 17-11　在"一个按键控制一只 LED 亮灭.c"文件中用 C 语言编写单片机程序

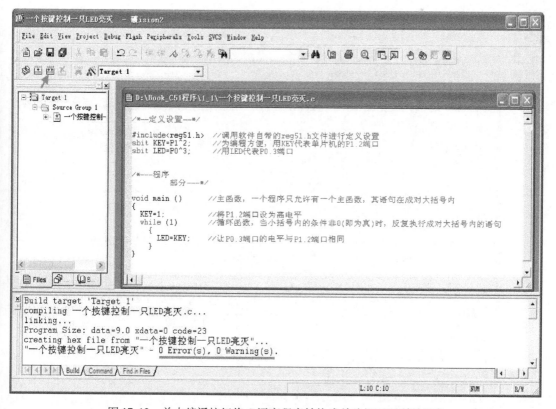

图 17-12　单击编译按钮将 C 语言程序转换成单片机可识别的程序

C 语言程序文件（. c）编译后会得到一个十六进制程序文件（. hex），如图 17-13 所示，利用专门的下载软件将该十六进制程序文件写入单片机，即可让单片机工作而产生相应的控制。

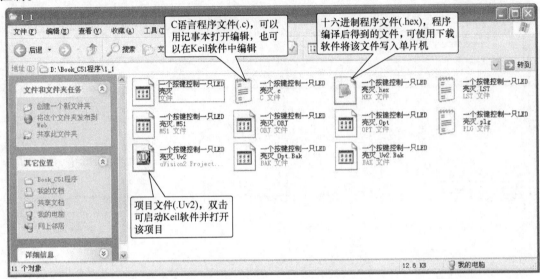

图 17-13　C 语言程序文件被编译后就得到一个可写入单片机的十六进制程序文件

2. 程序说明

"一个按键控制一只 LED 亮灭 . c"文件的 C 语言程序说明如图 17-14 所示。

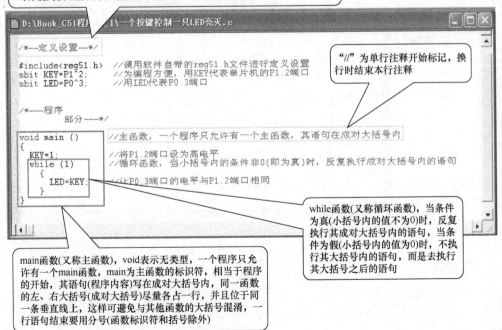

图 17-14　"一个按键控制一只 LED 亮灭 . c"文件的 C 语言程序说明

在程序中，如果将"LED = KEY"改成"LED =！KEY"，即让 LED（P0.3 脚）的电平与 KEY（P1.2 脚）的反电平相同，这样当按键按下时 P1.2 脚为低电平，P0.3 脚则为高电平，LED 灯不亮。如果将程序中的"while（1）"改成"while（0）"，while 函数大括号内的语句"LED = KEY"不会执行，即未将 LED（P0.3 脚）的电平与 KEY（P1.2 脚）对应起来，操作按键无法控制 LED 的亮灭。

17.2.5 计算机、下载器和单片机的连接

1. 计算机与下载器的连接与驱动

扫一扫看视频

计算机需要通过下载器（又称烧录器）才能将程序写入单片机。图 17-15 是一种常用的 USB 转 TTL 的下载器，使用它可以将程序写入 STC 单片机。

图 17-15　USB 转 TTL 的下载器及连接线

在将下载器连接到计算机前，需要先在计算机中安装下载器的驱动程序，再将下载器插入计算机的 USB 接口，计算机才能识别并与下载器建立联系。下载器驱动程序的安装如图 17-16 所示，由于计算机操作系统为 Windows XP，故选择与 Windows XP 对应的驱动程序文件，双击该文件即开始安装。

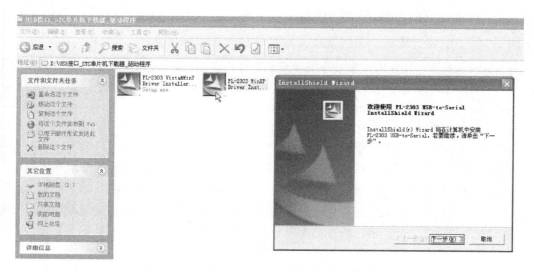

图 17-16　安装 USB 转 TTL 的下载器的驱动程序

驱动程序安装完成后，将下载器的 USB 接口插入计算机的 USB 接口，计算机即可识别出下载器。在计算机的"设备管理器"查看下载器与计算机的连接情况，在计算机屏幕桌面上右击"我的电脑"，在弹出的菜单中单击"设备管理器"，如图 17-17 所示，弹出"设

备管理器"窗口，展开其中的"端口（COM 和 LPT）"项，可以看出下载器的连接端口为 COM3，下载器实际连接的为计算机的 USB 接口，COM3 端口是一个模拟端口，记下该端口序号以便下载程序时选用。

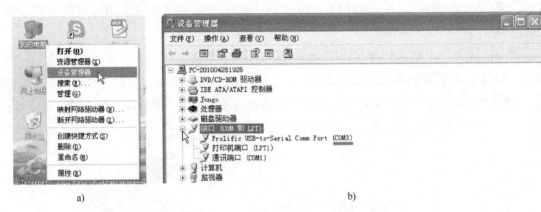

a)   b)

图 17-17　查看下载器与计算机的连接端口序号

2. 下载器与单片机的连接

USB 转 TTL 的下载器一般有 5 个引脚，分别是 3.3V 电源脚、5V 电源脚、TXD（发送数据）脚、RXD（接收数据）脚和 GND（接地）脚。

下载器与 STC89C51 单片机的连接如图 17-18 所示，从图中可以看出，除了两者电源正、负脚要连接起来外，下载器的 TXD 脚与 STC89C51 单片机的 RXD 脚（10 脚，与 P3.0 为同一个引脚），下载器的 RXD 脚与 STC89C51 单片机的 TXD 脚（11 脚，与 P3.1 为同一个引脚）也要连接起来。下载器与其他型号的 STC-51 单片机连接基本相同，只是对应的单片机引脚号可能不同。

17.2.6　用烧录软件将程序写入单片机

扫一扫看视频

1. 将计算机、下载器与单片机电路三者连接起来

要将在计算机中编写并编译好的程序下载到单片机中，须先将下载器与计算机及单片机电路连接起来，如图 17-19 所示，然后在计算机中打开 STC – ISP 烧录软件，用该软件将程序写入单片机。

2. 打开烧录软件将程序写入单片机

STC-ISP 烧录软件只能烧写 STC 系列单片机，它分为安装版本和非安装版本，非安装版本使用更为方便。图 17-20 是打开的 STC-ISP 烧录软件窗口。用 STC-ISP 烧录软件将程序写入单片机的操作如图 17-21 所示，需要注意的是，在单击软件中的"Download/下载"按钮后，计算机会反复往单片机发送数据，但单片机不会接收该数据，这时需要切断单片机的电源，几秒钟后再接通电源，单片机重新上电后会检测到计算机发送过来的数据，会将该数据接收下来并存到内部的程序存储器中，从而完成程序的写入。

17.2.7　单片机电路的供电与测试

扫一扫看视频

程序写入单片机后，再给单片机电路通电，测试其能否实现控制要求，如若不能，需要检查是单片机硬件电路的问题，还是程序的问题，并解决这些问题。

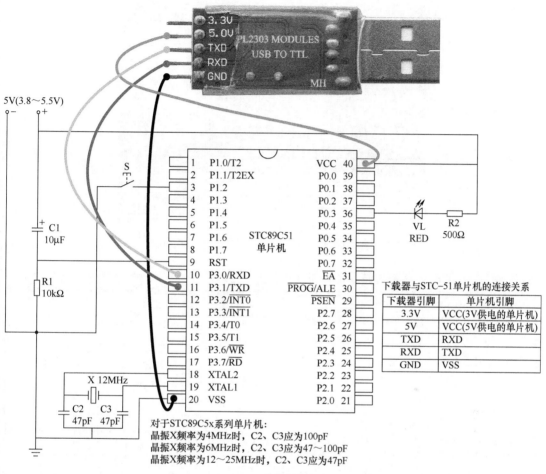

下载器与STC-51单片机的连接关系

下载器引脚	单片机引脚
3.3V	VCC(3V供电的单片机)
5V	VCC(5V供电的单片机)
TXD	RXD
RXD	TXD
GND	VSS

对于STC89C5x系列单片机：
晶振X频率为4MHz时，C2、C3应为100pF
晶振X频率为6MHz时，C2、C3应为47～100pF
晶振X频率为12～25MHz时，C2、C3应为47pF

a) 连接说明

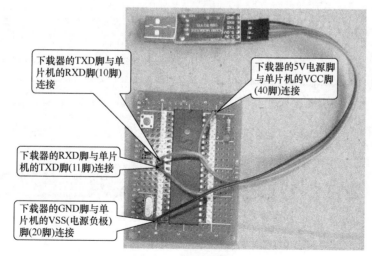

下载器的TXD脚与单片机的RXD脚(10脚)连接

下载器的5V电源脚与单片机的VCC脚(40脚)连接

下载器的RXD脚与单片机的TXD脚(11脚)连接

下载器的GND脚与单片机的VSS(电源负极)脚(20脚)连接

b) 实际连接

图 17-18 下载器与 STC89C51 单片机的连接

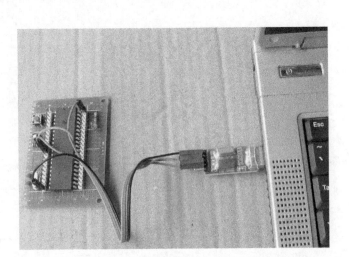

图 17-19　计算机、下载器与单片机电路三者的连接

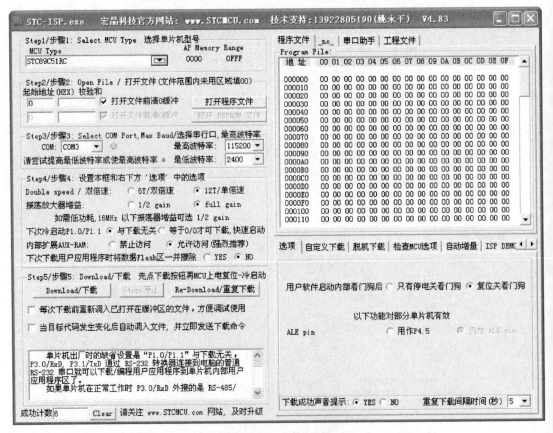

图 17-20　打开的 STC-ISP 烧录软件

1. 用计算机的 USB 接口通过下载器为单片机供电

在给单片机供电时，如果单片机电路简单、消耗电流少，可让下载器（需与计算机的 USB 接口连接）为单片机提供 5V 或 3.3V 电源，该电压实际来自计算机的 USB 接口，单片机通电后再进行测试，如图 17-22 所示。

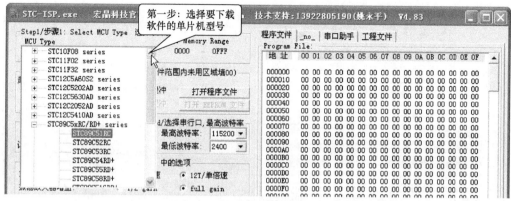

a) 选择单片机型号

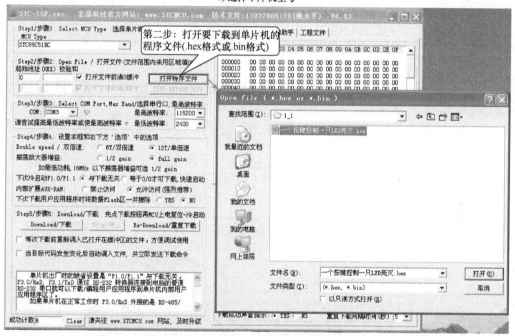

b) 打开要写入单片机的程序文件

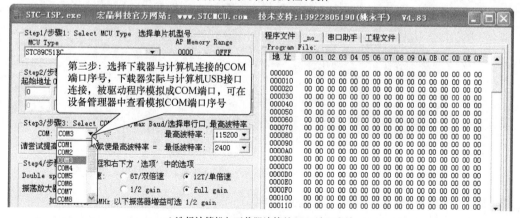

c) 选择计算机与下载器连接的COM端口序号

图 17-21 用 STC-ISP 烧录软件将程序写入单片机的操作

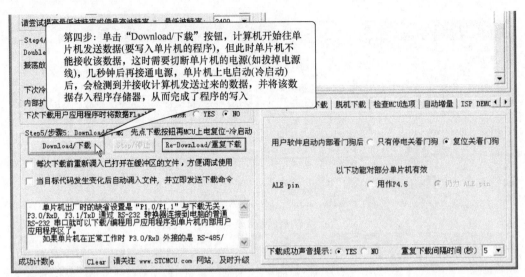

d) 开始往单片机写入程序

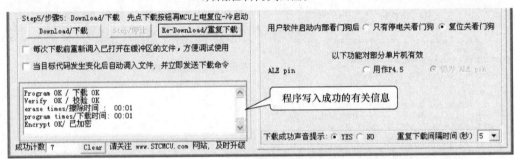

e) 程序写入完成

图 17-21　用 STC-ISP 烧录软件将程序写入单片机的操作（续）

图 17-22　利用下载器（需与计算机的 USB 接口连接）为单片机提供电源

2. 用 USB 电源适配器给单片机电路供电

如果单片机电路消耗电流大，需要使用专门的 5V 电源为其供电。图 17-23 是一种手机充电常见的 5V 电源适配器及数据线，该数据线一端为标准 USB 接口，另一端为 Micro USB

接口，在 Micro USB 接口附近将数据线剪断，可看见有 4 根不同颜色的线，分别是"红－电源线（VCC，5V＋）""黑-地线（GND，5V－）""绿-数据正（DATA＋）"和"白－数据负（DATA－）"，将绿、白线剪短不用，红、黑线剥掉绝缘层露出铜芯线，再将红、黑线分别接到单片机电路的电源正、负端，如图 17-24 所示。USB 电源适配器可以将 220V 交流电压转换成 5V 直流电压，如果单片机的供电不是 5V 而是 3.3V，可在 5V 电源线上再串接 3 个整流二极管，由于每个整流二极管电压降为 0.5～0.6V，故可得到 3.2～3.5V 的电压，如图 17-25 所示。

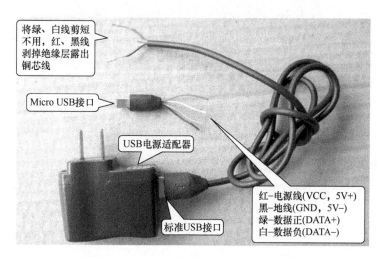

图 17-23 USB 电源适配器与电源线制作

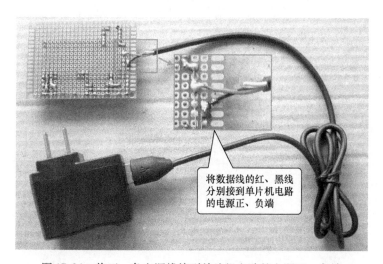

图 17-24 将正、负电源线接到单片机电路的电源正、负端

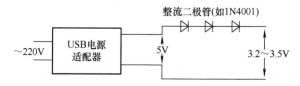

图 17-25 利用 3 只整流二极管可将 5V 电压降低成 3.3V 左右的电压

用 USB 电源适配器给单片机电路供电并进行测试如图 17-26 所示。

图 17-26　用 USB 电源适配器给单片机电路供电并进行测试